中等职业学校机电类规划教材

计算机辅助设计与制造系列

# UG NX 5 中文版基础教程

关振宇　编著

人 民 邮 电 出 版 社

北 京

**图书在版编目（CIP）数据**

UG NX 5中文版基础教程／关振宇编著.—北京：人民邮电出版社，2009.5

中等职业学校机电类规划教材．计算机辅助设计与制造系列

ISBN 978-7-115-19823-5

Ⅰ. U… Ⅱ.关… Ⅲ.机械设计：计算机辅助设计—应用软件，UG NX 5—专业学校—教材 Ⅳ.TH122

中国版本图书馆CIP数据核字（2009）第038084号

## 内 容 提 要

本书以UG NX 5中文版作为操作环境，全面地介绍该软件的常用功能和基本操作，包括曲线与草图应用、实体建模、装配、工程图及CAM等。通过本书的学习，读者可以轻松掌握UG软件的基本知识和使用方法。本书内容全面，语言流畅，实例丰富，图文并茂，注重理论联系实际，是一本实用性很强的UG CAD/CAM模块使用教程。

本书适合作为中等职业学校机械及相关专业的教材，也可供机械设计人员学习参考。

中等职业学校机电类规划教材

计算机辅助设计与制造系列

**UG NX 5 中文版基础教程**

◆ 编　　著　关振宇

责任编辑　张孟玮

执行编辑　王亚娜

◆ 人民邮电出版社出版发行　　北京市崇文区夕照寺街14号

邮编　100061　　电子函件　315@ptpress.com.cn

网址　http://www.ptpress.com.cn

三河市海波印务有限公司印刷

◆ 开本：787×1092　1/16

印张：13.25

字数：328千字　　2009年5月第1版

印数：1－3 000册　　2009年5月河北第1次印刷

ISBN 978-7-115-19823-5/TP

定价：22.00元

**读者服务热线：(010)67170985　印装质量热线：(010)67129223**

**反盗版热线：(010)67171154**

我国加入WTO以后，国内机械加工行业和电子技术行业得到快速发展。国内机电技术的革新和产业结构的调整成为一种发展趋势。因此，近年来企业对机电人才的需求量逐年上升，对技术工人的专业知识和操作技能也提出了更高的要求。相应地，为满足机电行业对人才的需求，中等职业学校机电类专业的招生规模在不断扩大，教学内容和教学方法也在不断调整。

为了适应机电行业快速发展和中等职业学校机电专业教学改革对教材的需要，我们在全国机电行业和职业教育发展较好的地区进行了广泛调研；以培养技能型人才为出发点，以各地中职教育教研成果为参考，以中职教学需求和教学一线的骨干教师对教材建设的要求为标准，经过充分研讨与论证，精心规划了这套《中等职业学校机电类规划教材》，包括六个系列，分别为《专业基础课程与实训课程系列》、《数控技术应用专业系列》、《模具设计与制造专业系列》、《机电技术应用专业系列》、《计算机辅助设计与制造系列》、《电子技术应用专业系列》。

本套教材力求体现国家倡导的“以就业为导向，以能力为本位”的精神，结合职业技能鉴定和中等职业学校双证书的需求，精简整合理论课程，注重实训教学，强化上岗前培训；教材内容统筹规划，合理安排知识点、技能点，避免重复；教学形式生动活泼，以符合中等职业学校学生的认知规律。

本套教材广泛参考了各地中等职业学校的教学计划，面向优秀教师征集编写大纲，并在国内机电行业较发达的地区邀请专家对大纲进行了多次评议及反复论证，尽可能使教材的知识结构和编写方式符合当前中等职业学校机电专业教学的要求。

在作者的选择上，充分考虑了教学和就业的实际需要，邀请活跃在各重点学校教学一线的“双师型”专业骨干教师作为主编。他们具有深厚的教学功底，同时具有实际生产操作的丰富经验，能够准确把握中等职业学校机电专业人才培养的客观需求；他们具有丰富的教材编写经验，能够将中职教学的规律和学生理解知识、掌握技能的特点充分体现在教材中。

为了方便教学，我们免费为选用本套教材的老师提供教学辅助资源，教学辅助资源的内容为教材的习题答案、模拟试卷和电子教案（电子教案为教学提纲与书中重要的图表，以及不便在书中描述的技能要领与实训效果）等教学相关资料，部分教材还配有便于学生理解和操作演练的多媒体课件，以求尽量为教学中的各个环节提供便利。老师可到人民邮电出版社教学服务与资源网（http://www.ptpedu.com.cn）下载相关的教学辅助资源。

我们衷心希望本套教材的出版能促进目前中等职业学校的教学工作，并希望能得到职业教育专家和广大师生的批评与指正，以期通过逐步调整、完善和补充，使之更符合中职教学实际。

欢迎广大读者来电来函。

电子函件地址：wangyana@ptpress.com.cn, wangping@ptpress.com.cn

读者服务热线：010-67143005, 67178969, 67184065

Unigraphics（简称 UG）是当今应用最为广泛的大型 CAD/CAE/CAM 集成化软件之一，涵盖设计、分析、加工、产品数据、过程管理等各种功能，为制造行业产品开发的全过程提供了良好的解决方案。

本书作者从事 CAD/CAE/CAM 的应用和研究工作多年，具有丰富的 UG 使用经验，在此基础上编写本书。本书是一本有关 UG NX 软件 CAD/CAM 功能模块的基础教程，主要以 UG NX 5 中文版作为操作环境，对其 CAD/CAM 模块常用基本功能和操作方法进行了详细的讲解和实例说明。

本书以章为基本写作单位，每章介绍一个相对独立的功能模块，并配以实例进行讲解，使学生能够迅速掌握相关操作方法。教师一般可用 24 课时来讲解本教材内容，然后再配以 48 课时的上机时间，即可较好地完成教学任务。教师可结合实际需要适当进行课时的增减。

全书共分 8 章，各章内容简要介绍如下。

- 第 1 章：介绍 UG NX 5 的概述和基本操作。
- 第 2 章：介绍 UG NX 5 中曲线操作相关功能的应用。
- 第 3 章：介绍 UG NX 5 中草图操作相关功能的应用。
- 第 4 章：介绍 UG NX 5 中实体建模操作相关功能的应用。
- 第 5 章：介绍 UG NX 5 中装配操作相关功能的应用。
- 第 6 章：介绍 UG NX 5 中工程图操作相关功能的应用。
- 第 7 章：介绍 UG NX 5 CAM 基础。
- 第 8 章：介绍 UG NX 5 CAM 2~3 轴数控铣削加工。

本书由关振宇编著，参加本书编写工作的还有沈精虎、黄业清、宋一兵、谭雪松、向先波、冯辉、郭英文、计晓明、董彩霞、郝庆文、滕玲、田晓芳、管振起。

由于编者水平有限，书中难免存在疏漏之处，敬请读者批评指正。

**编者**

2009 年 2 月

# 目　录

# 第 1 章

# UG NX 5 概述和基本操作

Unigraphics （简称 UG）NX 5 集成了 CAD/CAE/CAM 功能，是当今世界上最先进的计算机辅助设计、分析和制造软件，广泛应用于航空、航天、汽车、造船、通用机械和电子等工业领域。本章对 UG NX 5 的特点、基本工作环境和基本操作进行介绍。

学习目标

- UG 软件的特点。
- UG NX 5 工作环境。
- 鼠标及快捷键的应用。
- 常用菜单的使用方法。
- 常用系统功能的使用。

## 1.1 UG 软件概述

本节介绍 UG 软件的基本特点和工作环境。

### 1.1.1 UG 软件的特点

Unigraphics Solutions 公司（简称 UGS）是全球著名的 MCAD 供应商，主要为汽车与交通、航空航天、日用消费品、通用机械以及电子工业等领域通过其虚拟产品开发（VPD）的理念，提供多级化的、集成的、企业级的包括软件产品与服务在内的完整的 MCAD 解决方案。其主要的 CAD 产品是 UG。

UG NX 5 于 2007 年第 2 季度推出，是 UGS 旗舰式产品开发解决方案的一个主要版本。该版本具有很多新的计算机辅助设计、工程和制造（CAD/CAE/CAM）功能。新版本具有以下特征。

- UG NX 5 提供了很多“无约束的设计”性能，消除了传统 CAD 系统的局限。通过智能选择控件和直接建模扩展，设计人员能够迅速修改任何来源的几何图形，而不管该模型的定义特征或者建模历史记录如何。
- UG NX 5 的“主动数字样机”技术把数字实体建模和设计统一在一个单一的应用程序中，加速了从评审到修改的全过程。通过大幅提升性能，UG NX 5 能够在大型的、多 CAD 装配环境中实现真正的统一设计。

- 通过对用户界面全面地增强，UG NX 5提高了CAD、CAM、CAE和PDM的生产力。由于采用了可配置的，基于角色的用户界面，以及结构化的、一致的输入对话框，减少了培训时间，提高了所有应用程序的效率，降低了成本。
- UG NX 5作为最全面的PLM解决方案，让用户“如虎添翼”。将设计、仿真、工装模具、加工和产品/流程管理等先进技术解决方案，集成到一个开放的环境之中，加速了产品的开发流程。

## 1.1.2 UG NX 5的工作环境

UG NX 5的主要界面沿用了其一贯的图形用户界面元素，在此基础上增加了一些新的特色。总体来说，它的界面在设计上简单易懂，用户只要了解各部分的位置与用途，就可以充分运用系统的操作功能，给自己的设计工作带来方便。UG NX 5的主界面如图1-1所示。

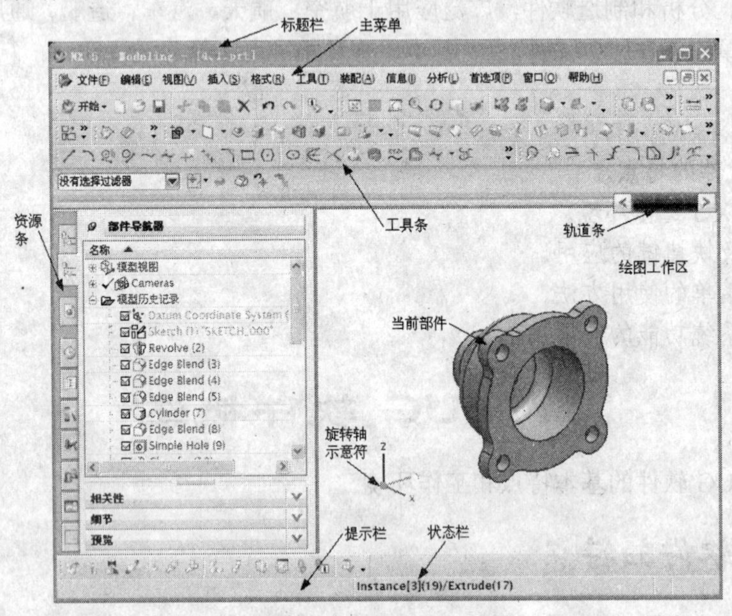


图1-1 UG NX 5的主界面

在工作环境中主要包括绘图工作区、标题栏、主菜单、提示栏、状态栏、工具条、旋转轴示意符、轨道条和资源条等几个部分。这些部分分担着各不相同的功能，具体的使用方法将通过后续章节的实例操作进行介绍。

## 1.1.3 鼠标及快捷键的应用

在UG NX 5中，鼠标和键盘是用户设计时的主要工具，它们都有一些特殊的用法。下面介绍鼠标和键盘功能键的使用方法。

### 一、鼠标的使用

在UG NX 5中，系统默认支持的是三键鼠标，如果用户使用的是两键鼠标，这时键盘中的Enter键就相当于三键鼠标的中键。在设计过程中鼠标同Ctrl、Shift、Alt等功能键配合使用，可以快速地执行某类功能，大大提高设计的效率。

下面以标准三键鼠标为例，来说明它常用的一些使用方式。MB1 表示鼠标左键，MB2 表示鼠标中键，MB3 表示鼠标右键，“+”表示同时按住。

- MB1：通常用于在系统中选择菜单命令或操作对象。
- MB2：确定操作。
- MB3：通常用于显示快捷菜单。
- Alt+MB2：取消。
- Shift+MB1：在绘图工作区中表示取消选取一个对象，在列表框中表示选取一个连续区域的所有选项。
- Ctrl+MB1：在列表框中重复选取其中的选项。
- MB1+MB2：缩放。
- MB2+MB3：平移对象。
- Alt+Shift+MB1：选取链接对象。
- 按住 MB3 两秒：弹出如图 1-2 所示的快捷菜单。

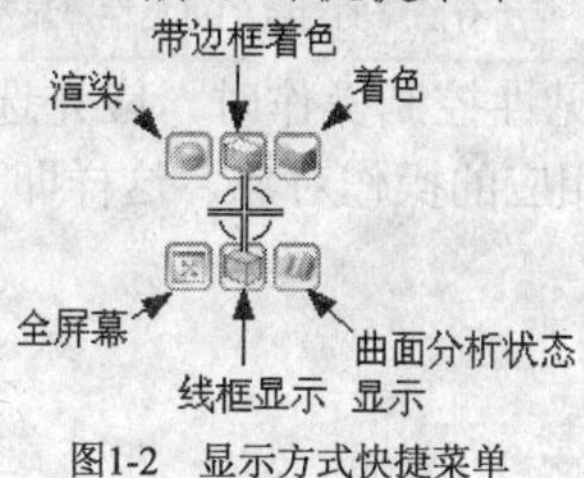


图1-2 显示方式快捷菜单

二、 功能键的使用

在 UG NX 5 中，用户除了可以利用鼠标进行操作以外，还可以使用键盘上的按键，来进行系统的设置与操作。

下面列出的是一些常用功能键的使用方法。

- Tab 键：光标位置切换的功能键。它以对话框中的分隔线为界，每按一次 Tab 键，系统就会自动以分隔线为准，将光标往下切换。
- Shift+Tab：在多重选取对话框中使单个显示框向后移动。当光标经过某个显示框时，其对应的对象会在绘图工作区中高亮显示。
- 箭头键：在单个显示框内移动光标到单个的单元，如菜单中的命令。
- Enter 键：在对话框中代表 确定 按钮。
- 空格键：在工具图标被标识以后，按下空格键即可执行工具图标的功能。
- Shift+Ctrl+L：交互的退出（限制使用）。

# 1.2 常用菜单功能

本节主要介绍 UG NX 5 中的常用菜单功能。

## 1.2.1 对象的显示和隐藏

在用户操作过程中，如果在绘图工作区中显示的对象太多，有时就会显得很零乱。因此，为了便于操作，可以有选择地将某些暂时不使用的对象隐藏。

通过【编辑】/【显示和隐藏】级联菜单中的各项命令，用户可以实现对象的相关隐藏和显示操作功能，主要有以下一些可见性控制操作命令，如表1-1所示。

表1-1　显示和隐藏菜单项

| 菜单项 | 功能介绍 |
| --- | --- |
| 显示和隐藏(O)... Ctrl+W | 可以通过选择类型的方式来显示和隐藏对象 |
| 隐藏(H)... Ctrl+B | 使用户隐藏所选取的对象 |
| 颠倒显示和隐藏(I) Ctrl+Shift+B | 反转所有对象的当前隐藏或显示状态，即隐藏的对象变为显示状态，而显示的对象变为隐藏状态 |
| 显示(S)... Ctrl+Shift+K | 使用户从多个隐藏的对象中选取要恢复可见性的对象，使其重新显示 |
| 显示所有此类型的(T)...<br>按名称显示(N)... | 使用户恢复某种类型或某个名称的隐藏对象的可见性 |
| 全部显示(A) Ctrl+Shift+U | 使用户恢复所有隐藏的对象的可见性，显示所有对象 |

用户在对模型进行相关的可见性控制操作时，应先选择【编辑】/【显示和隐藏】级联菜单中的对应菜单命令，再选取相应的操作对象，这样即可完成可见性控制操作，系统会按照用户的设置来重新显示模型。

## 1.2.2 对象变换

在产品设计中，用户可以通过对对象进行各种变换操作，如平移、阵列、旋转、镜像和比例缩放等，来实现对象的修改以达到设计要求。

选择【编辑】/【变换】命令，用户可以实现对象的某种变换功能。在操作时，系统会先提示用户选取需要进行变换操作的对象，确定操作对象后，系统弹出如图1-3所示的【变换】对话框。

在【变换】对话框中，系统提供了多种变换操作方式，下面简要介绍各种变换方式的用法。

- 【平移】：该方式是对所选对象进行平移变换，即将选定对象由原位置平移或复制至新位置。
- 【比例】：该方式是对所选对象进行比例变换，即施加一个比例因子作用于对象上。可以是均匀比例，即3个坐标轴方向的比例因子相同，如图1-4所示；也可以是非均匀比例，即3个坐标轴方向的比例因子不相同，如图1-5所示。比例结果可能发生位移，这与选择的参考点有关，如图1-4所示。

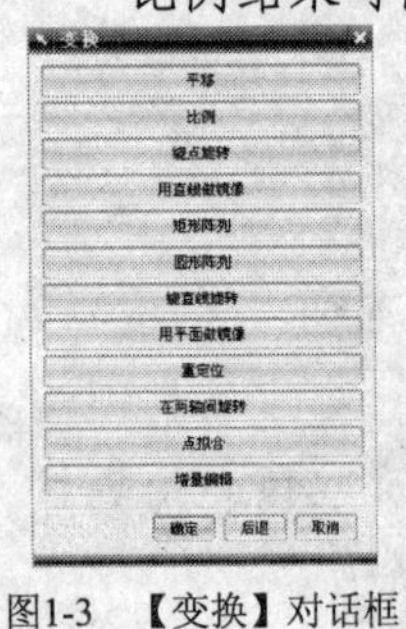

图1-3　【变换】对话框

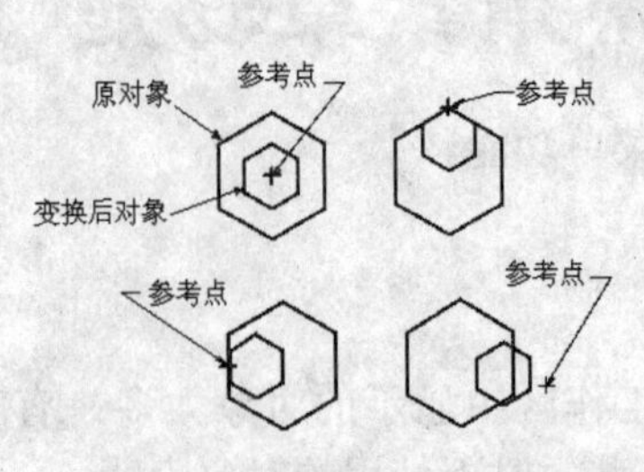


图1-4　比例因子相同的变换

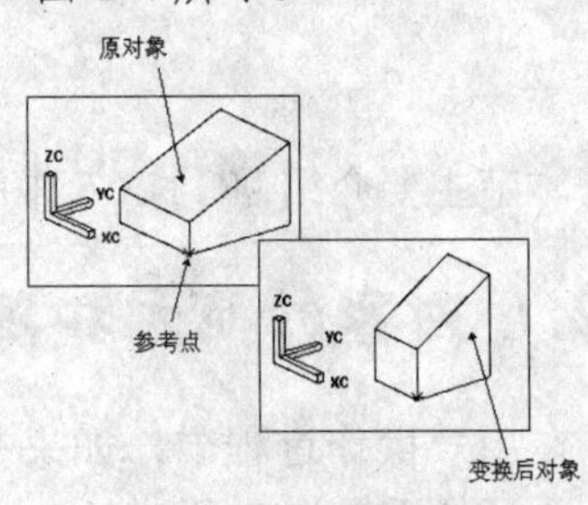


图1-5　比例因子不同的变换

- 【绕点旋转】：将所选对象绕通过一点并平行于 ZC 轴的轴线进行旋转变换，如图 1-6 所示。
- 【用直线做镜像】：将所选对象相对于设置的镜像线进行镜像变换，如图 1-7 所示。

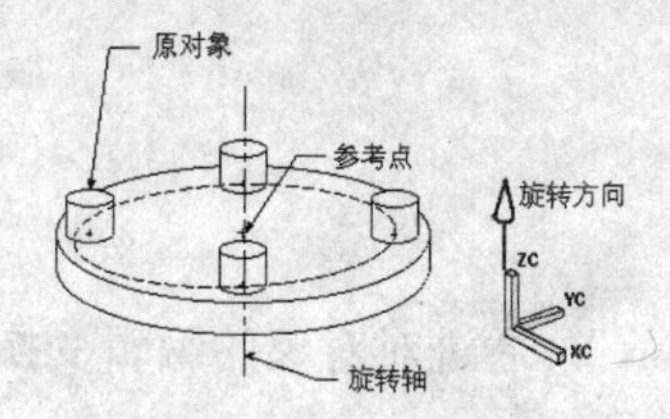


图1-6 绕点旋转

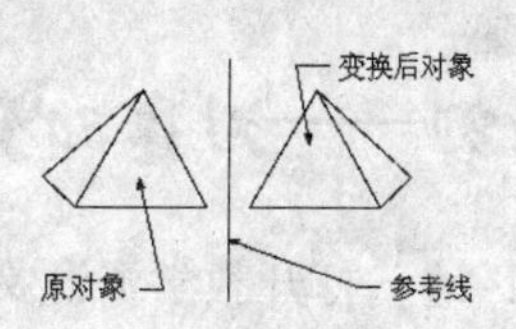


图1-7 直线镜像

- 【矩形阵列】：将所选对象进行矩形阵列变换。选取对象会按照水平（平行于 XC 轴）和垂直（平行于 YC 轴）的方向进行阵列，如图 1-8 所示。
- 【圆形阵列】：将所选对象进行圆形阵列变换。选取对象会按照圆形分布进行阵列，如图 1-9 所示。

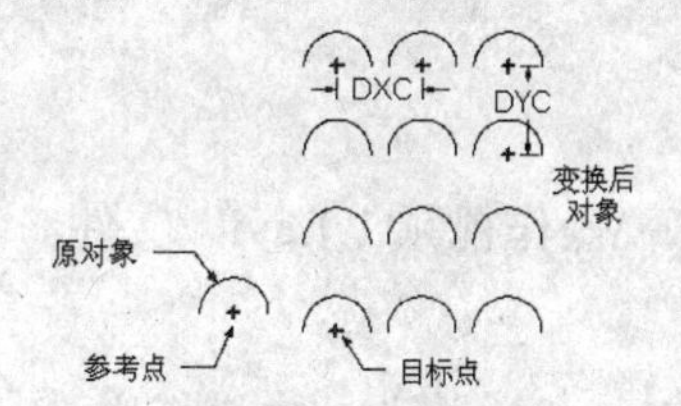


图1-8 矩形阵列变换

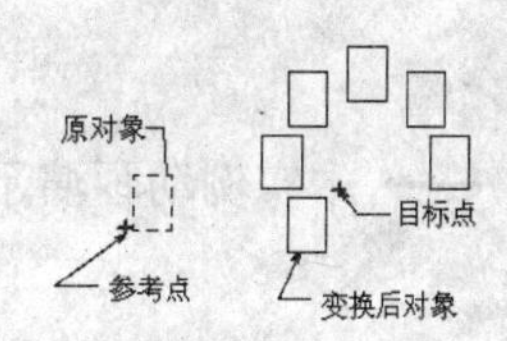


图1-9 圆形阵列变换

- 【绕直线旋转】：将所选对象绕空间直线进行旋转变换，如图 1-10 所示。
- 【用平面做镜像】：将所选对象相对于设置的镜像平面进行镜像变换。
- 【重定位】：是将所选对象，由其在参考坐标系中的原始位置移至目标坐标系中，且保持对象在两坐标系中的相对方位不变，如图 1-11 所示。

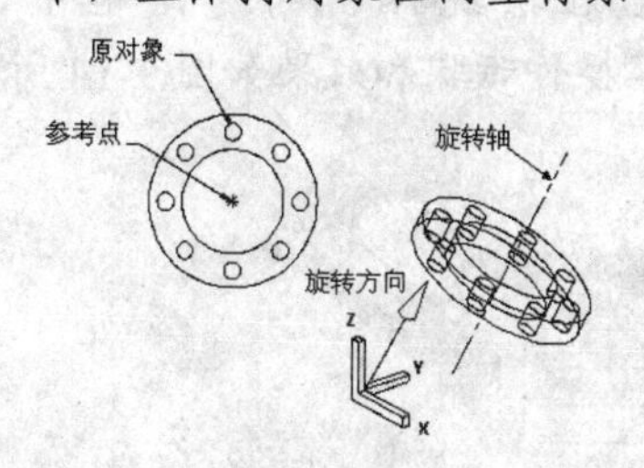


图1-10 旋转变换

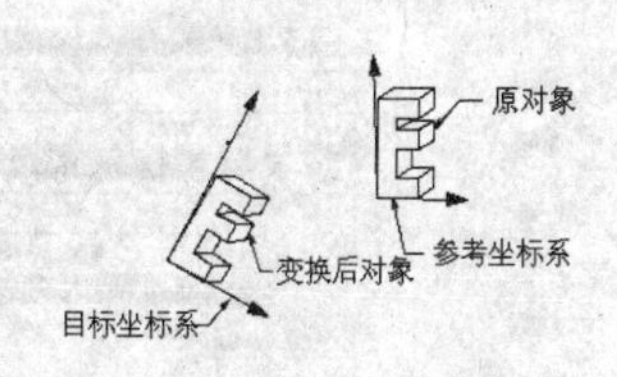


图1-11 重定位

- 【在两轴间旋转】：将所选对象绕一参考点，由一参考轴向一目标轴旋转一定角度。如图 1-12 所示的就是绕原点将对象从 ZC 轴旋转 90° 到 XC 轴。
- 【点拟和】：将所选对象由一组参考点变换至相应的一组目标点（两组点一一对应），实现对选定对象的比例变换、重定位或修剪。

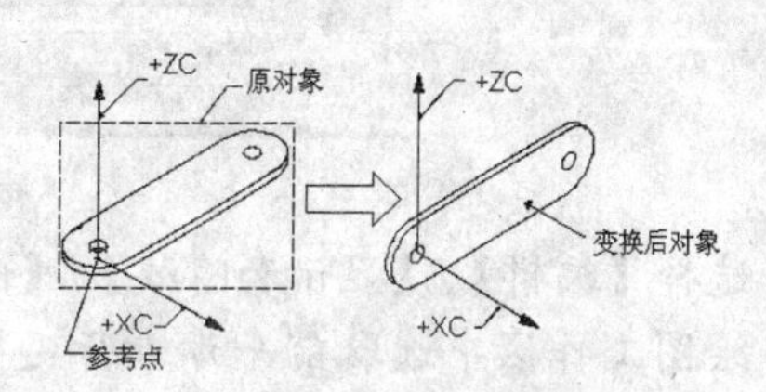


图1-12 在两轴间旋转

- 【增量编辑】：将所选对象进行平移、比例、旋转等动态变换，便于用户进行观察。

用户在进行变换操作时，先选取要操作的对象，再在【变换】对话框中选取相应的变换方式，并指定操作的相关参数和参考点等对象，系统即可按照用户的设置，来对模型进行变换操作。

## 1.2.3 实例——对象的变换与隐藏

【案例1-1】 打开教学资源文件“第 1 章\素材\1.1.prt”，通过对对象的编辑变换和隐藏操作，实现如图 1-13 所示的最终效果。

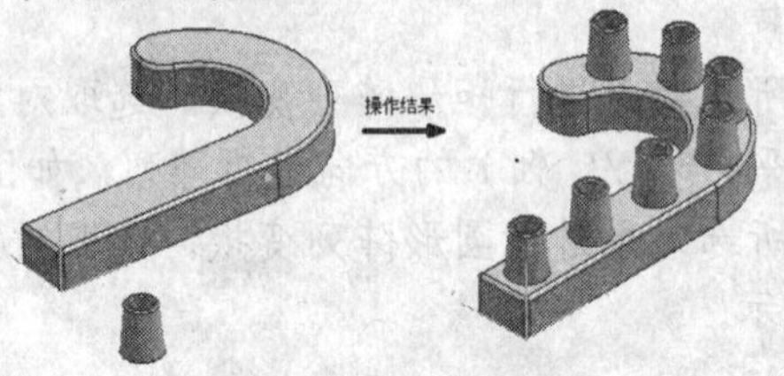


图1-13 对象编辑操作

动画参照 —— 本实例动画演示见教学资源的“第 1 章\操作视频\1.1.avi”文件。

【操作步骤】

1. 运行 UG NX 5，打开教学资源文件“第 1 章\素材\1.1.prt”，并进入建模模块。
2. 选择【编辑】/【变换】命令，系统会提示用户选取操作对象，此时选取小圆柱体作为操作对象，随后系统会弹出【变换】对话框，单击对话框中的 平移 按钮，弹出平移方式【变换】对话框，单击 增量 按钮，系统会弹出【变换】参数对话框，设置【DXC】、【DYC】和【DZC】文本框中的数值分别为“8”、“37.5”和“10”，然后单击 确定 按钮，最后在系统弹出的对话框中，单击 复制 按钮，即可完成平移操作。其操作步骤和效果如图 1-14 所示。

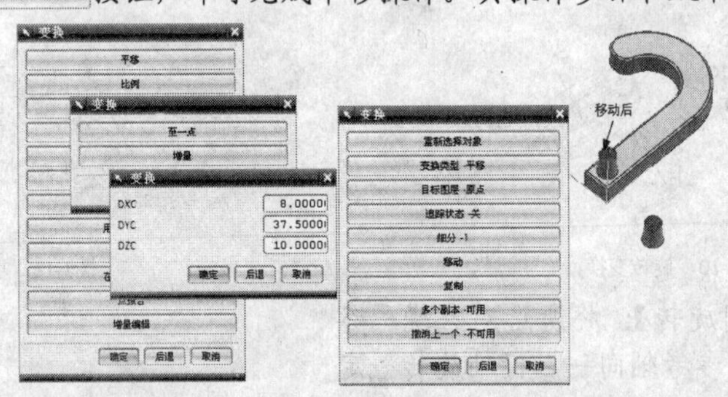


图1-14 平移变换操作

3. 选择【编辑】/【显示和隐藏】/【隐藏】命令，系统会提示用户选取隐藏对象，此时在绘图工作区中选取前一步进行变换操作的小圆柱体作为隐藏对象，然后单击 确定 按钮，系统即可完成隐藏操作。其操作步骤和示意图，如图 1-15 所示。
4. 选择【编辑】/【变换】命令，选取小圆柱体作为操作对象，随后系统会弹出【变换】对话框，单击对话框中的 增量编辑 按钮，弹出增量编辑方式【变换】对话

框，单击【多个副本-可用】按钮，副本数量设置为“3”，单击【确定】按钮，在弹出的【动态变换】对话框中单击【平移】按钮，然后单击【增量】按钮，设置【DXC】文本框为“20”，单击【确定】按钮，对话框再一次弹出，单击【后退】按钮，在弹出的【动态变换】对话框中，单击【更新模型】按钮，即可完成变换操作。其操作步骤和效果如图1-16所示。

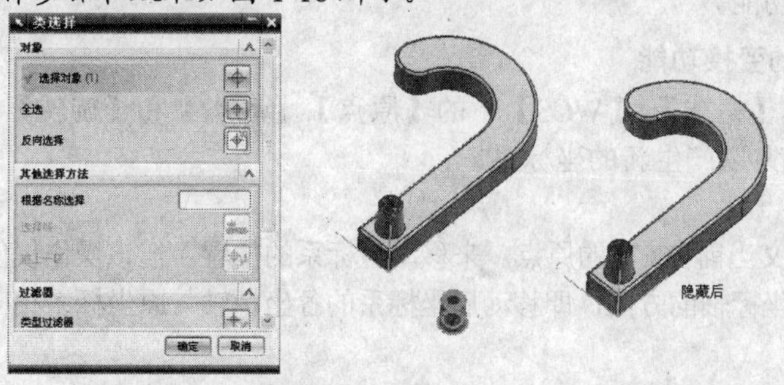


图1-15 隐藏对象

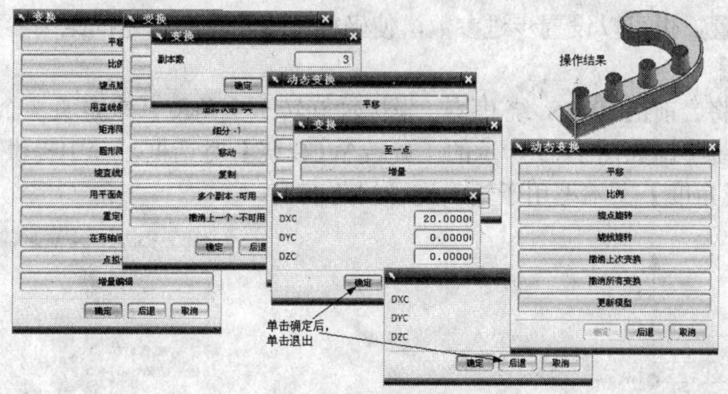


图1-16 变换操作

5. 选择【编辑】/【变换】命令，选取小圆柱体作为操作对象，然后单击【确定】按钮，随后系统会弹出【变换】对话框，单击对话框中的【绕点旋转】按钮，弹出【点构造器】对话框，选择圆弧中心点，并在随后的对话框中设置【角度】文本框为“40”，然后单击【确定】按钮，单击【多个副本-可用】按钮，设置【副本数】文本框为3，单击【确定】按钮，在弹出的【变换】对话框中，单击【取消】按钮，即可完成旋转操作。其操作步骤和效果如图1-17所示。

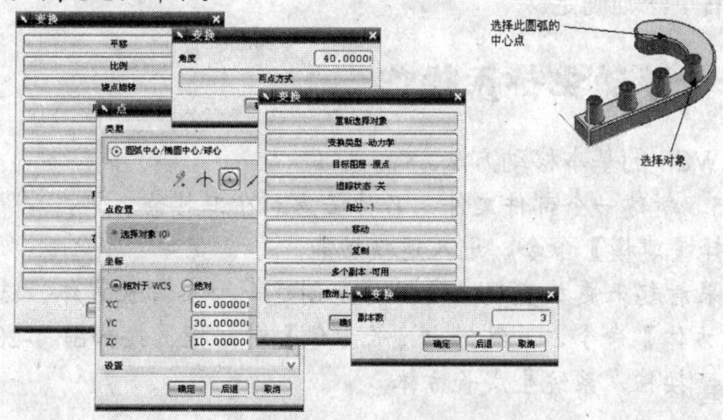


图1-17 绕点旋转

## 1.2.4 WCS（工作坐标系）功能

在 UG NX 5 中包含 3 种坐标系形式，分别是绝对坐标系（ACS）、工作坐标系（WCS）和机械坐标系（MCS），它们都是符合右手法则的（参见图 1-18）。下面就介绍 UG NX 5 中关于 WCS 的操作功能。

### 一、 坐标系的变换功能

选择级联菜单【格式】/【WCS】下的【原点】、【动态】和【旋转】命令，都可以用来进行坐标系的变换，以产生新的坐标系。

(1) 【原点】

该命令通过定义当前 WCS 的原点，来移动坐标系的位置。但该操作仅仅用来移动 WCS 的位置，而不改变各坐标轴的方向，即移动后坐标系的各坐标轴与原坐标系相应轴是平行的。

(2) 【动态】

该命令能通过步进的方式来移动或旋转当前的 WCS。用户可以在绘图工作区中拖动坐标系到指定的位置，也可以设置步进参数，使坐标系逐步移动指定的距离参数。

(3) 【旋转】

该命令通过将当前的 WCS 绕其某一坐标轴旋转一个角度，来定义一个新的 WCS。选择该命令后，系统弹出如图 1-19 所示的【旋转 WCS 绕】对话框，其中提供了 6 个确定旋转方向的单选钮，【角度】文本框用于输入旋转的角度值。

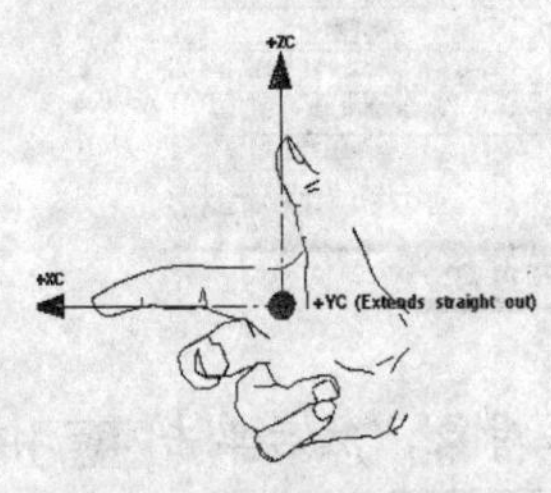


图1-18 右手法则

图1-19 【旋转 WCS 绕】对话框

### 二、 坐标系的创建功能

选择【格式】/【WCS】/【定向】命令，系统会弹出【CSYS】对话框，用于让用户定义一个新的工作坐标系。在利用其中的某种方法创建坐标系时，若只确定了两个坐标轴，则第三个坐标轴将由右手法则确定。

## 1.2.5 实例——移动坐标系操作

本实例演示了 WCS 的基本移动方法。

1. 运行 UG NX 5，新建一个部件文件，名称任意。在工具条上单击 开始· 按钮，在弹出的下拉菜单中选择【建模】命令，进入建模功能。
2. 为了使操作结果看起来更加直观，这里首先创建一个参考长方体。选择【插入】/【设计特征】/【长方体】命令，系统弹出【长方体】对话框。按如图 1-20 所示设置长方体参数，单击 确定 按钮，系统生成长方体。

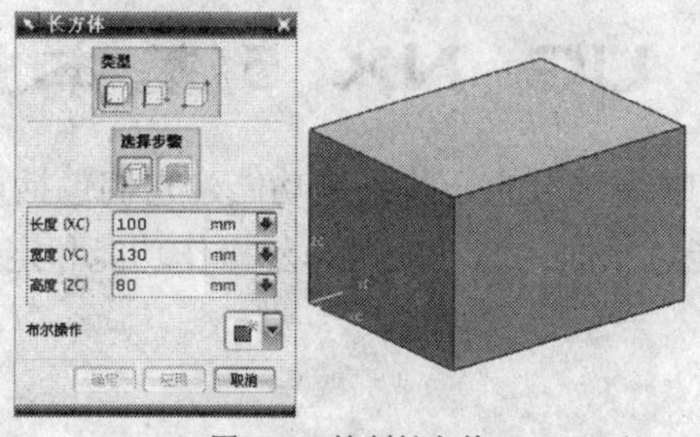


图1-20 绘制长方体

3. 选择【格式】/【WCS】/【原点】命令，系统弹出【点】对话框。选择如图 1-21（a）所示边缘的中点，单击 确定 按钮，可以看到，系统将坐标系原点移动到了边缘中点，如图 1-21（b）所示。

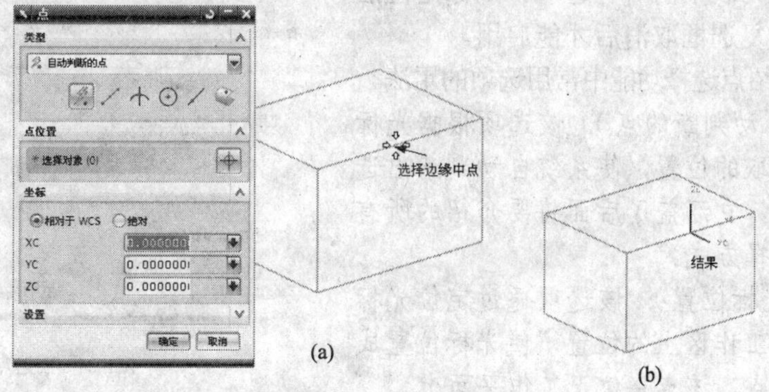


图1-21 原点方式移动坐标点

4. 选择【格式】/【WCS】/【动态】命令，系统在当前坐标系位置显示拖动轴，如图 1-22 所示。将鼠标光标放置在 YC 轴附近，直到出现沿轴移动图标，沿 YC 轴拖动到偏置距离为 30 处，如图 1-22 所示。

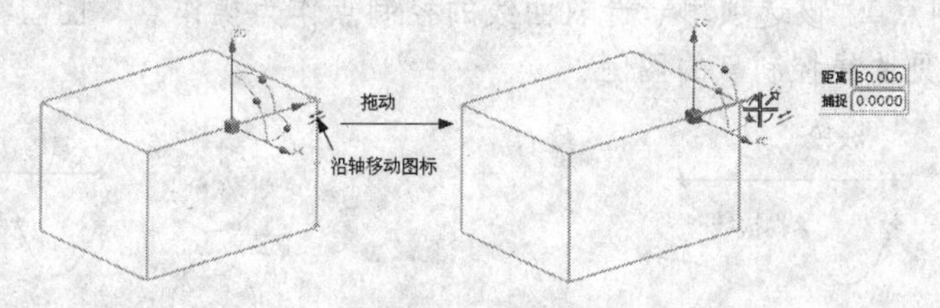


图1-22 动态方式

5. 选择【格式】/【WCS】/【旋转】命令，系统弹出【旋转 WCS 绕...】对话框。按如图 1-23（a）所示进行设置，单击 确定 按钮，完成坐标系旋转操作。操作结果如图 1-23（b）所示。

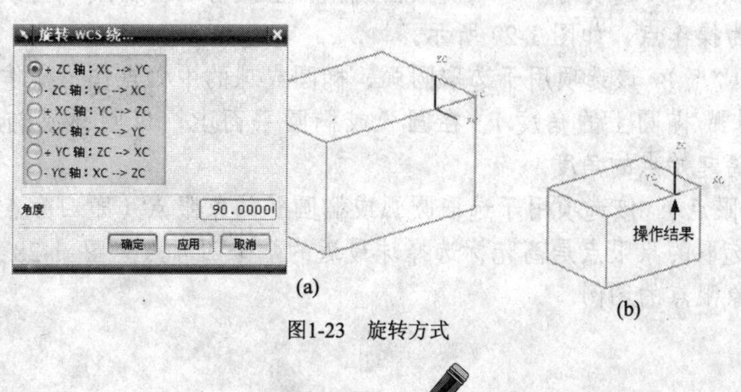


图1-23 旋转方式

# 1.3 UG NX 5 基本操作

本小节将介绍UG NX 5中最常用的一些系统功能，它们包括点构造功能、类选择功能、矢量构造功能、坐标系构造功能、平面构造功能、布尔操作功能和定位功能等。

## 1.3.1 点构造功能

在UG NX 5的功能操作中，有许多功能都需要在屏幕上构造（选择）一个点，所有点的构造都可以通过【点】对话框实现。

图1-24所示为【点】对话框，图中还给出了【类型】下拉列表中的所有选项。坐标定位法只有在【关联】复选框取消后才能启用。

图1-24 创建点对象

下面详细介绍点选择功能中常用选项的用法。

- （自动判断的点）：该选项根据光标点所选取的位置，使系统自动判断出选取的点，它涵盖了后面将要介绍的所有点的选择方式。
- （光标位置）：该选项通过定位光标在绘图工作区上的位置，使光标位置成为操作点，该点将位于工作平面上。
- （现有点）：该选项用于选取某个已存在的点作为操作点。
- （端点）：该选项用于在已存在的线段、圆弧、二次曲线及其他曲线的端点上选取操作点。图1-25所示为一些选取常见曲线端点的图例。
- （控制点）：该选项用于选取曲线的控制点作为操作点。图1-26所示为一些选取常见曲线控制点的图例。

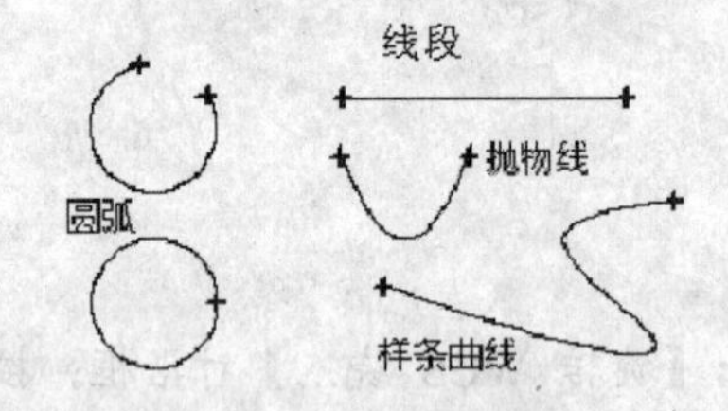


图1-25 端点选取

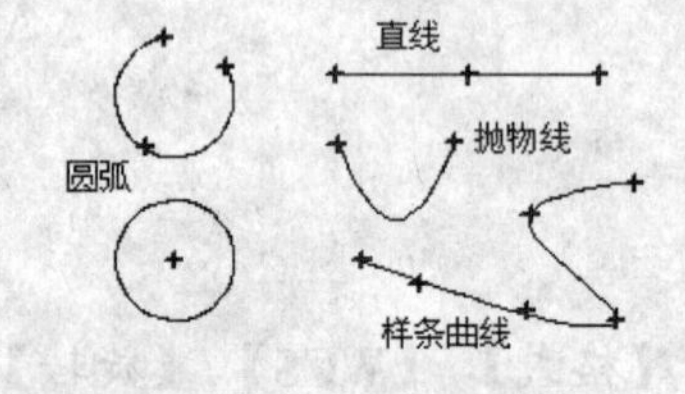


图1-26 控制点选取

- （交点）：该选项用于选取两段曲线、一曲线与一曲面或一曲线与一平面的交点作为操作点，如图1-27所示。
- （中心点）：该选项用于选取圆弧、椭圆或球的中心点作为操作点。
- （圆弧/椭圆上的角度）：在圆弧或椭圆平面上，以圆弧或椭圆中心为中心，距离起始点的角度。
- （象限点）：该选项用于选取圆弧或椭圆弧的象限点（即四分点）作为操作点。所选取的象限点是离光标选择球最近的那个四分点。图1-28所示为选取椭圆弧象限点的图例。

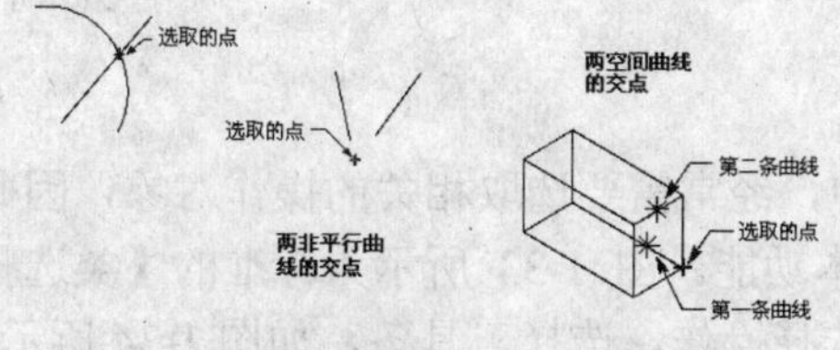


图1-27 一些常见的曲线交点

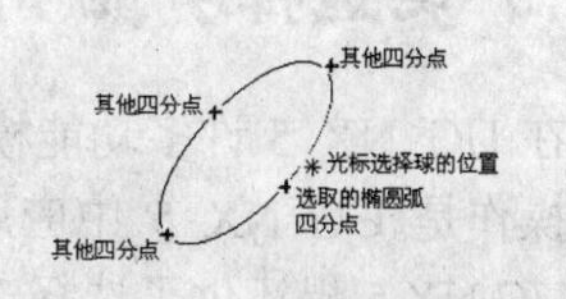


图1-28 选取椭圆弧象限点

- （两点之间）：通过选择两点，指定两点之间的距离百分比，确定点的具体位置。这是 UG NX 5 最新提供的功能。

## 1.3.2 实例——创建点

本实例演示了创建点的基本方法。

1. 启动 UG NX 5，新建一个部件文件，名称任意。在工具条上单击开始·按钮，在弹出的下拉菜单中选择【建模】命令，进入建模功能。
2. 为了使操作结果看起来更加直观，这里首先创建一个参考圆柱体。选择【插入】/【设计特征】/【圆柱体】命令，系统弹出【圆柱】对话框，按如图 1-29 所示设置圆柱体参数，单击确定按钮，系统生成圆柱体。
3. 选择【插入】/【基准/点】/【点】命令，系统弹出【点】对话框，选择方式，选择如图 1-30 所示的边缘，单击确定按钮，可以看到系统将在圆形边缘中心生成点。

图1-29 绘制圆柱体

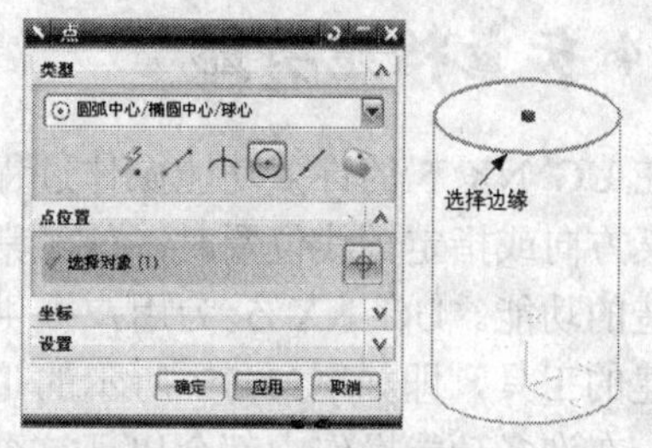


图1-30 圆心点

4. 选择【插入】/【基准/点】/【点】命令，系统弹出【点】对话框，选择方式，选择如图 1-31 所示的边缘，设置 U 向参数为“50”。设置和操作结果如图 1-31 所示。
5. 选择【插入】/【基准/点】/【点】命令，系统弹出【点】对话框，选择方式，分别选择如图 1-32 所示的上下圆形边缘中心点作为指定点 1 和 2。设置和操作结果如图 1-32 所示。

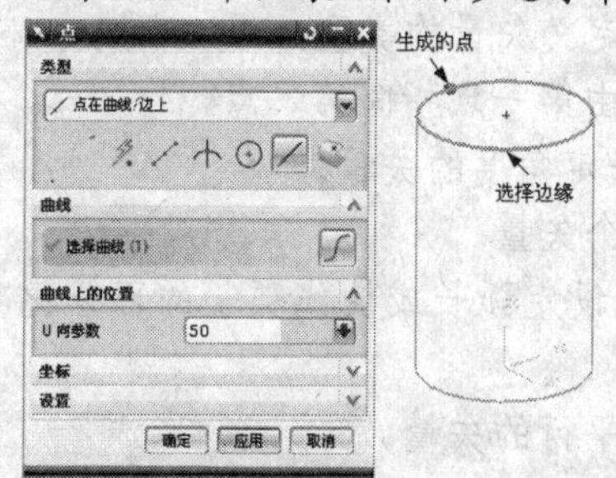


图1-31 曲线上的点

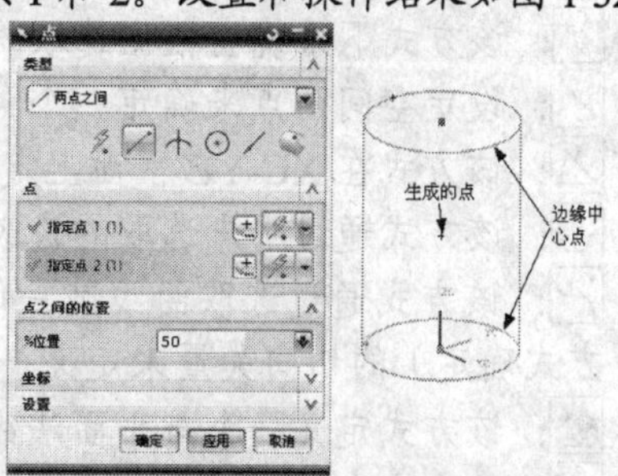


图1-32 两点之间

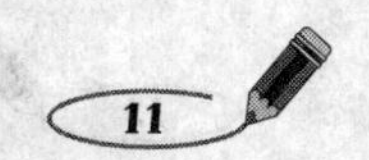

### 1.3.3 类选择功能

在 UG NX 5 许多功能模块的使用过程中，经常需要选取相关的操作对象，因此对象的选取操作是 UG NX 5 中应用最为普遍的基本功能。图 1-33 所示为标准的【类选择】对话框。UG NX 5 提还供了选择工具条，方便了选择操作，选择工具条，如图 1-34 所示。

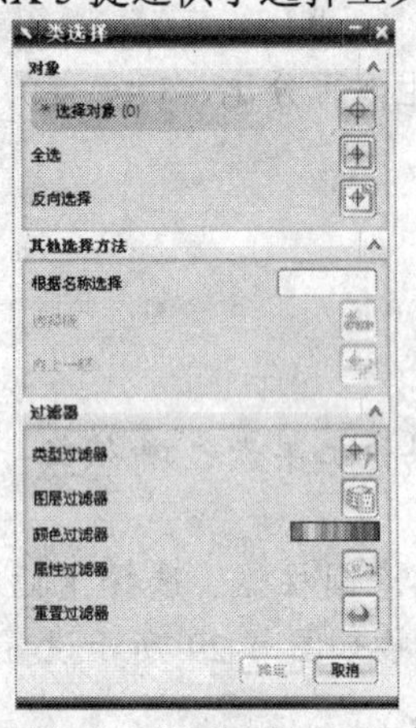

图1-33 【类选择】对话框

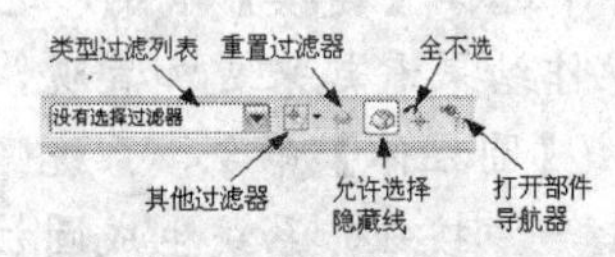

图1-34 类选择工具条

在选择操作对象时，用户既可以直接在绘图工作区中选择某个对象，也可以利用【类选择】对话框中所提供的一些对象类型过滤功能，来限制选择对象的范围，以实现快速选择某类操作对象。所选中的对象在绘图工作区中会以高亮度方式显示。

### 1.3.4 矢量构造功能

在 UG NX 5 的许多功能操作过程中，当需要定义方向或指定轴线位置时，就经常要用到矢量构造的功能。UG NX 5 为用户提供了一个矢量创建的工具，即如图 1-35 所示的【矢量】对话框。在许多功能操作中都会出现这个对话框，利用该对话框可以自己创建一个矢量。

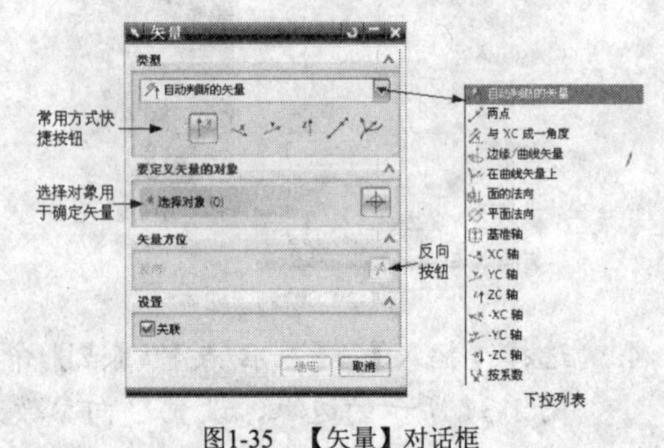

图1-35 【矢量】对话框

系统共提供了 15 种矢量创建方式，它们的操作步骤基本相同，下面简单介绍各种方式的用法。

- ：该方式下系统会根据选取的对象自动推断定义矢量的类型。
- ：设定空间两点来确定一个矢量，其方向为由第一点指向第二点。
- ：该方式在 XC-YC 平面上定义与 XC 轴成一定角度的矢量。
- ：该方式通过用户选取的边或曲线来定义一个矢量。
- ：该方式通过选取曲线某一位置（该位置以设定弧长或曲线孤长的百分比方式确定）的切向矢量来定义一个矢量。
- ：该方式定义一个与平面法线或圆柱面轴线平行的矢量。
- ：该方式定义一个与基准平面法线平行的矢量。

- ：该方式定义一个与基准轴平行的矢量。
- 和：这两种方式定义一个与 XC 轴或-XC 轴平行的矢量。
- 和：这两种方式定义一个与 YC 轴或-YC 轴平行的矢量。
- 和：这两种方式定义一个与 ZC 轴或-ZC 轴平行的矢量。
- ：通过系数指定矢量方向。

除了用上述 15 种矢量创建方式来定义一个矢量外，用户还可以直接在屏幕上选择对象来确定矢量。例如选择一个平面，则新建立的矢量为平面的法线方向。通过单击按钮，可以快速改变矢量方向为当前方向的反方向。

## 1.3.5 实例——创建矢量

本实例演示了矢量创建的基本方法。

1. 启动 UG NX 5，新建一个部件文件，名称任意。在工具条上单击开始·按钮，在弹出的下拉菜单中选择【建模】命令，进入建模功能。
2. 为了使操作结果看起来更加直观，这里首先创建一个参考长方体。选择【插入】/【设计特征】/【长方体】命令，系统弹出【长方体】对话框，按如图 1-36 所示设置长方体参数，单击确定按钮，系统生成长方体。
3. 这里利用在生成圆柱体过程中设置矢量的步骤，演示各种矢量的创建方法。选择【插入】/【设计特征】/【圆柱体】命令，在系统弹出【圆柱】对话框中单击按钮，系统弹出【矢量】对话框，选择方式，选择如图 1-37 所示的点 1 和点 2，边缘中点，即可生成过两点的矢量。

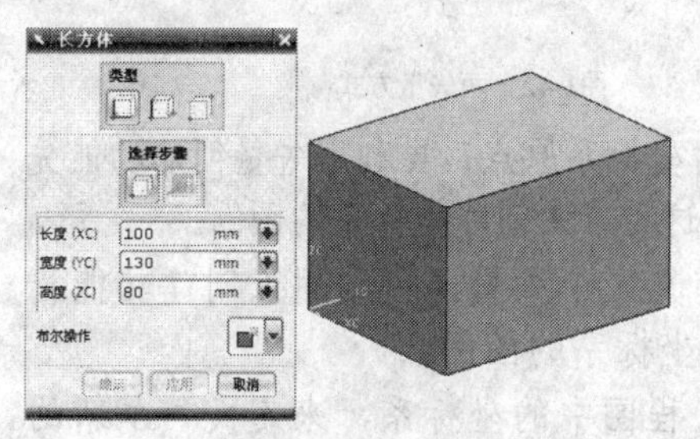


图1-36 绘制长方体

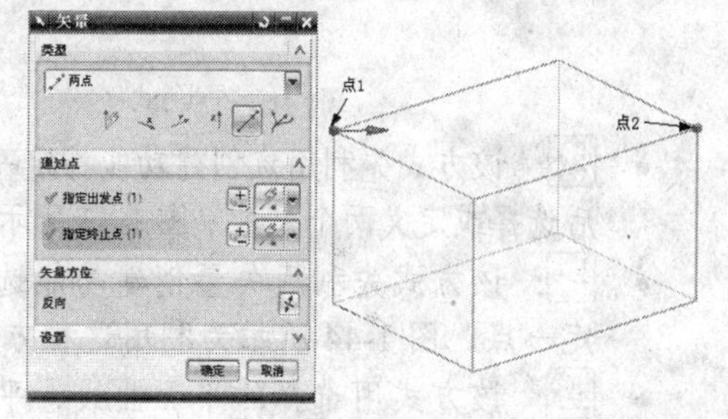


图1-37 两点方式

4. 在【矢量】对话框中，选择【面的法向】方式，选择如图 1-38 所示的面，即可生成面法向矢量。
5. 在【矢量】对话框中，选择【边缘/曲线矢量】方式，选择如图 1-39 所示的边缘，即可生成矢量。操作结果如图 1-39 所示。

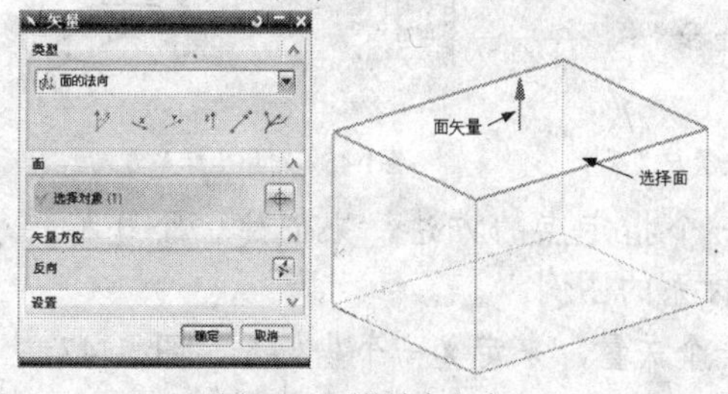


图1-38 面的法向方式

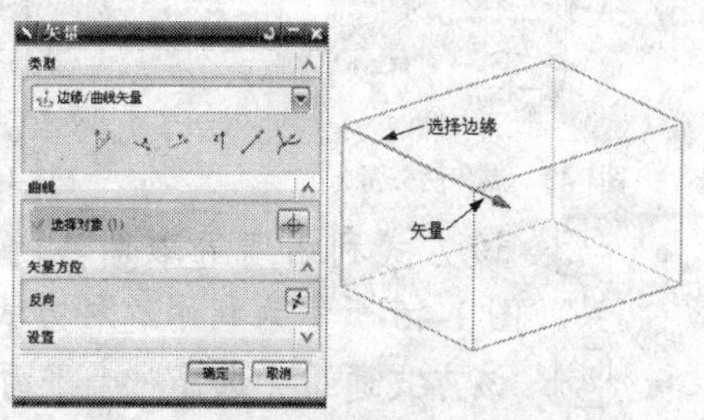


图1-39 曲线矢量方式

## 1.3.6 坐标系构造功能

UG NX 5也为用户提供了坐标系构造工具。在UG NX 5的某些功能操作过程中，选择【格式】/【WCS】/【定向】命令，系统会弹出如图1-40所示的【CSYS】对话框，用以创建一个坐标系。该对话框的右侧为坐标系创建方式的下拉列表，其他选项为操作的相关参数。系统提供了如下13种坐标系的创建方式。

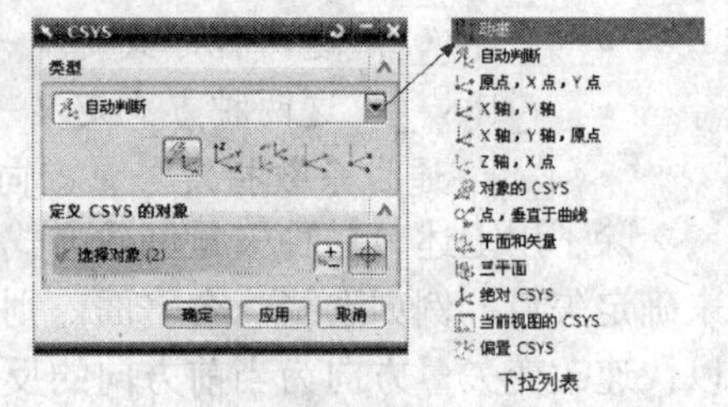

图1-40 【CSYS】对话框

- : 该方式通过用户手动设定坐标系的位置和方向。
- : 该方式能通过选择的对象或通过输入沿X、Y、Z坐标轴方向的偏置值，来定义一个坐标系。
- : 该方式利用点创建功能先后指定3个点，来定义一个坐标系。图1-41所示为利用这种方式创建坐标系的图例。
- : 该方式利用矢量创建功能先后选择或定义两个矢量，来定义一个坐标系。图1-42所示为利用这种方式创建坐标系的图例。

图1-41 三点方式　　图1-42 两矢量方式

- : 该方式先利用点创建功能指定一点作为坐标系原点，再利用矢量创建功能先后选择或定义两个矢量。图1-43所示为利用这种方式创建坐标系的图例。
- : 该方式先利用矢量创建功能选择或定义一个矢量，再利用点创建功能指定一点。图1-44所示为利用这种方式创建坐标系的图例。
- : 该方式用选择的平面曲线、平面或工程图中的坐标系，来定义一个新的坐标系，XOY平面为选择对象所在的平面。图1-45所示为利用这种方式创建坐标系的图例。

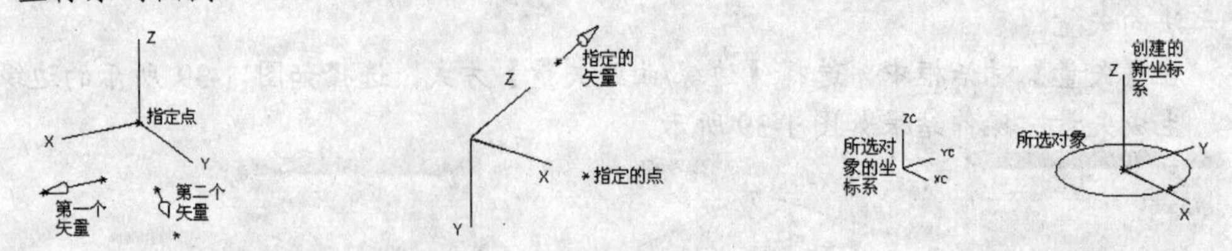

图1-43 点和两矢量方式　　图1-44 点和一矢量方式　　图1-45 对象坐标系方式

- : 该方式利用所选取曲线的切线和一个指定点的方法，来创建一个坐标系。图1-46所示为利用这种方式创建坐标系的图例。
- : 该方式通过先选择一个平面后设定一个矢量，来定义一个坐标系。图1-47所示为利用这种方式创建坐标系的图例。

- ：该方式通过先后选择 3 个平面来定义一个坐标系。图 1-48 所示为利用这种方式创建坐标系的图例。

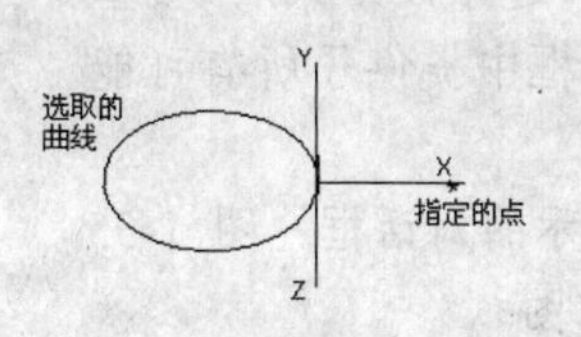


图1-46 点和曲线切线方式

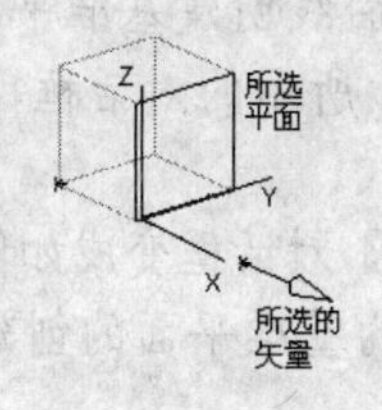


图1-47 平面和矢量方式

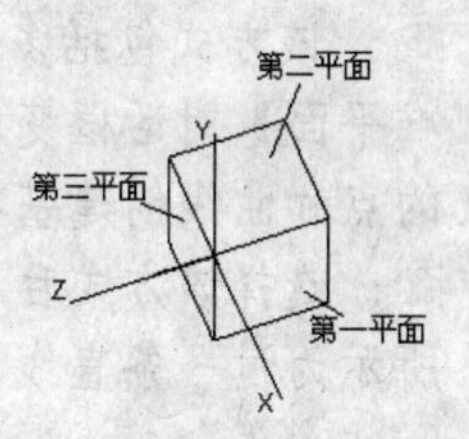


图1-48 三平面方式

- ：该方式通过输入沿 X、Y、Z 坐标轴方向相对于选择坐标系的偏置距离，来定义一个新的坐标系。
- ：该方式在绝对坐标为（0,0,0）处定义一个新的坐标系。
- ：该方式用当前视图定义一个新的坐标系。XOY 平面即为当前视图的所在平面。

这些坐标系创建方式的操作过程大致都相同，用户只要按照系统提示，设置好所需的参考点或参考矢量，系统就会根据用户的设置来创建坐标系。

## 1.3.7 平面构造功能

在 UG NX 5 建模过程中，有许多功能都要求选取或定义所需的操作参考平面，在 UG NX 5 中为用户提供了这样的平面创建工具。

选择【插入】/【基准/点】/【基准平面】命令，系统会弹出如图 1-49 所示的【基准平面】对话框作为平面创建工具。下面介绍系统中几种常用的平面创建方式。

- ：根据所选对象快速定位最佳基准平面。
- ：通过一个点和一个方向来定位基准平面。
- ：通过两条已存在的直线做基准平面。图 1-50 所示为这种方式创建平面的图例。
- ：通过曲线上的一个点创建基准平面，基准平面的法向方向为点在曲线上的切线方向。图 1-51 所示为这种方式创建平面的图例。

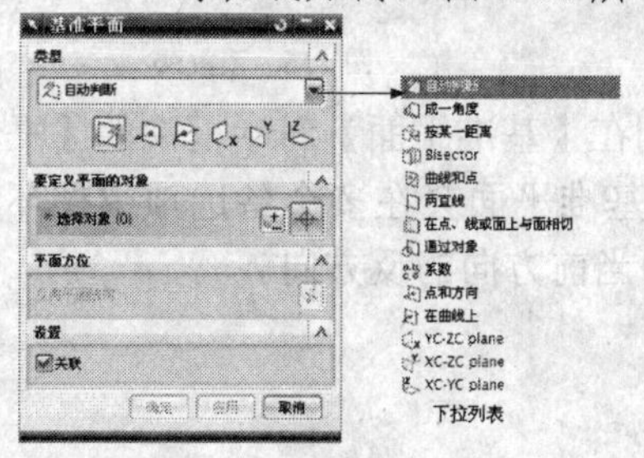


图1-49 【基准平面】对话框

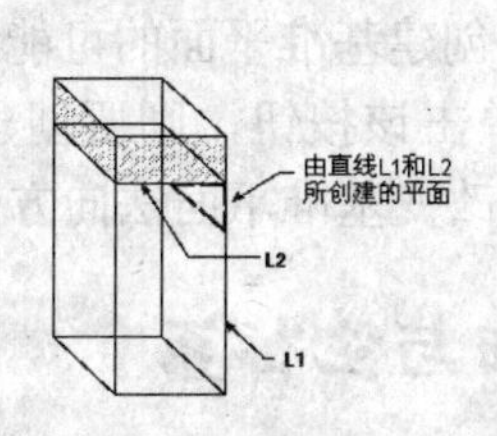


图1-50 通过两条直线做基准平面

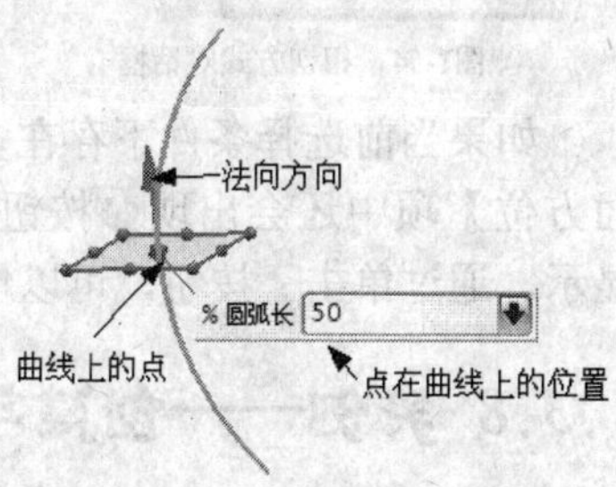


图1-51 过曲线上的点创建平面

- ：做与一个平面或基准面平行，并且偏置一定距离的基准平面。
- ：过 ZC－YC 轴做基准平面。
- ：过 XC－ZC 轴做基准平面。
- ：过 XC－YC 轴做基准平面。

- ：做与指定平面成一定角度的基准平面。
- ：过两个平行平面的中间位置做平面，如图 1-52 所示。
- ：该方式包括多种通过点和曲线创建基准平面的方法，选择该方式后，【基准平面】对话框变成如图 1-53 所示的对话框，下拉列表框中提供了所有可能的点和曲线创建基准平面的方式。
- ：选择该方式后，【基准平面】对话框变成如图 1-54 所示的对话框。图 1-55 所示为过一条直线与曲面相切的基准平面的创建方式示意图。

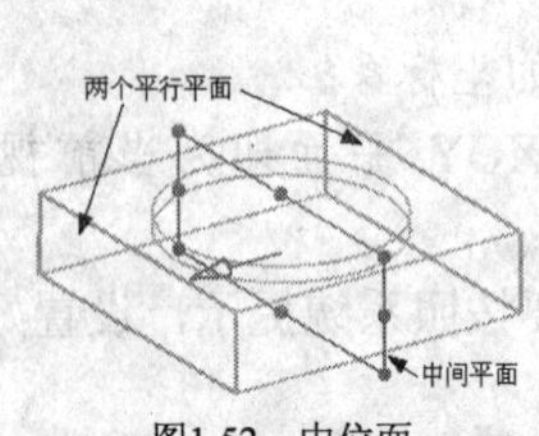


图1-52　中位面

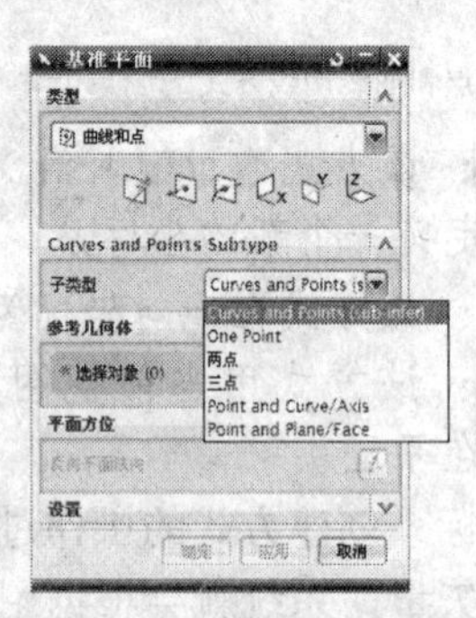


图1-53　CSYS 平面方式创建平面

- ：该选项主要用于创建一个通过平面方程来定义的平面。对于一个空间平面，其平面方程为“$Ax + By + Cz = D$”。单击该按钮后，对话框会给出如图 1-56 所示的【系数】选项，用于输入系数。

图1-54　相切方式对话框

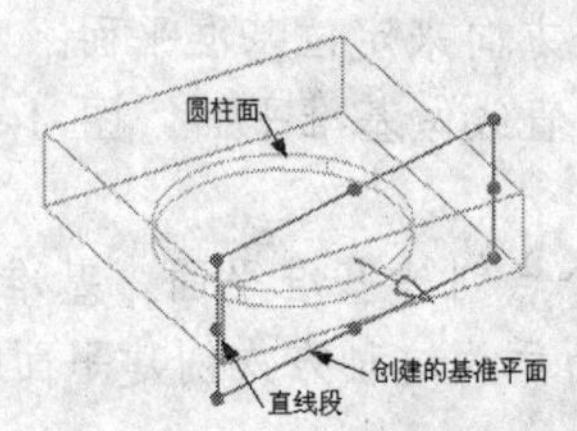


图1-55　相切方式创建平面

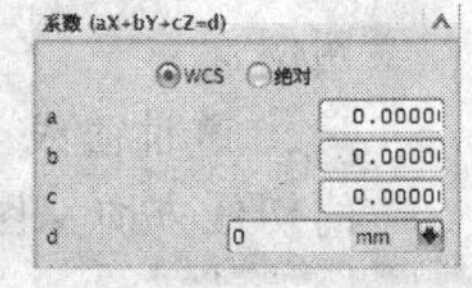


图1-56　系数法

如果当前选择条件下存在多种创建基准平面的可能，则在【基准平面】对话框中的【平面方位】项中还会出现按钮，单击该按钮，则要创建的基准平面会在多个备选项中循环显示。通过单击按钮，可以快速改变基准平面法向方向为当前方向的反方向。

## 1.3.8 实例——创建平面与坐标系

打开教学资源文件“第 1 章\素材\1.5.prt”，按如图 1-57 所示创建一个通过已存在的点，并且与圆柱体相切的平面，同时创建一个和 XY 平面平行距离为 10 的平面，再在圆柱体顶面中心创建一个坐标系，其坐标方向与原坐标系相同。

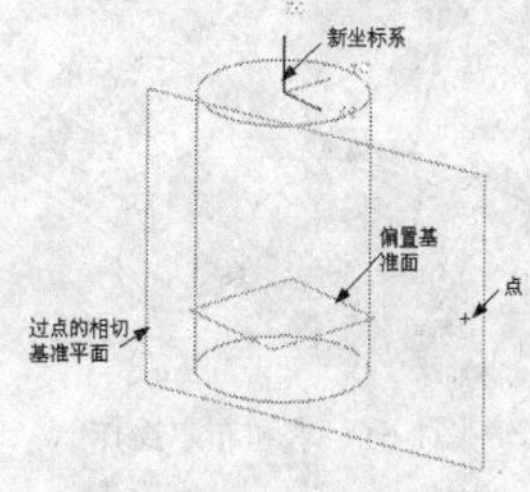


图1-57 创建平面与坐标系

动画参照 —— 本实例动画演示见教学资源的“第 1 章\操作视频\1.5.avi”文件。

1. 启动 UG NX 5，打开教学资源文件“第 1 章\素材\1.5.prt”，并进入建模模块。
2. 选择【插入】/【基准/点】/【基准平面】命令，系统弹出【基准平面】对话框。选取圆柱体的表面作为相切表面，再选取已有点作为平面通过点，这时系统会在绘图工作区中显示出一个满足选择条件的基准平面备选解。单击按钮，要创建的基准平面在备选解中循环，这里选择如图 1-58 所示的基准平面。操作步骤和示意图如图 1-58 所示。单击 应用 按钮，生成基准平面。

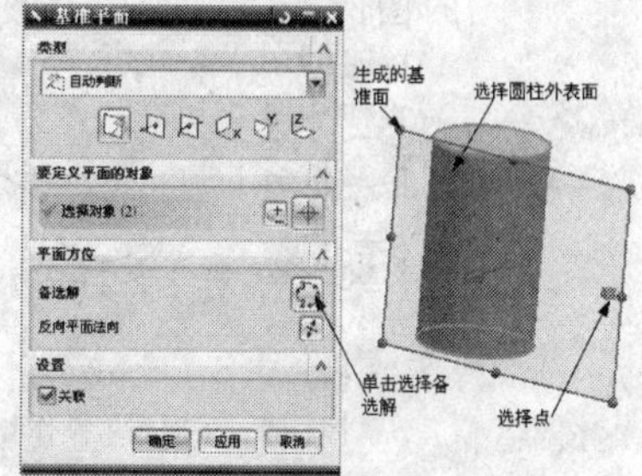


图1-58 创建相切平面

3. 再在【基准平面】对话框中单击按钮，并在【距离】文本框中输入参数“10”，最后单击 确定 按钮，则系统就会创建一个平行平面。其操作步骤和示意图如图 1-59 所示。如果偏置方向相反，则可以单击按钮，进行调整。
4. 选择【格式】/【WCS】/【原点】命令，系统弹出【点】对话框。在【点】对话框中，设置【XC】、【YC】、【ZC】分别为“0”、“0”和“50”，最后单击 确定 按钮，系统就会创建一个新的坐标系。其操作步骤和示意图如图 1-60 所示。

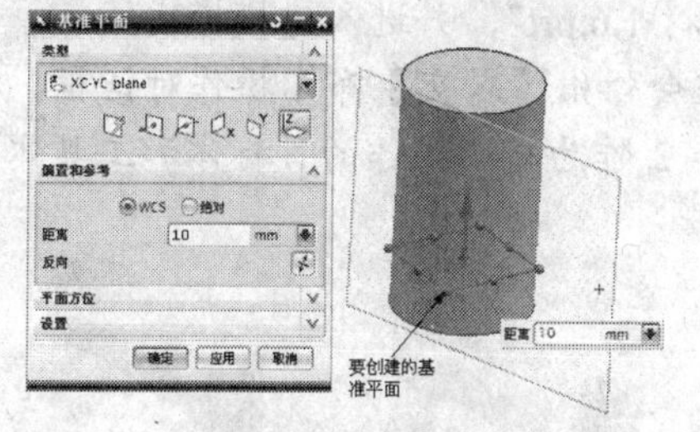


图1-59 创建平行平面

图1-60 创建坐标系

## 1.3.9 布尔操作功能

在 UG NX 5 的许多实体操作中，都会涉及布尔操作的应用。布尔操作主要用于确定 UG NX 5 建模中多个实体之间的合并关系。布尔操作中的实体称为目标体或工具体。目标体是首先选择的需要与其他实体合并的实体或片体，而工具体是用来修改目标体的实体或片体。在完成布尔操作后，工具体会成为目标体的一部分。

- “求和”操作：求和布尔运算用于将两个或两个以上的不同实体结合起来，也就是求实体间的和集运算。图 1-61 所示为这种布尔操作的图例。

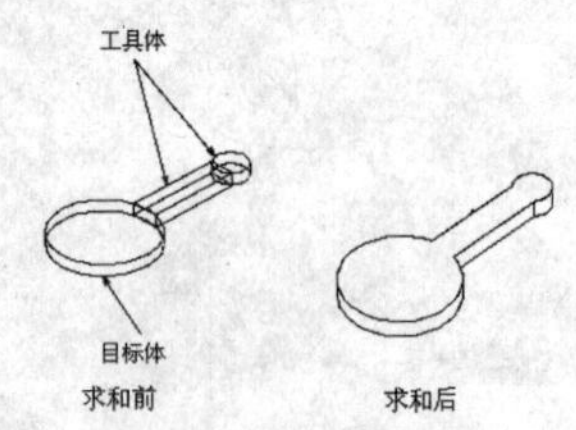

图1-61　求和布尔操作

- “求差”操作：求差布尔运算用于从目标体中减除一个或多个工具体，也就是求实体间的差集运算。图1-62所示为这种布尔操作的图例。
- “求交”操作：求交布尔运算用于使目标体和所选工具体之间的相交部分成为一个新的实体，也就是求实体间的交集运算。图1-63所示为这种布尔操作的图例。

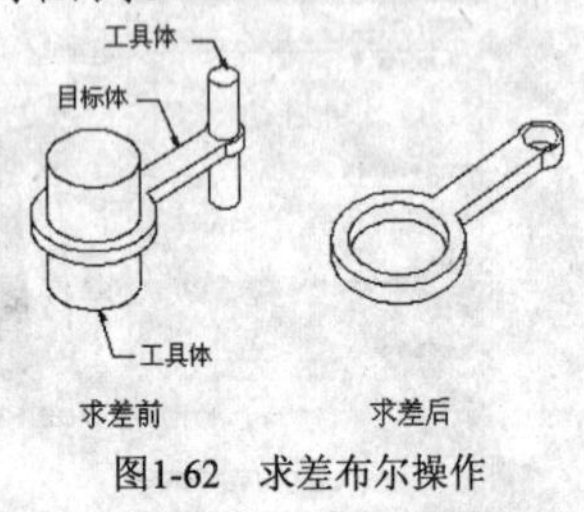

图1-62　求差布尔操作

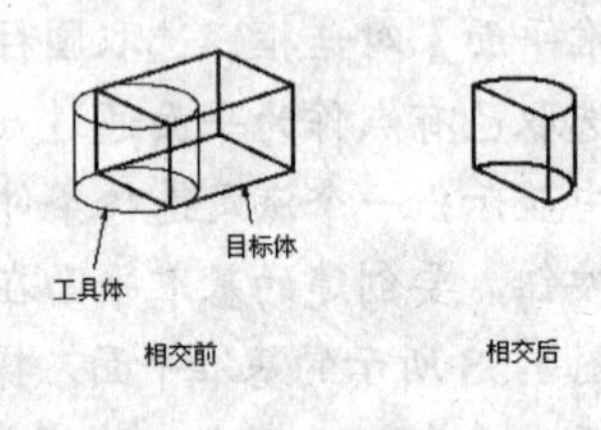

图1-63　求交布尔操作

## 1.3.10 实例——实体布尔操作

打开教学资源文件“第1章\素材\1.6prt”，将已存在的4个实体特征通过布尔操作，生成如图1-64所示的特征形式。

动画参照 —— 本实例动画演示见教学资源的“第1章\操作视频\1.6.avi”文件。

1. 启动UG NX 5，打开教学资源文件“第1章\素材\1.6.prt”，并进入建模模块。
2. 选择【插入】/【组合体】/【求交】命令，系统会弹出【求交】布尔操作对话框。按如图1-65所示在绘图工作区中分别选取特征1和2作为布尔操作的目标体和工具体，单击确定按钮，系统即可完成求交布尔操作。

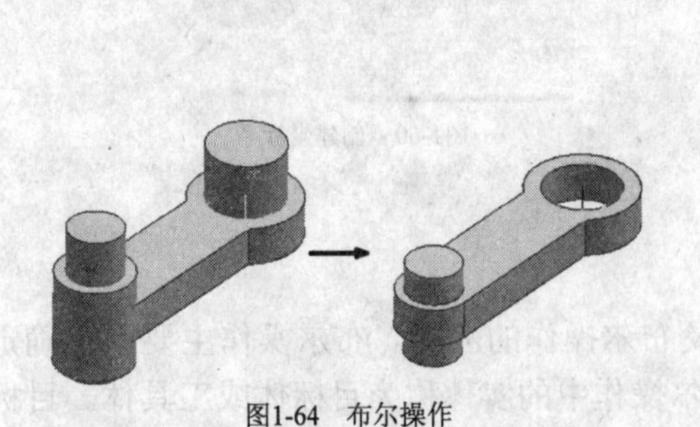
图1-64　布尔操作

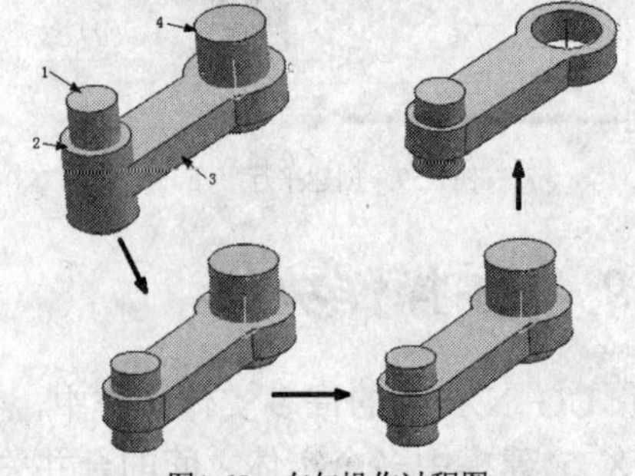

图1-65　布尔操作过程图

3. 选择【插入】/【组合体】/【求和】命令，系统会弹出【求和】布尔操作对话框。按如图1-65所示在绘图工作区中分别选取特征3和1与2操作后的特征作为布尔操作的目标体和工具体，单击确定按钮，系统即可完成求和布尔操作。
4. 选择【插入】/【组合体】/【求差】命令，系统会弹出【求差】布尔操作对话框。按如

图 1-65 所示在绘图工作区中分别选取特征 1、2 与 3 操作后的特征和 4 作为布尔操作的目标体和工具体，单击确定按钮，系统即可完成求差布尔操作。

# 1.4 拓展知识

本小节将介绍一些拓展知识，用以拓展知识面。

## 1.4.1 定位功能

定位功能主要用于确定腔体或槽体等加工特征和草图上的点或边相对于实体或基准对象的位置。在创建腔体或槽体特征的过程中，需要用定位方式确定特征与实体或基准对象的相对位置。因此，在每个特征产生之前，都会弹出与图 1-66 类似的【定位】对话框，用于确定特征相对于存在实体或基准的定位尺寸。

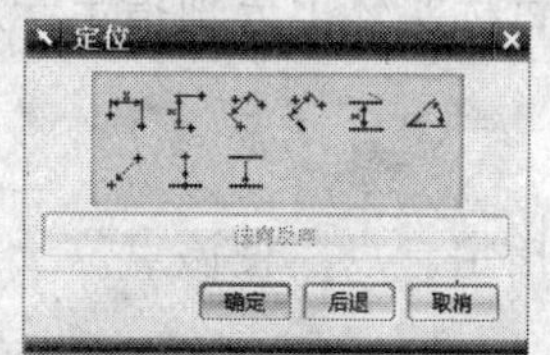


图1-66 【定位】对话框

在定位操作中，一般称要定位的特征或草图上的对象为工具实体，称要定位到的实体或基准对象为目标实体。下面详细说明这 9 种定位方式的功能和具体使用方法。

(1) ：水平定位

该定位方式通过在目标实体与工具实体上分别指定一点，以这两点沿水平参考方向的距离进行定位。

(2) ：竖直定位

该定位方式通过在目标实体与工具实体上分别指定一点，以这两点沿竖直参考方向的距离进行定位。

(3) ：平行定位

该定位方式通过在目标实体与工具实体上分别指定一点，并通过这两点的距离值来定位，该距离是在与工作平面平行的平面中测量的。图 1-67 所示为这种定位方式的图例。

在选取目标实体或工具实体时，如果所选的对象为旋转特征形状，则系统会弹出如图 1-68 所示的【设置圆弧的位置】对话框，让用户来设置圆弧位置的点。该对话框提供了 3 种圆弧位置确定方式：端点、圆弧中心和相切点。

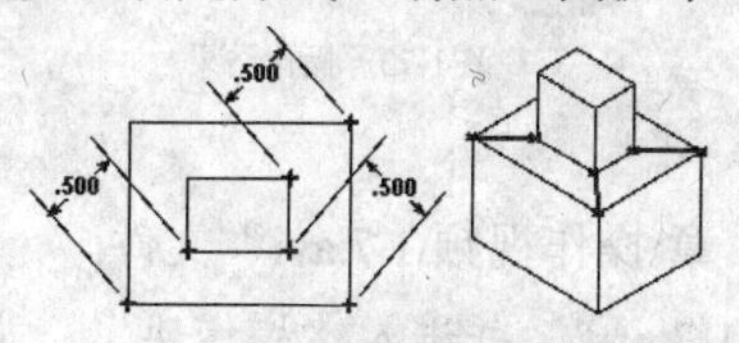


图1-67 平行定位

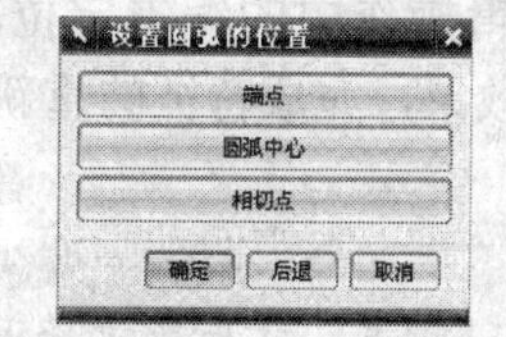


图1-68 【设置圆弧的位置】对话框

(4) ：垂直定位

该定位方式通过在工具实体上指定一点，以该点至目标实体上指定边缘的垂直距离进行定位。图 1-69 所示为这种定位方式的图例。

(5) ：平行距离定位

该定位方式通过在目标实体与工具实体上分别指定一条直边，以指定的两直边间的平行距离进行定位。图 1-70 所示为这种定位方式的图例。

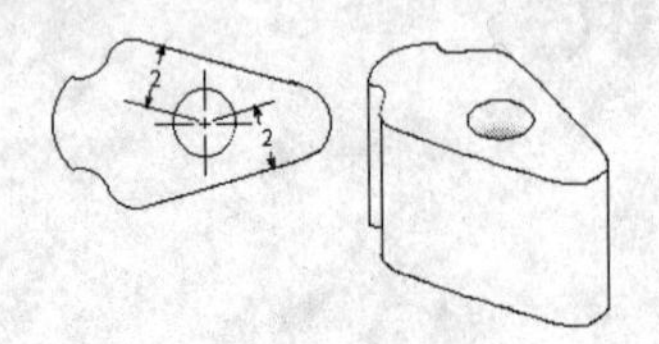
图1-69　垂直定位

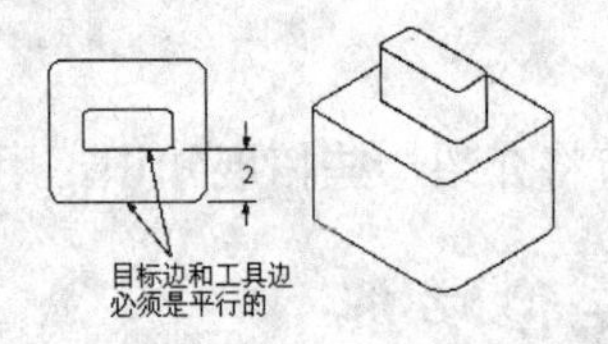

图1-70　平行距离定位

(6) ：角度定位

该定位方式通过在目标实体与工具实体上分别指定一条直边，并以指定的角度进行定位。

(7) ：点到点定位

该定位方式通过在工具实体与目标实体上分别指定一点，并使两点重合来进行定位。图 1-71 所示为这种定位方式的图例。

(8) ：点到线定位

该定位方式通过在工具实体上指定一点，使该点位于目标实体的一条指定边上来进行定位，如图 1-72 所示。

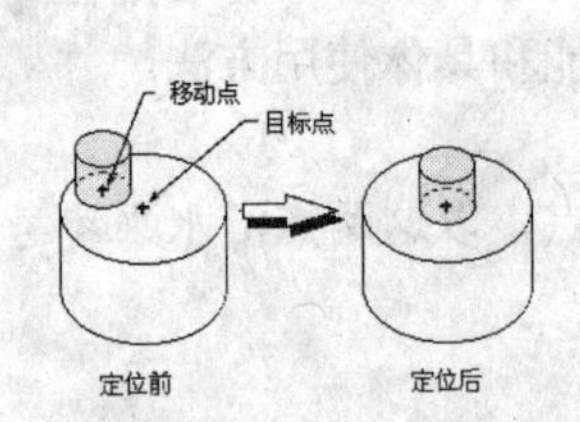

图1-71　点到点定位

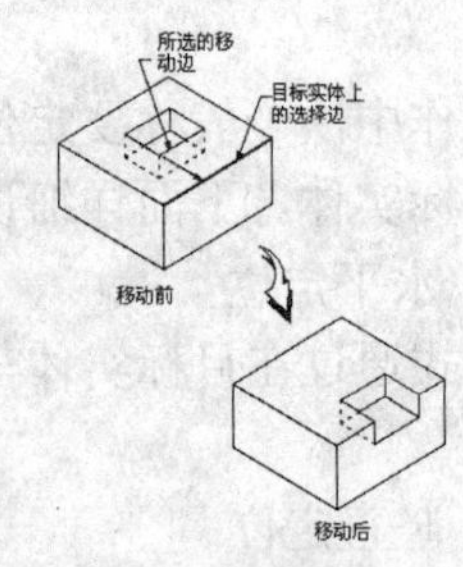

图1-72　点到线定位

(9) ：直线到直线定位

该定位方式通过在目标实体与工具实体上分别指定一条直边，使工具边与目标边重合进行定位。

## 1.4.2 实例——定位操作

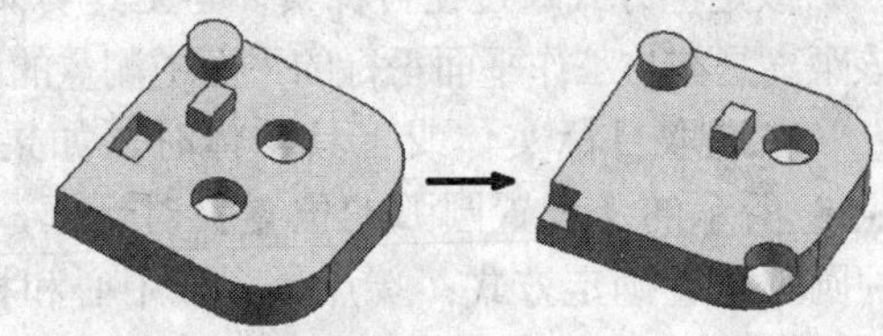
图1-73　操作结果

打开教学资源文件"第 1 章\素材\1.7.prt"，利用特征编辑操作中的编辑定位功能，按如图 1-73 所示的效果，完成特征的重新定位操作。

动画参照 —— 本实例动画演示见教学资源的"第 1 章\操作视频\1.7.avi"文件。

1. 启动 UG NX 5，打开教学资源文件"第 1 章\素材\1.7.prt"，并进入建模模块。
2. 选择【编辑】/【特征】/【编辑位置】命令，系统会弹出【编辑位置】对话框。在其中选取"Simple Hole（3）"，单击 确定 按钮，系统即可调用定位编辑功能。

3. 按如图 1-74 所示在【定位】对话框中单击按钮，进行点到点方式定位，按照图示指定定位的目标边和刀具边（由于这里目标边和刀具边选取的均是圆弧，因此，还应在随后弹出的【设置圆弧的位置】对话框中，单击圆弧中心按钮，以确定弧的位置），然后连续单击确定按钮，系统即可完成点到点定位操作。其操作步骤和示意图如图 1-74 所示。

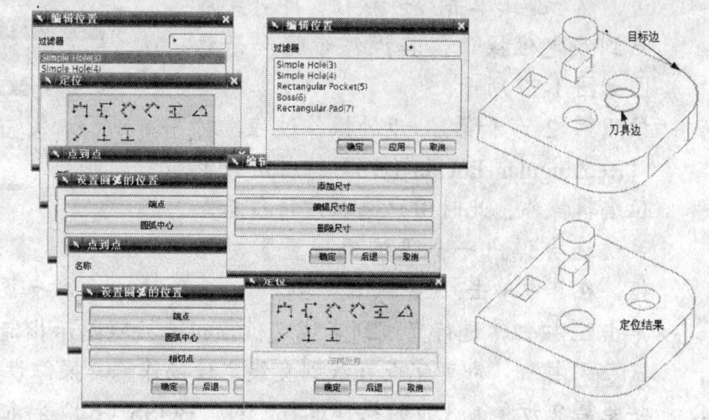

图1-74 点到点定位

4. 按照第 2 步和第 3 步的操作过程，对“Simple Hole（4）”特征进行定位编辑操作。按如图 1-75 所示在【定位】对话框中单击按钮，进行水平定位，并选取图示的水平参考对象，接着指定定位的目标边和刀具边，最后在【创建表达式】对话框中输入参数值“10”，在【创建表达式】对话框中单击确定按钮，再在【定位】对话框中单击确定按钮，即可完成水平定位尺寸的添加操作。其主要操作步骤和示意图如图 1-75 所示。

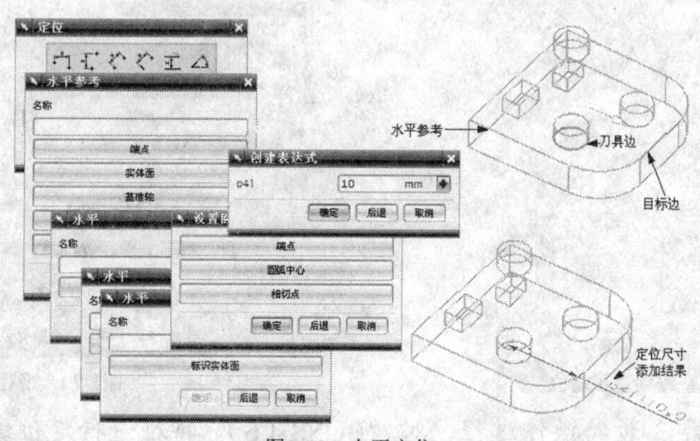

图1-75 水平定位

5. 本步操作接上一步操作结果，系统弹出【定位】对话框。单击按钮，进行竖直定位，接着按照图示指定定位的目标边和刀具边，最后在【创建表达式】对话框中输入参数值“10”，连续单击确定按钮，即可完成竖直定位操作。其操作步骤和示意图如图 1-76 所示。

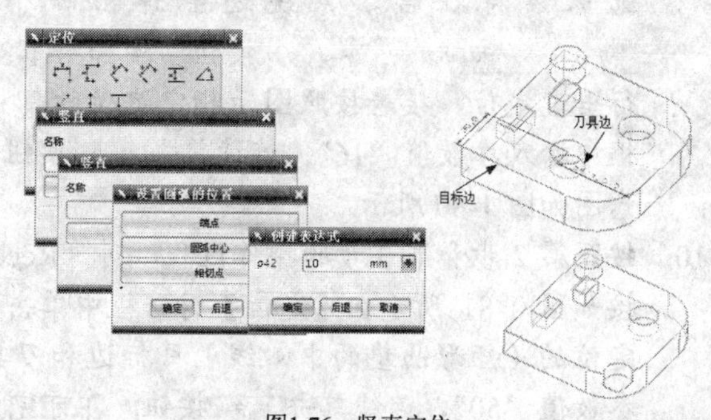

图1-76 竖直定位

6. 按照第 2 步和第 3 步的操作过程，对“Rectangular Pocket（5）”特征进行定位编辑操作。按如图 1-77 所示在【定位】对话框中单击按钮，进行点到线定位，按如图示指定定位的目标边和刀具边，然后连续单击确定按钮，即可完成点到线定位操作。其操作步骤和示意图如图 1-77 所示。

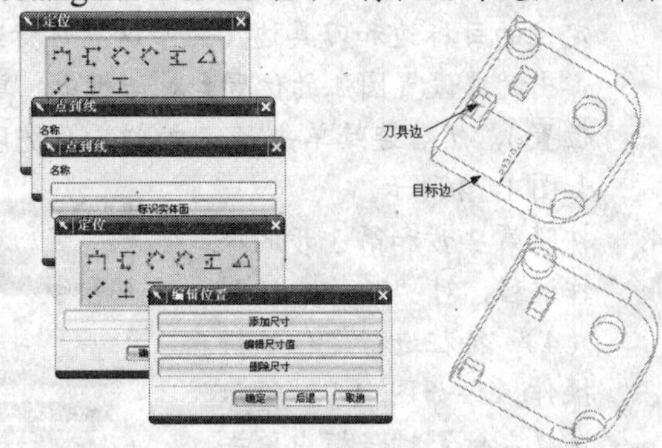


图1-77 点到线定位

7. 按照第 2 步和第 3 步的操作过程，对“Rectangular Pocket（5）”特征进行定位编辑操作。此时用户选取该特征后，系统还会弹出一个【编辑位置】对话框，在其中单击添加尺寸按钮。按如图 1-78 所示在【定位】对话框中单击按钮，进行直线到直线定位，接着按照图示指定定位的目标边和刀具边，连续单击确定按钮，即可完成直线到直线定位操作。其操作步骤和示意图如图 1-78 所示。
8. 按照第 2 步和第 3 步的操作过程，对“BOSS（6）”特征进行定位编辑操作。按如图 1-79 所示在【定位】对话框中单击按钮，进行平行定位，按照图示指定定位的目标边和刀具边，最后在【创建表达式】对话框中输入参数值“20”，连续单击确定按钮，即可完成平行定位操作。其操作步骤和示意图如图 1-79 所示。

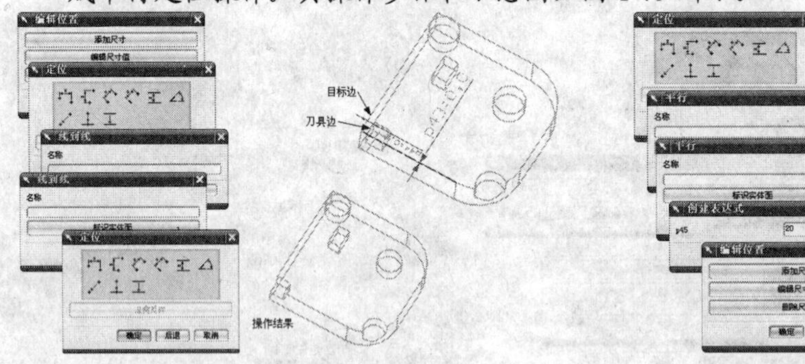


图1-78 直线到直线定位

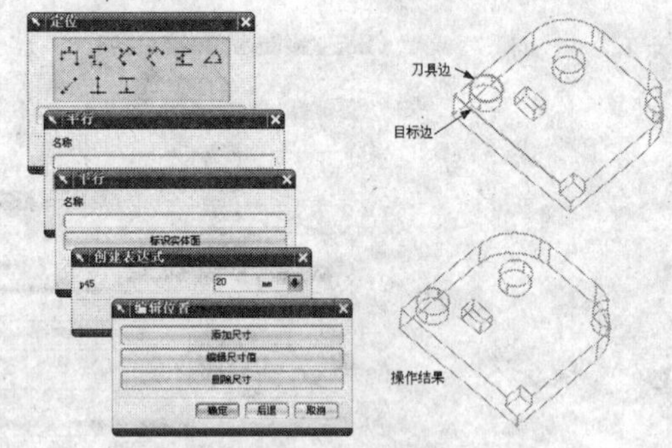


图1-79 平行定位

9. 按照第 2 步和第 3 步的操作过程，对“BOSS（6）”特征进行定位编辑操作。此时用户选取该特征后，系统还会弹出一个【编辑位置】对话框，在其中单击添加尺寸按钮。按如图 1-80 所示在【定位】对话框中单击按钮，进行垂直定位，接着按照图示指定定位的目标边和刀具边，最后在【创建表达式】对话框中输入参数值“16”，连续单击确定按钮，即可完成垂直定位操作。其操作步骤和示意图如图 1-80 所示。
10. 按照第 2 步和第 3 步的操作过程，对“Rectangular Pad（7）”特征进行定位编辑操作。按如图 1-81 所示在【定位】对话框中单击按钮，进行平行距离定位，按照图示指定定位的（矩形凸垫的中心线）目标边和刀具边，最后在【创建表达式】对话框中输入参数值“50”，连续单击确定按钮，即可完成平行距离定位操作。其操作步骤和示意图如图 1-81 所示。

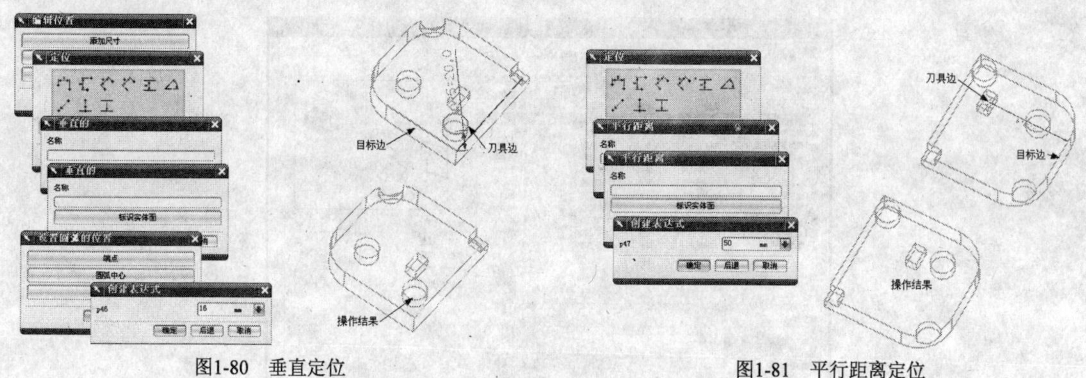


图1-80　垂直定位　　图1-81　平行距离定位

## 1.5 简单基座的设计

本节将带领读者一同创建自己的第一个UG NX 5 实例文件——一个简单的基座零件（其中具体的特征创建操作方法会在以后的章节中分别详细介绍），使读者更加直观地了解应用 UG NX 5 进行产品设计的操作流程。基座零件如图 1-82 所示。

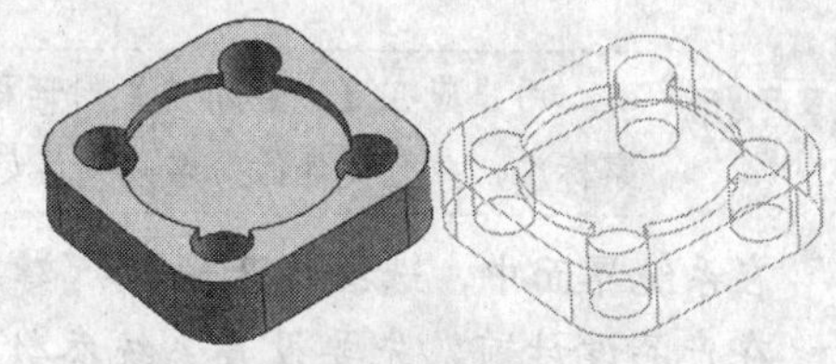

图1-82　简单基座

动画参照 —— 本实例动画演示见教学资源的"第 1 章\操作视频\mypart.avi"文件。

【操作步骤】

1. 选择 Windows 操作系统的【开始】/【程序】/【UG NX 5.0】/【NX 5.0】命令，启动 UG NX 5。系统启动的初始界面如图 1-83 所示。

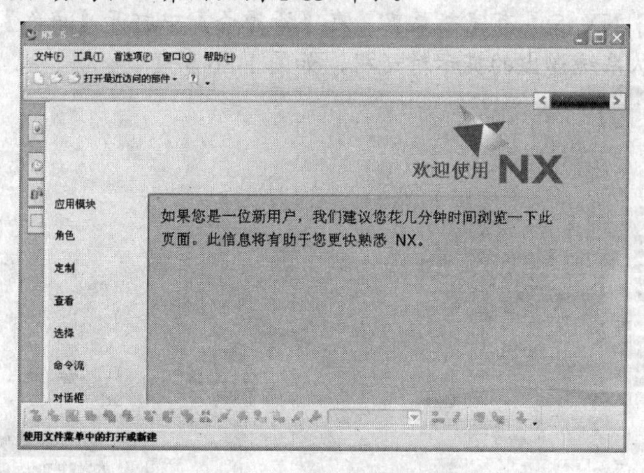


图1-83　UG NX 5 的初始界面

2. 接下来建立一个新的 UG NX 5 文件。在 UG NX 5 的初始界面中，选择【文件】/【新建】命令，系统会弹出【文件新建】对话框，如图 1-84 所示。用户可以定制新文件在磁盘上的存放位置并对文件命名，这里需要使用创建模型文件的模板，将这个新文件命名为"mypart"。

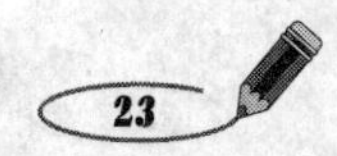

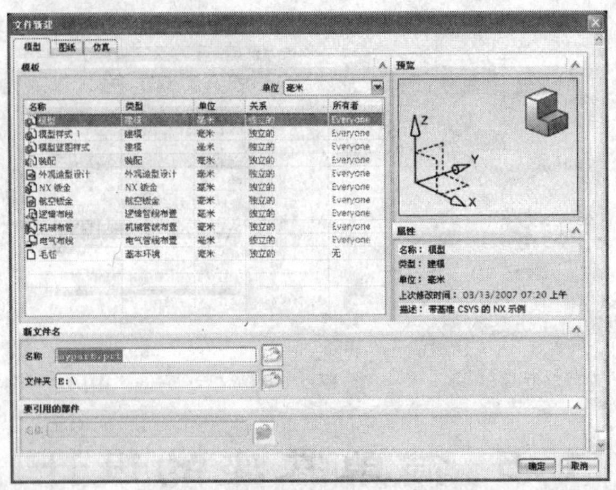

图1-84 【文件新建】对话框

用户应在【文件新建】对话框的【单位】下拉列表框中选择“毫米”为单位，以符合国家标准，并且文件的命名规则最好能够见名知义，体现模型文件的含义。

3. 在系统界面中，选择【开始】/【建模】命令，进入特征建模功能模块。
4. 在产品设计前，先要设置系统参数。这里接受各种系统参数的默认值，仅改变其中的背景颜色参数。在系统界面中，选择【首选项】/【可视化】命令，系统会弹出【可视化首选项】对话框，选择【调色板】选项卡，单击该选项卡中的编辑背景按钮，在弹出的【编辑背景】对话框中，将【着色视图】和【线框视图】中的【底部】色彩选项都设置为“白色”，然后单击确定按钮回到【可视化首选项】对话框，再单击确定按钮，系统即可完成系统背景颜色参数的设置。其操作步骤如图1-85所示。
5. 为了防止初学者在本实例后面的建模过程中找不到相应的菜单命令，这里通过修改系统角色，使UG NX 5具有完整菜单，在【资源条】中打开【角色】导航条，选择【高级】角色，确认系统弹出的提示对话框，如图1-86所示。

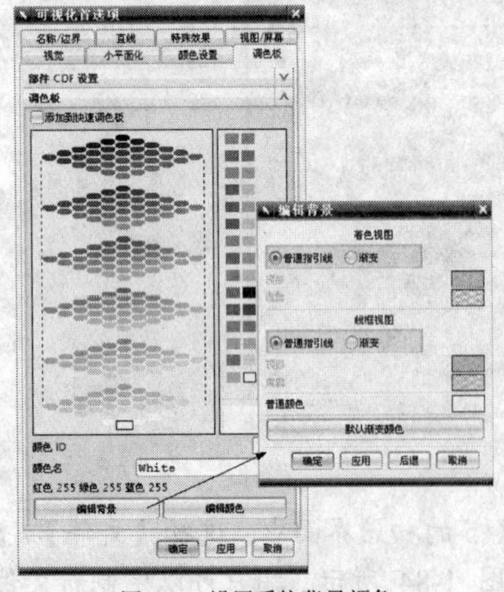

图1-85 设置系统背景颜色

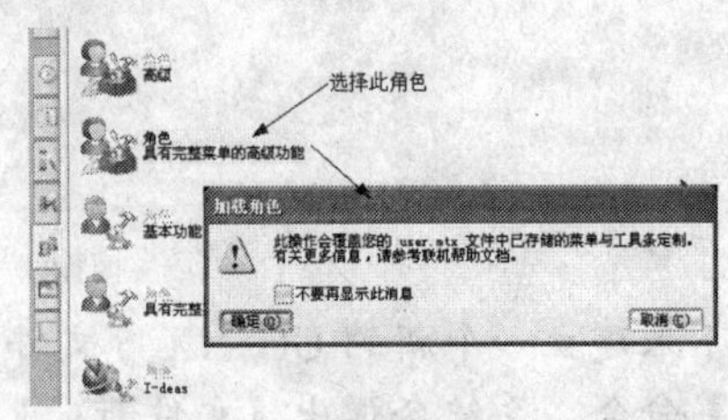


图1-86 角色选择

6. 下面就开始具体的特征建模操作。选择【插入】/【设计特征】/【长方体】命令，系统弹出【长方体】对话框，将【长度】、【宽度】和【高度】3 个文本框分别设置为“40”、“40”和“10”，最后单击确定按钮，即可完成长方体的创建操作。其操作步骤和示意图如图 1-87 所示。

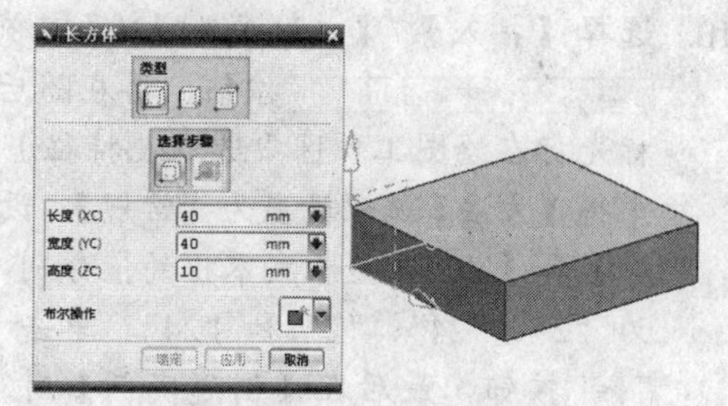

图1-87 创建长方体

7. 选择【插入】/【设计特征】/【圆柱体】命令，系统弹出【圆柱】对话框。采用【轴、直径和高度】方式创建圆柱体，单击按钮，并在【矢量】对话框中单击按钮和确定按钮，再单击按钮，在【点】对话框的【XC】、【YC】和【ZC】文本框中分别输入“20”、“20”和“8”，单击确定按钮。然后在【直径】和【高度】文本框中分别输入“30”和“3”，最后在【布尔】项中选择求差操作。单击确定按钮，即可完成圆柱体的创建操作。其操作步骤和示意图如图 1-88 所示。

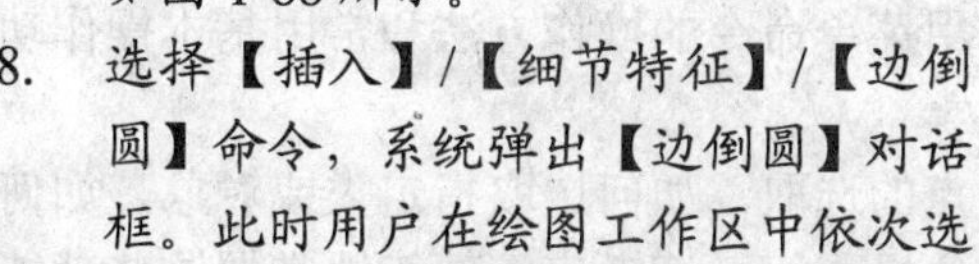

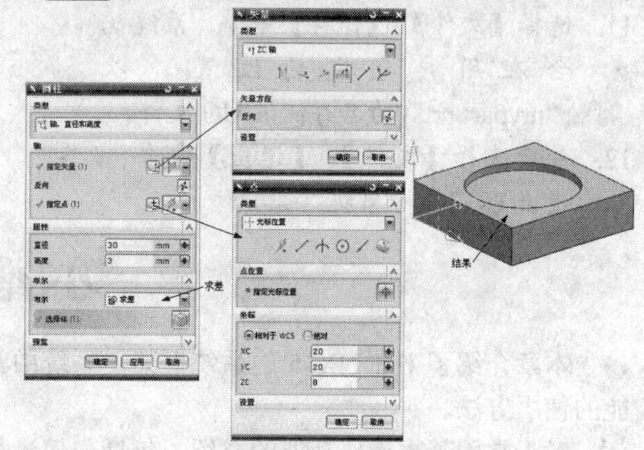


图1-88 创建圆柱体

8. 选择【插入】/【细节特征】/【边倒圆】命令，系统弹出【边倒圆】对话框。此时用户在绘图工作区中依次选取长方体的 4 条棱边作为倒圆边，并在系统弹出的浮动文本框中，设置倒圆半径为“8”，单击确定按钮，即可完成边倒圆操作。其操作步骤和示意图如图 1-89 所示。

9. 选择【插入】/【设计特征】/【孔】命令，系统会弹出【孔】对话框。在【类型】选项中单击按钮，并在【直径】、【深度】和【顶锥角】文本框分别输入“8”、“10”和“118”，在绘图工作区中选取长方体的上表面作为孔的放置面，然后单击确定按钮，系统会弹出【定位】对话框，单击按钮，系统弹出【点到点】对象选取对话框，此时在绘图工作区中选取倒圆边作为目标边，最后在系统弹出的【设置圆弧的位置】对话框中单击圆弧中心按钮，即可完成孔特征的创建操作。其操作步骤和示意图如图 1-90 所示。

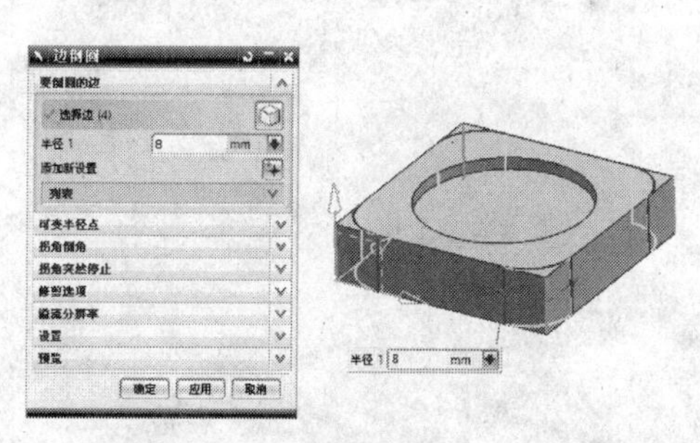

图1-89 边倒圆

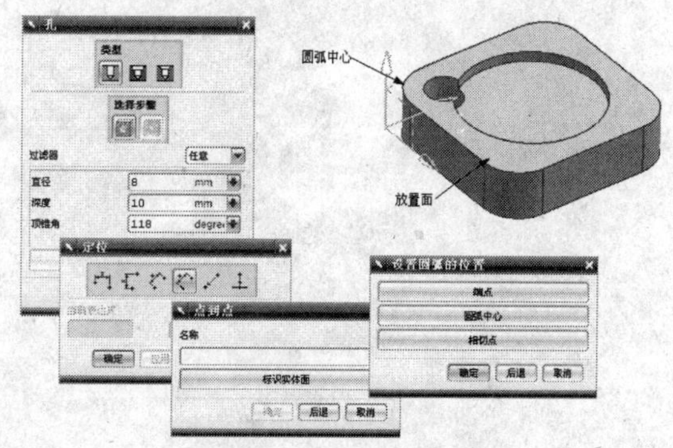


图1-90 创建孔特征

10. 选择【插入】/【关联复制】/【实例特征】命令，系统弹出【实例】对话框。单击［矩形阵列］按钮，再在随后的对话框中选取“Simple_Hole(4)”（或直接用鼠标光标在绘图工作区中选取孔特征）作为引用操作对象，然后在【输入参数】对话框中将【方法】选项设置为【常规】，设置【沿 XC 向的数】、【XC 偏置】、【沿 YC 向的数】和【YC 偏置】文本框的值分别为“2”、“24”、“2”和“24”，单击［确定］按钮，最后在【创建实例】对话框中单击［是］按钮，即可完成矩形阵列操作。其操作步骤和示意图如图 1-91 所示。

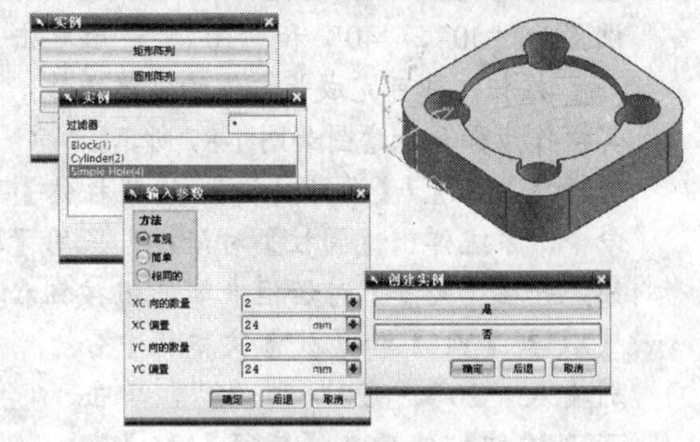

图1-91　孔的阵列操作

11. 选择【文件】/【保存】命令，系统就会在用户指定的位置，以“mypart.prt”为名存储该 UG 文件。
12. 最后选择【文件】/【退出】命令，退出 UG NX 5 系统。

## 小结

本章介绍了 UG NX 5 的系统框架，系统中常用菜单命令的操作方法和常用基本操作功能的使用方法。

对于常用基本操作功能的介绍，包括如何进行点的选取，如何选取指定类或对象，如何创建矢量、坐标系和平面，如何进行布尔操作和定位操作等，读者应该熟练地掌握这些功能的操作方法，并深刻理解相关参数选项的意义。

## 思考与练习

1. 请读者利用 1.3.8 小节中给出的练习文件 1.5.prt，过点和圆柱上表面的中心点，如图 1-57 所示，利用点构造功能中的两点之间的方式创建新的点。
2. 如果两个实体没有相交的部分，那么布尔求和操作能否完成？

# 第 2 章

# 曲线功能

在 UG NX 5 中，曲线功能在 CAD 模块中的应用非常广泛。本章将介绍空间中的点和各种曲线的创建方法，以及曲线相关的操作和编辑方法。

- 基本曲线的创建。
- 复杂曲线的创建。
- 曲线的编辑功能。
- 曲线的操作功能。

## 2.1 基本曲线的创建

基本曲线的创建操作看似简单，实际上 UG NX 5 提供了多种功能丰富的操作方法，本节将对常用基本曲线创建功能进行介绍。

### 2.1.1 创建点集

创建点集功能用于创建一组相关的点。在【曲线】工具栏中单击按钮，或选择【插入】/【基准/点】/【点集】命令，系统会弹出如图 2-1 所示的【点集】对话框。下面介绍该对话框中常用的一些点集创建方式。

**一、 【曲线上的点】方式**

这种方式主要用于在曲线上创建点群。如图 2-2 所示，在对话框中用户可以设置点集的间隔方式、点集中点的个数等参数选项，系统提供了 5 种点集间隔方式，下面对常用选项进行介绍。

图2-1 【点集】对话框

图2-2 【曲线上的点】对话框

- “等圆弧长”方式：等圆弧长方式就是在点集的起始点和结束点之间，按点间等弧长来创建指定数目的点集。图 2-3 所示为以等弧长方式创建点集图例。
- “等参数”方式：用等参数方式创建点群时，步骤基本与等弧长方式相同。图 2-4 所示为以等参数方式创建点集图例。

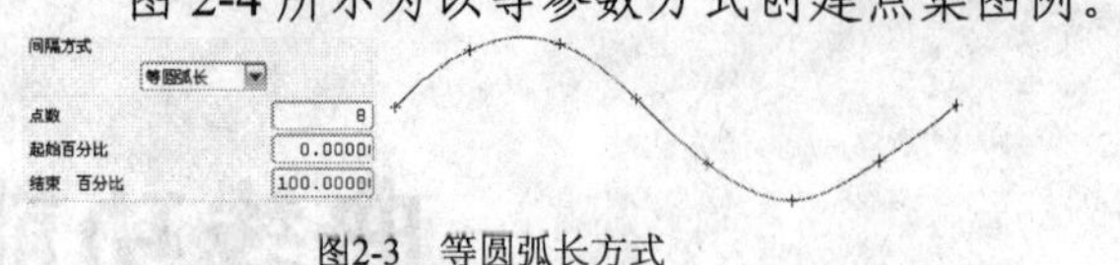


图2-3 等圆弧长方式

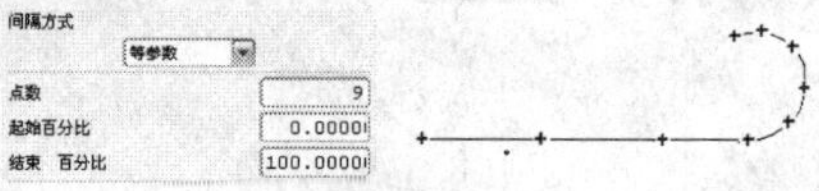

图2-4 等参数方式

二、【在曲线上加点】方式

这种方式利用一个或多个放置点向选定的曲线作垂直投影，在曲线上生成点集。图 2-5 所示为在曲线上加点方式的图例。

三、【曲线上的百分点】方式

这种方式是通过曲线上的百分比位置来创建点集。图 2-6 所示为以曲线上的百分点方式创建点集图例。

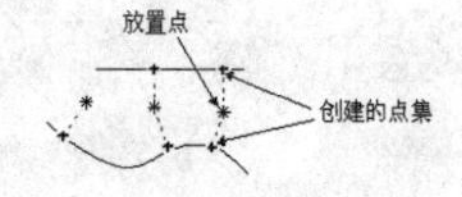


图2-5 【在曲线上加点】方式

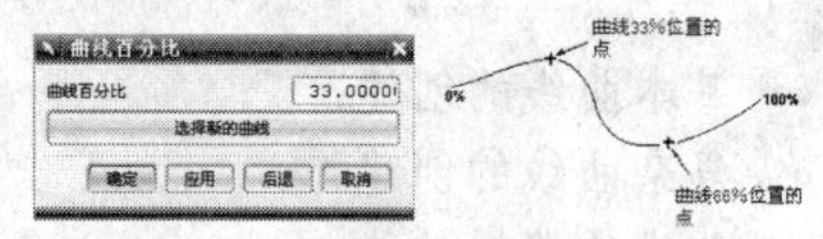


图2-6 【曲线上的百分点】方式

四、【样条定义点】方式

这种方式是利用绘制样条曲线时的定义点来创建点集的。图 2-7 所示为选取样条曲线后产生定义点点集的图例。

五、【样条节点】方式

这种方式是利用样条曲线的节点来创建点集的。图 2-8 所示为选择样条曲线后以节点创建点集的图例。

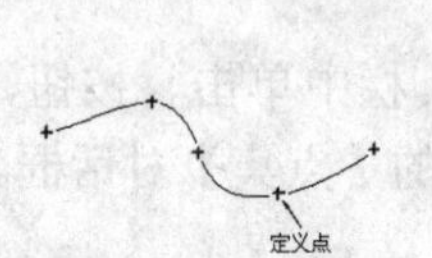


图2-7 【样条定义点】方式

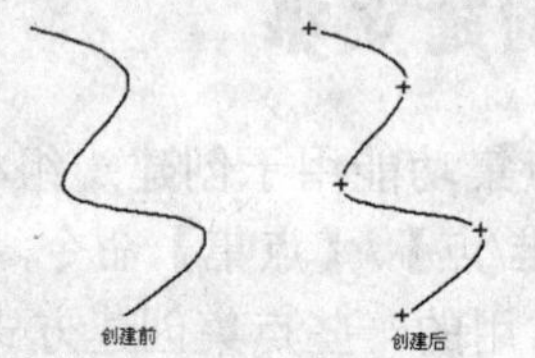


图2-8 【样条节点】方式

## 2.1.2 直线

直线功能是用于绘制两点间或以其他限定方式创建的空间连续线段。

在【基本曲线】对话框中单击 ⁄ 按钮，或在【曲线】工具栏中单击 ⁄ 按钮，或选择【插入】/【曲线】/【直线】命令，都可以进入直线创建功能。虽然它们弹出的直线功能对话框在用户界面上有所区别（见图 2-9），但其中的基本功能和操作方法却是一样的。

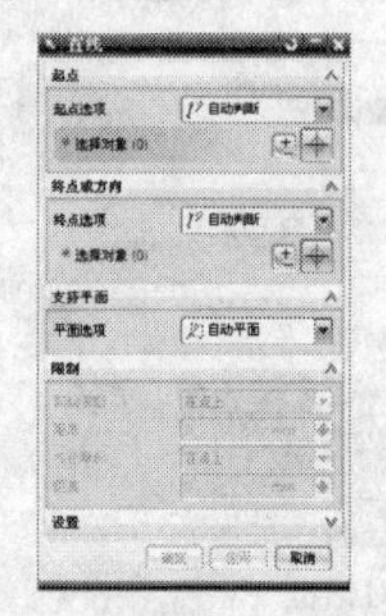

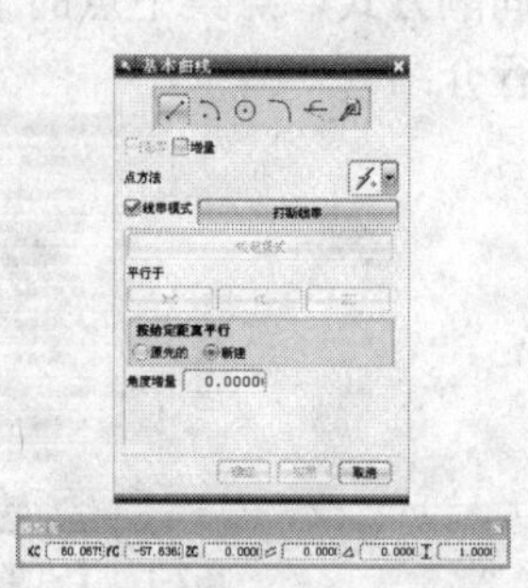

图2-9 直线功能对话框

在【直线】对话框中，包含了【起点】、【终点或方向】、【支持平面】、【限制】、【设置】等参数选项，它们用于设置线段端点的位置关系。

【起点】：用于指出直线的起点，可以在任何时候编辑直线起点的约束条件。系统提供了 3 个起点选项，如图 2-10 所示。除 3 种起点选项外，用户也可以单击按钮，通过【点】构造器来定义起始点，该方法具有较大的灵活性。

【终点或方向】：用于设置直线的终点，如图 2-11 左图所示。除了【起点】选项中所提供的点构造功能选项外，还提供了“成一角度”、沿 3 个坐标轴和“正常”选项。用户也可以单击按钮，通过【点】构造器来定义终点。

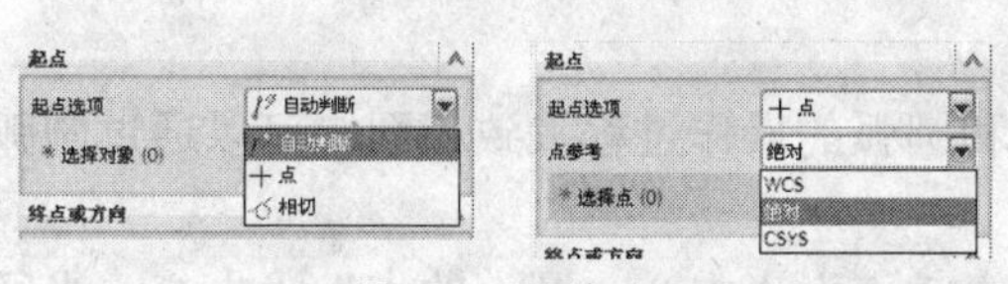

图2-10 设置起点

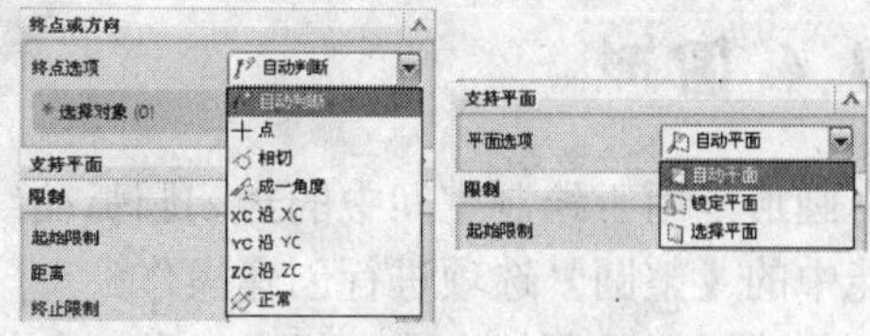

图2-11 设置终点或方向

用户也可以选择终点后再选择起点。但是如果先选择终点，起点选择中的后几个选项将无法使用，因此建议先选择起点后选择终点。

【支持平面】：用于指出要生成的直线段所在的平面，如图 2-11 右图所示，可以在生成直线的任何步骤中修改支持平面。

【限制】用于设置直线起点和终点的限制距离。【直至选定对象】用于将限制条件设置到曲线、面、边缘、基准平面或实体上。

另外，在 UG NX 5 系统中还提供了一个【插入】/【曲线】/【直线和圆弧】级联菜单和与之相对应的【直线和圆弧】工具栏，如图 2-12 所示，其中提供了一些特定类型的直线创建功能。

图2-12 直线功能图标

## 2.1.3 圆弧

圆弧功能用于绘制空间中的一段弧线，它是圆的一部分，因此也具有圆的一些通用参数属性，如圆心、半径等参数。

在【基本曲线】对话框中单击按钮，或在【曲线】工具栏中单击按钮，或选择【插入】/【曲线】/【圆弧/圆】命令，都可以进入圆弧创建功能。虽然它们弹出的圆弧功能对话框在用户界面上有所区别（见图 2-13），但其中的基本功能和操作方法是基本一样的。

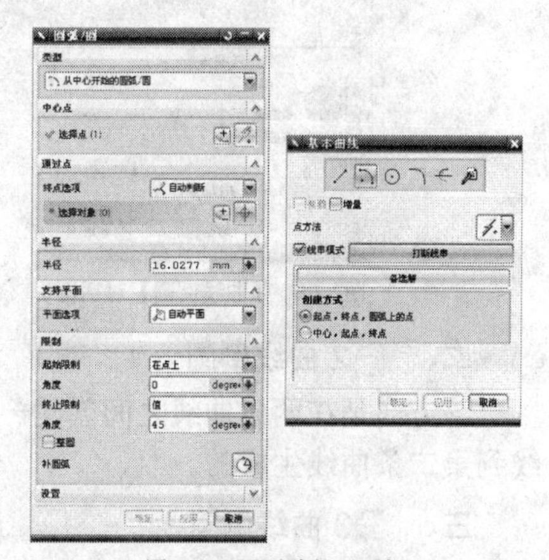

图2-13 圆弧功能对话框

另外，在圆弧功能对话框中还有【补圆弧】和【整圆】选项，分别用于让用户创建互补的圆弧或者圆弧所在的整圆。图 2-14 所示为创建圆弧的两个实例的示意图。

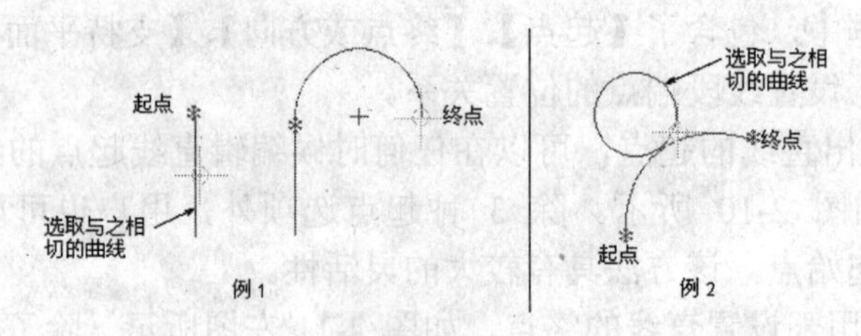

图2-14　创建圆弧

对话框中的其他选项与创建直线对话框中的功能类似，这里不再赘述。

## 2.1.4 圆形

圆形是用于绘制空间中的封闭圆弧曲线，它和圆弧的操作过程大致相同；可以通过圆弧功能中的【整圆】选项进行创建操作。

创建圆形常用的方式一般有4种，包括“圆上3点”、“中心，圆上的点”、“中心，半径或直径”和“中心，相切对象”。基本圆形的创建操作与圆弧相似，这里不再赘述，用户可以根据系统的提示进行相关的操作。

## 2.1.5 倒圆角

倒圆角功能一般用于在曲线间生成圆弧过渡或裁剪相应的曲线。用户在【基本曲线】对话框中单击按钮，即可进入倒圆角创建功能，系统会弹出如图 2-15 所示的【曲线倒圆】对话框。

在该对话框的【方法】（倒圆方式）分组框中，提供了3种倒圆角的创建方式。

一、简单倒圆

该方式用于在两条共面但不平行的曲线之间进行倒圆角操作。图 2-16 所示为简单倒圆的图例。

图2-15　【曲线倒圆】对话框

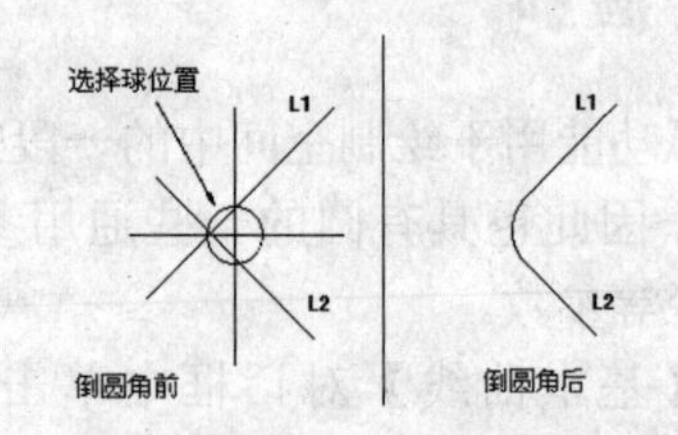

图2-16　简单倒圆

二、2曲线倒圆

该方式是在两条曲线之间创建一个圆角，两条曲线间的圆角是沿逆时针方向从第一条曲线到第二条曲线生成的。

三、3曲线倒圆

该方式用于在3条曲线之间生成圆角，这3条曲线可以是点、直线、圆弧、二次曲线和样条的任意组合。

如果用户选择的曲线为圆或圆弧时，系统还会弹出一个确定圆角与圆弧相切方式的对话框，其中包含了“外切”、“圆角在圆内”和“圆角在圆外”3 个功能选项。图 2-17、图 2-18 和图 2-19 所示分别为这 3 种相切方式下进行倒圆角的效果图。

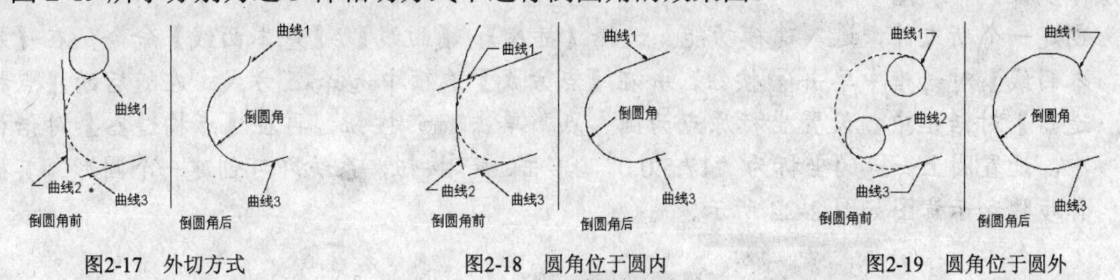


图2-17 外切方式　　图2-18 圆角位于圆内　　图2-19 圆角位于圆外

在【曲线倒圆】对话框中还有其他一些参数选项，它们用来控制创建圆角的效果。

## 2.1.6 矩形

在工具栏中单击□按钮，或选择【插入】/【曲线】/【矩形】命令，系统进入矩形创建功能。这时系统会弹出【点】对话框，提示用户指定矩形的第一个角点和第二个角点位置，这样系统就会完成一个矩形的创建。该功能的操作过程比较简单，这里就不过多介绍了。

## 2.1.7 正多边形

正多边形是工程设计中比较常用的一种曲线，如六角螺母的外形轮廓。在工具栏中单击⊙按钮，或选择【插入】/【曲线】/【多边形】命令，系统就会进入正多边形创建功能。

系统首先会弹出【多边形】边数设置对话框，让用户来设置创建多边形的边数。接着系统会弹出【多边形】半径定义方式对话框，其中提供了 3 种半径定义的方式，即【内接半径】、【多边形边数】和【外切圆半径】。利用不同的方式时，其参数设置略有不同。

- 【内接半径】方式：选择该创建方式后，系统会提示用户输入多边形的内接半径和方向角度定义参数，并利用这两个参数来创建正多边形。
- 【多边形边数】方式：选择该创建方式后，系统会提示用户输入多边形的边长和方向角度定义参数，并利用这两个参数来创建正多边形。
- 【外切圆半径】方式：选择该创建方式后，系统会提示用户输入多边形的外切圆半径和方向角度定义参数，并利用这两个参数来创建正多边形。

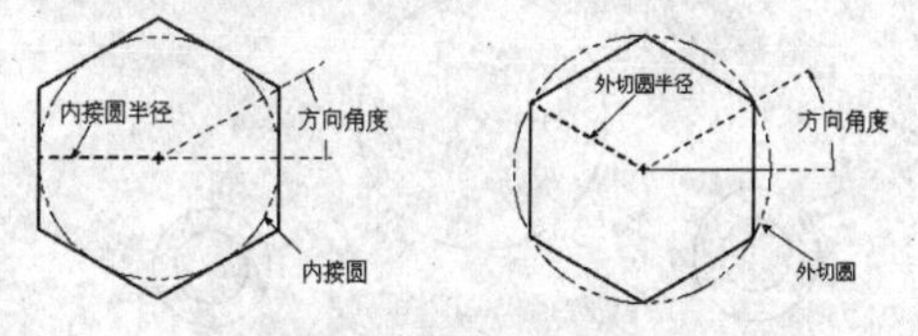


图2-20 正多边形参数示意图

确定半径定义参数后，再利用【点】对话框设置正多边形的中心位置，即可创建相应的正多边形。图 2-20 所示为内接和外切两种方式的正多边形参数示意图。

## 2.1.8 实例——创建蝶形垫片轮廓曲线

【案例2-1】 如图 2-21 所示，利用基本曲线中的相关功能创建蝶形垫片轮廓曲线。

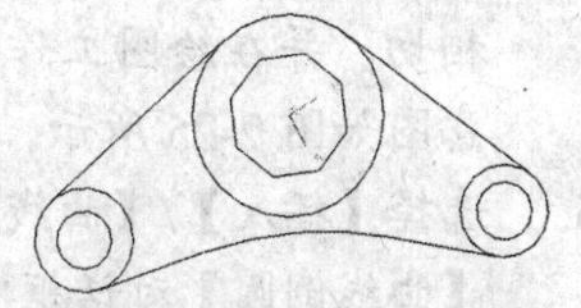

图2-21 蝶形垫片轮廓曲线

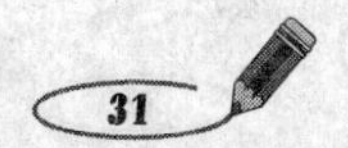

动画参照 —— 本实例动画演示见教学资源的“第2章\操作视频\2.1.avi”文件。

【操作步骤】

1. 创建一个新文件，进入建模功能。选择【插入】/【曲线】/【基本曲线】命令，在【基本曲线】对话框中单击按钮，并在【点方式】选项中选择方式。在随后的【点构造器】对话框中，设置坐标原点为圆心点，单击确定按钮，再在【点构造器】对话框中，设置圆上一点的坐标为“17.5,0,0”，单击确定按钮，系统即可创建一个圆形。其操作步骤和示意图如图2-22所示。

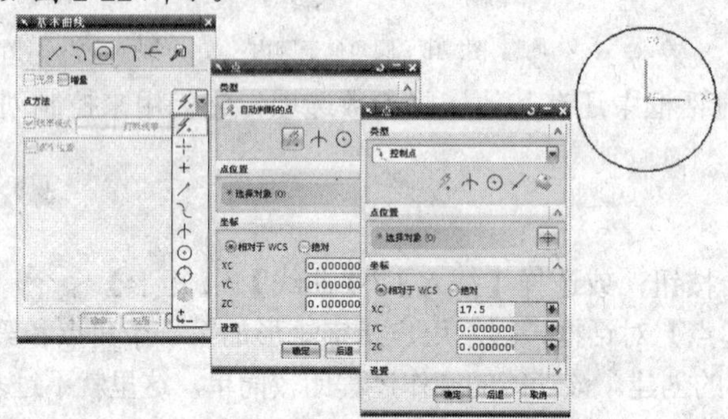

图2-22 创建圆形

2. 按照第1步的操作过程，以点“34,26,0”为圆心，创建两个半径分别为“4.5”和“8”的圆形，再以点“0,-43,0”为圆心，创建两个半径分别为“5”和“9”的圆形，其效果图如图2-23所示。
3. 选择【插入】/【曲线】/【多边形】命令，在【多边形】边数对话框中设置边数为“8”，单击确定按钮，再在【多边形】方式对话框中单击外切圆半径按钮，在随后出现的对话框中设置圆半径为“11”、方位角为“0”，单击确定按钮，最后在【点】对话框中，设置中心点为原点，单击确定按钮，系统即可创建一个正八边形。其操作步骤和示意图如图2-24所示。

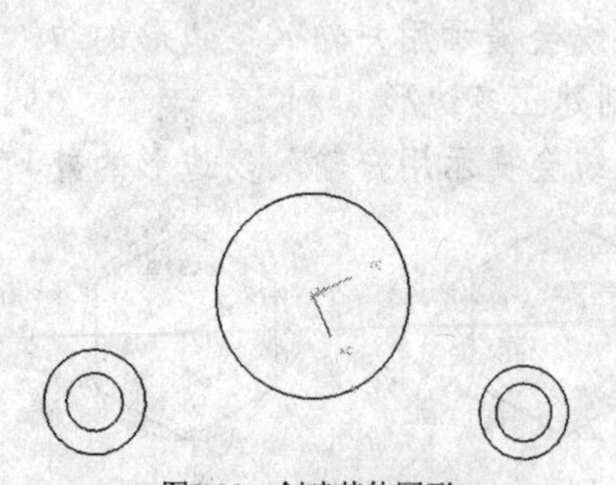

图2-23 创建其他圆形

图2-24 创建正多边形

4. 选择【插入】/【曲线】/【直线】命令，在直线对话框中分别设置两点的约束类型均为相切，并在绘图工作区中选取相应的相切对象来创建4条相切直线。其操作步骤和示意图如图2-25所示。
5. 选择【插入】/【曲线】/【基本曲线】命令，在【基本曲线】对话框中单击按钮，再在【曲线倒圆】对话框中的【方法】分组框中单击按钮，并设置半径为“70”，最后在绘图工作区中选取两条相交的切线进行倒圆角操作。其操作步骤和示意图如图2-26所示。

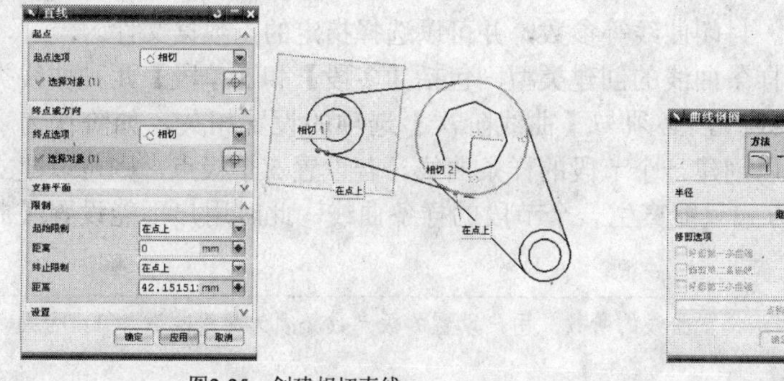


图2-25 创建相切直线

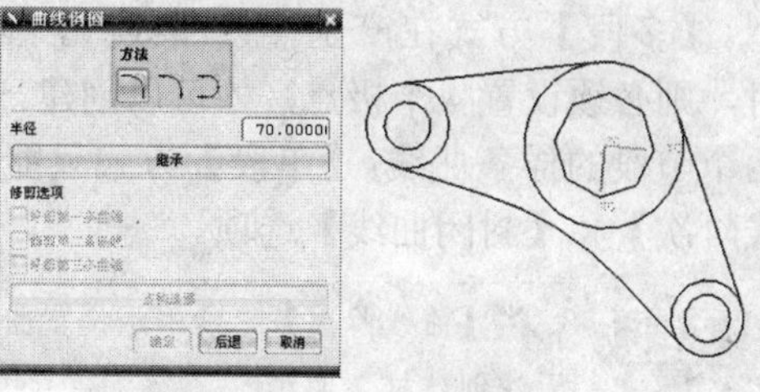


图2-26 倒圆角

# 2.2 创建复杂曲线

2.1 节已经介绍了一些常用基本曲线的创建方法，本节将介绍一些复杂曲线的创建方法，如椭圆样条曲线等。

## 2.2.1 椭圆

椭圆是一种由椭圆参数定义的曲线，圆形是它的一种特殊形式。在【曲线】工具栏中单击按钮或选择【插入】/【曲线】/【椭圆】命令，系统会弹出【点】对话框，让用户设置椭圆的中心位置。接着系统会弹出【椭圆】参数对话框，在相应的参数文本框中输入设定的椭圆参数值，系统即能完成创建椭圆的工作。【椭圆】参数对话框中各参数的意义如图 2-27 所示。

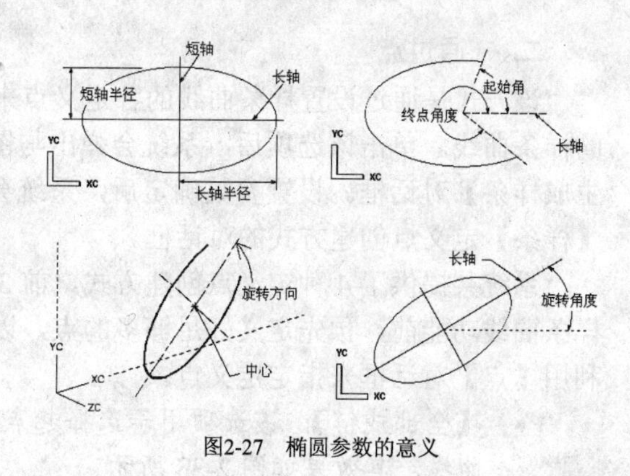


图2-27 椭圆参数的意义

## 2.2.2 样条曲线

样条曲线就是通过多项式方程来生成的曲线，或根据设定的点来拟合的曲线。它是 UG NX 5 曲线功能中应用最广的一种曲线形式。

在【曲线】工具栏中单击按钮，或选择【插入】/【曲线】/【样条】命令，系统会弹出如图 2-28 所示的【样条】对话框。系统共提供了 4 种生成样条曲线的方式，图 2-29 所示为利用前 3 种方式创建样条曲线的效果图。下面简单介绍其中 2 种方式的操作方法。

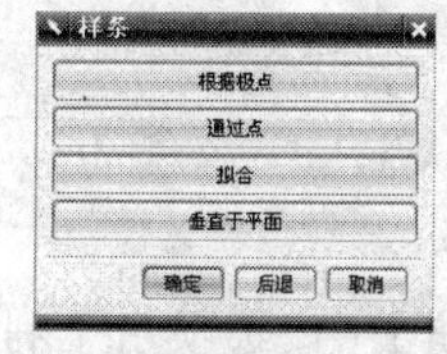


图2-28 【样条】对话框

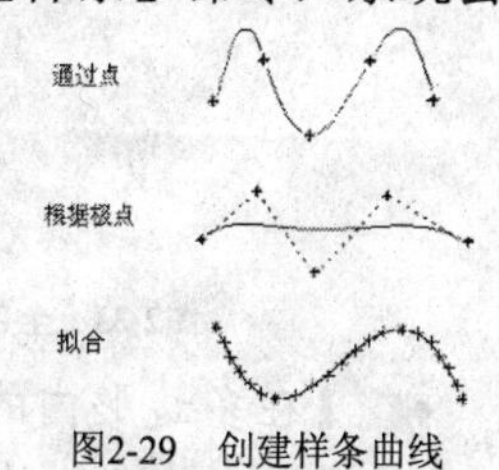


图2-29 创建样条曲线

### 一、 根据极点

该方式是通过设定样条曲线的各极点来生成一条样条曲线。单击 根据极点 按钮后，系统弹出如图 2-30 所示的【根据极点生成样条】对话框，在该对话框中用户可以

设置样条的曲线类型、曲线阶次、封闭曲线等参数，并可以选择指定的点数据文件。

【曲线类型】选项用于设置样条曲线的创建类型，包括【多段】和【单段】两种曲线类型。【多段】方式在产生样条曲线时，必须与【曲线阶次】选项的设置相关，如阶次为 3 时，则必须设置 4 个极点，才可以创建一个节段的样条曲线，若设置 5 个极点，则可以建立两个节段的样条曲线。【单段】方式只能产生一个节段的样条曲线，此时用户不能设置【曲线阶次】和【封闭曲线】选项。

【曲线阶次】选项用于设置曲线的阶数。用户设置的极点数必须为曲线次数加 1，否则，无法创建样条曲线。

【封闭曲线】复选框用于设置生成的样条曲线是否封闭，如图 2-31 所示。

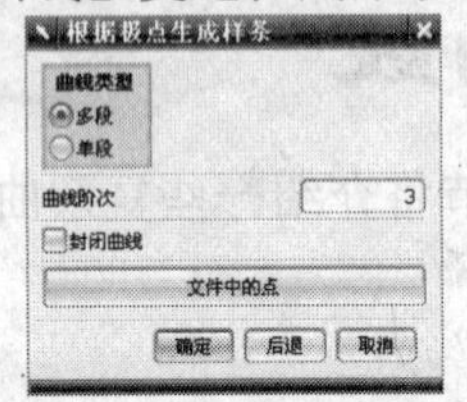


图2-30 【根据极点生成样条】对话框

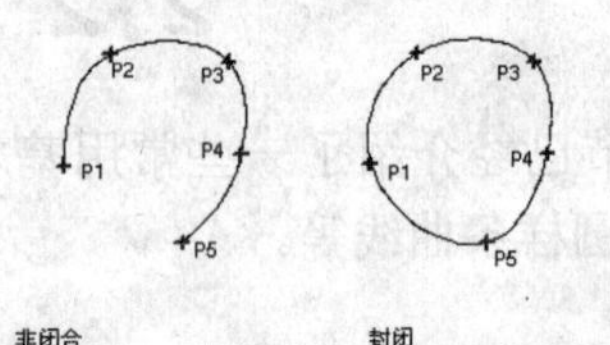


图2-31 非闭合和封闭样条曲线

## 二、 通过点

该方式是通过设置样条曲线的各定义点来创建一条通过各定义点的样条曲线。单击该选项后，系统会弹出与图 2-30 相似的【通过点生成样条】对话框。设置参数确定后，系统会弹出如图 2-32 所示的【样条】定义点创建方式的对话框。

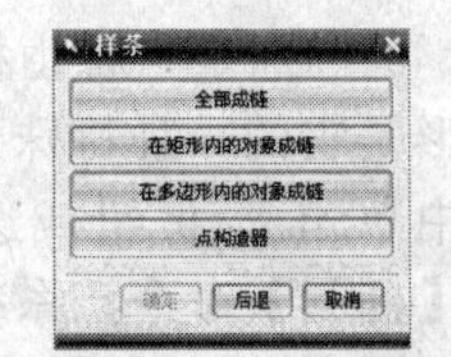


图2-32 【样条】对话框

系统共提供了 4 种定义点创建方式，前 3 种方式均需在进行创建样条曲线功能前，预先定义好足够多的点，以便操作时进行选取，最后一种方式，用户可以利用【点】对话框来指定定义点。

- 【全部成链】：该选项用于选择起点与终点间的点集作为定义点，来生成样条曲线。其效果如图 2-33 所示。
- 【在矩形内的对象成链】：该选项用于利用矩形框选择样条曲线的点集作为定义点，来生成样条曲线。其效果如图 2-34 所示。

图2-33 全部成链方式

图2-34 在矩形内的对象成链方式

- 【在多边形内的对象成链】：该选项用于利用多边形选择样条曲线的点集作为定义点，来生成样条曲线。
- 【点构造器】：该选项用于让用户利用【点】对话框来设置样条曲线的各定义点，并生成样条曲线。

## 2.2.3 实例——创建壶嘴轮廓曲线

【案例2-2】 如图 2-35 所示，创建壶嘴轮廓曲线。

动画参照 —— 本实例动画演示见教学资源的“第 2 章\操作视频\2.2.avi”文件。

【操作步骤】

1. 新建一个 UG 文件，并进入建模功能。
2. 选择【格式】/【WCS】/【旋转】命令，系统弹出【旋转 WCS】对话框。在该对话框中，分别利用 -ZC 轴：YC --> XC 和 +YC 轴：ZC --> XC 旋转方式，对坐标系进行旋转，设置【角度】均为“90”。其操作步骤和示意图如图 2-36 所示。

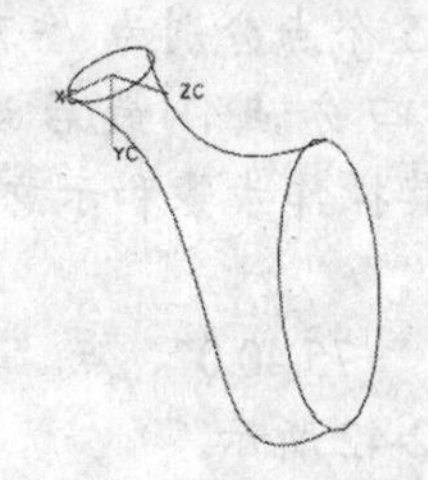


图2-35 壶嘴轮廓曲线

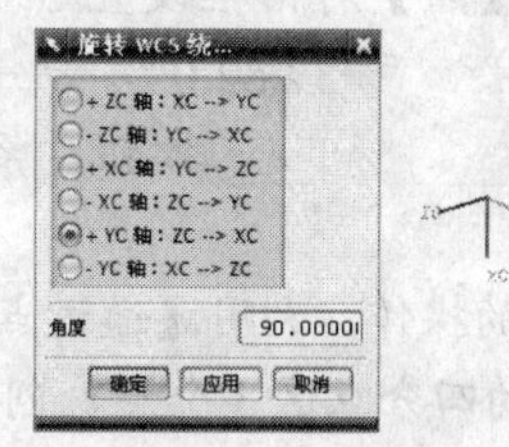


图2-36 旋转坐标系

3. 选择【插入】/【曲线】/【椭圆】命令，系统弹出【点】对话框。先利用【点】对话框设置原点作为椭圆的中心点，再在【椭圆】对话框中设置【长半轴】、【短半轴】、【起始角】、【终止角】和【旋转角度】分别为“35”、“15”、“0”、“360”和“0”，单击 确定 按钮，系统即可创建椭圆曲线。其操作步骤和示意图，如图 2-37 所示。
4. 选择【格式】/【WCS】/【原点】命令，系统弹出【点】对话框。利用【点】对话框，设置新的坐标系原点坐标值为“-75,0,75”。再按照第 2 步的操作，利用 -YC 轴：XC --> ZC 方式旋转坐标系，设置【角度】为“80”。其操作步骤和示意图如图 2-38 所示。

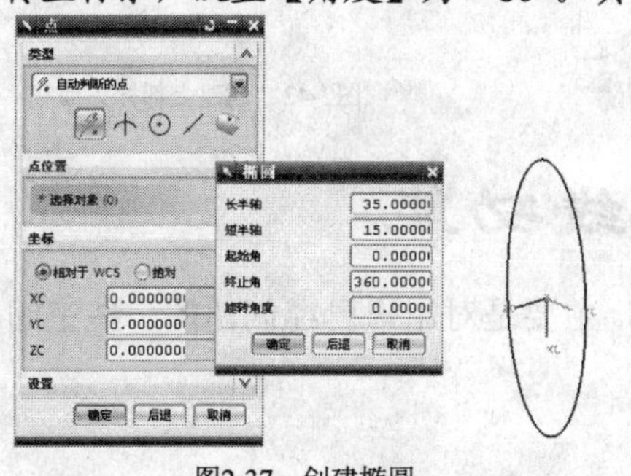


图2-37 创建椭圆

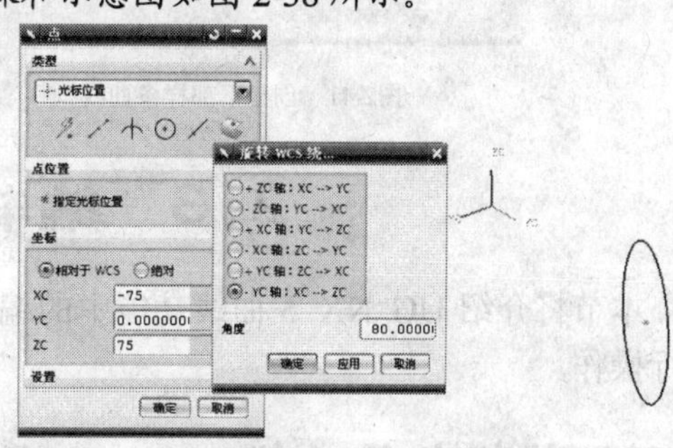


图2-38 坐标变换

5. 按照第 3 步的操作创建椭圆，设置原点为椭圆的中心，设置【长半轴】、【短半轴】、【起始角】、【终止角】和【旋转角度】分别为“12.5”、“7.5”、“0”、“360”和“0”，创建椭圆曲线。其操作步骤和示意图如图 2-39 所示。
6. 再按照第 2 步的操作，利用 -YC 轴：XC --> ZC 方式旋转坐标系，设置【角度】为“10”，再利用 -XC 轴：ZC --> YC 方式旋转坐标系，设置【角度】为“90”，其效果如图 2-40 所示。

图2-39 创建椭圆　　　　图2-40 旋转坐标系

7. 选择【插入】/【曲线】/【样条】命令，在弹出的对话框中单击 通过点 按钮，并设置【曲线次数】参数为“3”，在随后弹出的对话框中单击 点构造器 按钮，利用【点】对话框设置5个样条曲线的通过点，这5个点分别为“-75,110,0”、“-48,102,0”、“-37,82,0”、“-5,16,0”和小椭圆上的四分点，最后连续单击 是 和 确定 按钮，系统即可创建样条曲线。其操作步骤和示意图，如图2-41所示。
8. 按照第7步的操作，利用【通过点】创建样条方式，通过点“-75,40,0”、点“-25,20,0”和小椭圆上的四分点这3个点，创建样条曲线，其效果如图2-42所示。

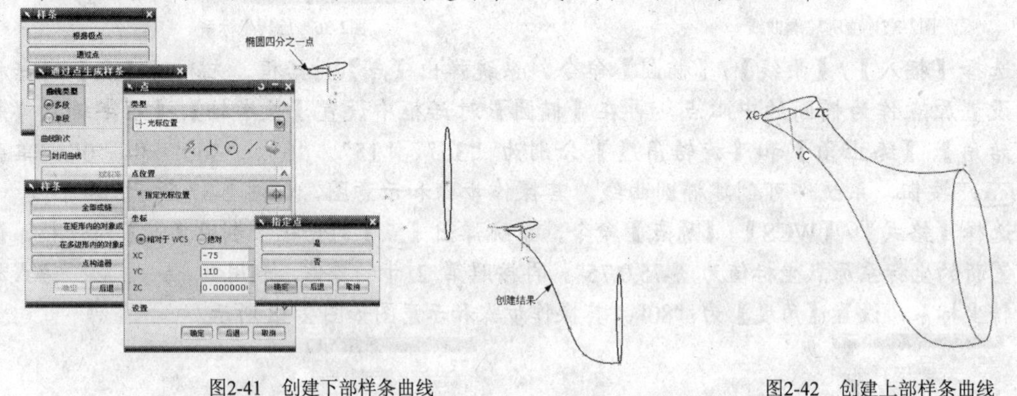


图2-41 创建下部样条曲线　　　　图2-42 创建上部样条曲线

# 2.3 编辑曲线功能

本节将介绍UG NX 5曲线功能中的编辑操作，主要是对用户已经创建的一些空间曲线进行操作。

## 2.3.1 编辑曲线功能

在UG NX 5中，系统提供了一个编辑曲线的综合功能对话框，通过这个对话框可以进行主要的曲线编辑操作。

## 2.3.2 编辑曲线参数

编辑曲线参数功能允许用户修改曲线的定义数据，使其能够达到用户所需的形状。

在【编辑曲线】工具栏中单击按钮，或选择【编辑】/【曲线】/【参数】命令，系统会弹出如图 2-43 所示的【编辑曲线参数】对话框。

下面介绍几种曲线参数的编辑方法。

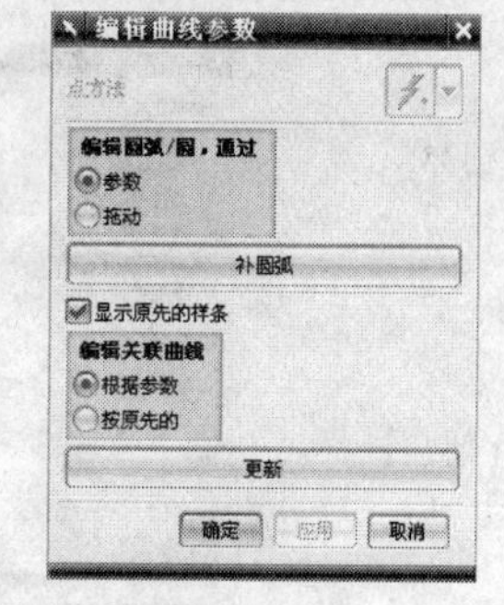


图2-43　【编辑曲线参数】对话框

## 一、 编辑直线参数

如果选取的编辑对象是线段，则用户可以重新设置线段的端点位置和线段长度。

## 二、 编辑圆弧或圆

如果选取的编辑对象是圆弧或圆，则用户可以修改圆弧或圆的参数，如圆心、半径/直径和端点位置等参数。用户选择圆弧或圆后，系统会弹出【圆弧/圆】对话框，在其中可以编辑曲线定义点的位置和进行创建互补弧等编辑操作。

## 三、 编辑偏置曲线

如果选取的编辑对象是偏置曲线，则用户可以修改由偏置产生的曲线参数。用户选取偏置曲线后，系统会弹出【偏置曲线】对话框，在其中可以修改偏置距离和偏置方式。

## 四、 编辑椭圆参数

如果选取的编辑对象是椭圆，则用户可以修改椭圆的各种形状参数。用户选取椭圆后，系统会弹出【编辑椭圆】对话框，其内容与椭圆创建时的参数内容一样，用户可以在其中修改相关的椭圆参数值。

## 五、 编辑样条曲线参数

如果选择的编辑对象是样条曲线，则可以修改样条曲线的阶数、形状、斜率、曲率、极点等参数。选取样条曲线后，系统会弹出如图 2-44 所示的【编辑样条】对话框，在该对话框中提供了样条曲线的 9 种编辑方式，下面对常用的编辑方式进行介绍。

(1) 编辑点。该方式用于移动、增加或删除样条曲线的定义点，以改变样条曲线的形状。选取该选项后，系统会弹出如图 2-45 所示的【编辑点】对话框，用户可以在其中设置样条曲线定义点的相关参数。

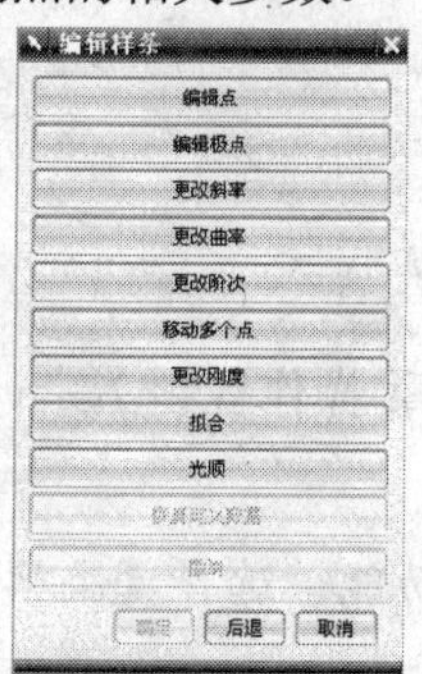


图2-44　【编辑样条】对话框

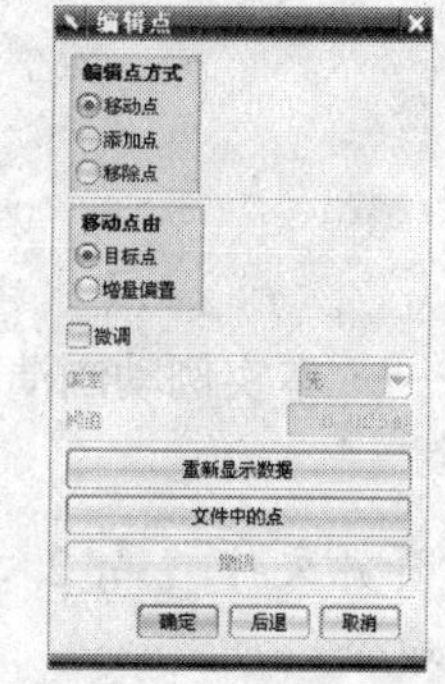


图2-45　【编辑点】对话框

(2) 更改斜率。该方式用于改变样条曲线在定义点处的斜率参数。选择该选项后，系统会弹出如图 2-46 所示的【更改斜率】对话框，用户可以通过其中的相关选项来重新设置样条曲线定义点的斜率。

(3) 更改曲率。该方式用于改变样条曲线在定义点处的曲率参数。选取该选项后，系

统会弹出如图 2-47 所示的【更改曲率】对话框，用户可以通过其中的相关选项来重新设置样条曲线定义点的曲率。

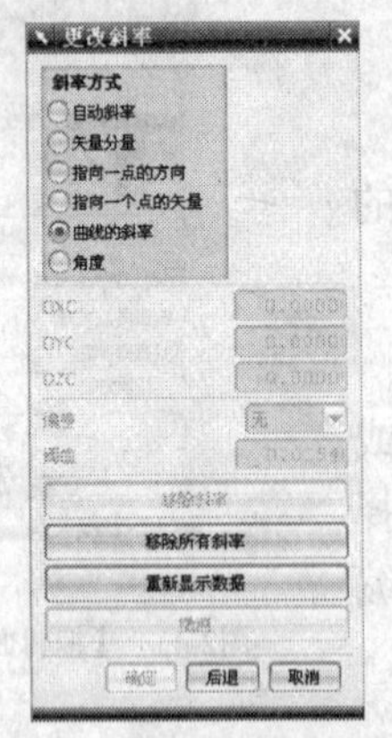


图2-46 【更改斜率】对话框

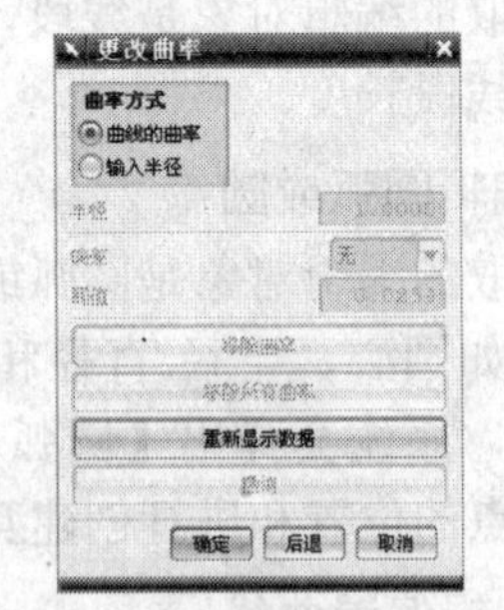


图2-47 【更改曲率】对话框

## 2.3.3 实例——样条曲线定义点的编辑操作

【案例2-3】 打开教学资源文件“第 2 章\素材\2.3.prt”，如图 2-48 所示，对原样条曲线的定义点进行移动、添加和删除操作。

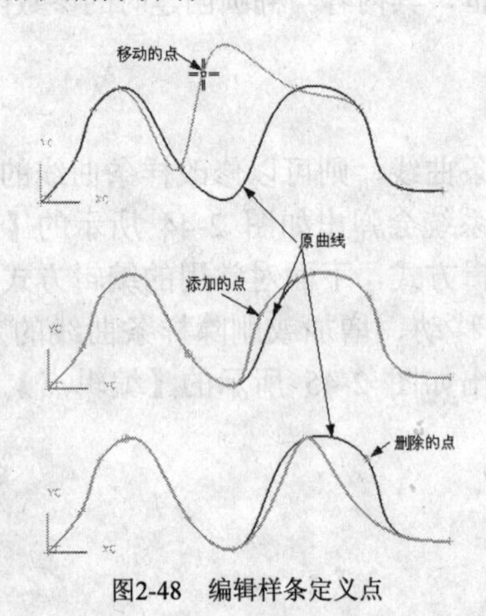


图2-48 编辑样条定义点

**动画参照** —— 本实例动画演示见教学资源文件的“第 2 章\操作视频\2.3.avi”文件。

**【操作步骤】**

1. 打开教学资源文件“第 2 章\素材\2.3.prt”，进入建模功能。选择【编辑】/【曲线】/【参数】命令。
2. 移动点。在【编辑曲线参数】对话框中将【编辑圆弧/圆，通过】选项设置为【参数】方式，将【编辑关联曲线】选项设置为【根据参数】方式。接着选取样条曲线作为操作对象，这时系统会弹出【编辑样条】对话框，单击编辑点按钮。接着在弹出的【编辑点】对话框中，将【编辑点方式】选项设置为【移动点】方式，将【移动点由】选项设置为【目标点】方式。用鼠标在样条曲线上选取要进行移动的定义点，并在绘图工

作区中用鼠标光标设置移动目标点的位置，系统即可完成样条曲线定义点的移动操作。其操作步骤和示意图如图 2-49 所示。

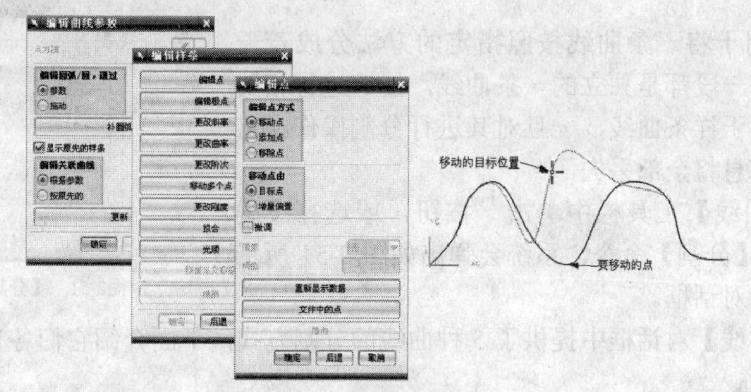


图2-49　移动定义点

3.　添加点。添加点操作与移动点操作的过程大致相同，只是在【编辑点】对话框中，将【编辑点方式】选项设置为【添加点】方式，并用鼠标在绘图工作区中选取添加点的位置，系统即可完成添加点操作。

4.　移除点。移除点操作与移动点操作的过程也大致相同，只是在【编辑点】对话框中，将【编辑点方式】选项设置为【移除点】方式，并用鼠标在样条曲线上选取要移除的点，系统即可完成移除点操作。

## 2.3.4 修剪曲线

修剪曲线功能是将要进行裁剪的曲线与边界曲线求交，利用设置的边界对象（可以是曲线、边缘、平面、表面、点或屏幕位置等）来调整曲线的端点，可以延长或裁剪线段、圆弧、二次曲线或样条曲线。

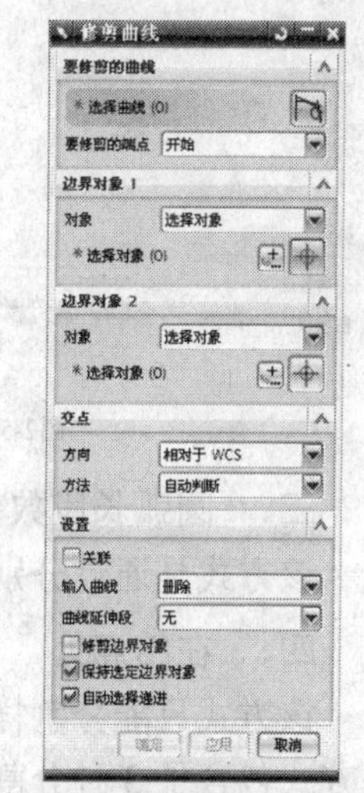


图2-50　【修剪曲线】对话框

在【编辑曲线】工具栏中单击按钮，或选择【编辑】/【曲线】/【修剪】命令，系统会弹出如图 2-50 所示的【修剪曲线】对话框。

【修剪曲线】对话框给出了修剪曲线的操作步骤和相关选项，下面进行说明。

(1)　【要修剪的曲线】：用于选择要修剪的目标曲线。其中【要修剪的端点】指出了曲线的修剪端，“开始”表示修剪曲线从起点端到边界对象的部分，“终点”表示修剪曲线的终点到边界对象的部分。

(2)　【边界对象 1】：用于指出曲线修剪的第 1 个边界对象。边界对象可以是点、曲线、实体边缘或实体表面，也可以是鼠标指针当前的位置。“指定平面”选项用于选择基准面作为边界对象。

(3)　【对象边界 2】：用于支持曲线修剪的第 2 个边界对象。这是一个可选的操作步骤，其各个选项的意义与【边界对象 1】一致。

## 2.3.5 分割曲线

图2-51 【分割曲线】对话框

分割曲线用于将一条曲线按照指定的方法分成若干段，分割后的每一段都是独立的一条曲线，能够进行相关的曲线操作。对于样条曲线，一旦对其进行分割操作，它的定义点数据信息将全部丢失。

在【编辑曲线】工具栏中单击按钮，或选择【编辑】/【曲线】/【分割】命令，系统会弹出如图 2-51 所示的【分割曲线】对话框。

在【分割曲线】对话框中提供了 5 种曲线的分割方式，下面介绍它们各自的用法。

### 一、 等分段

该方式是以等长或等参数的方法将曲线分割成相同的节段。图 2-52 所示为等分段分割方式的图例。

### 二、 按边界对象

该方式是利用边界对象来分割曲线，用户可以定义点、直线、平面或表面作为边界对象来分割曲线。图 2-53 所示为按边界对象分割方式的图例。

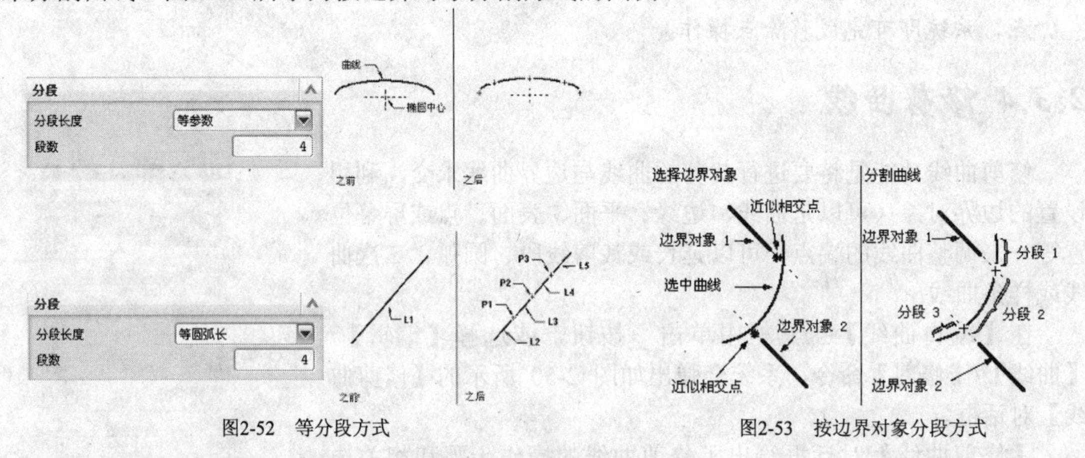

图2-52 等分段方式

图2-53 按边界对象分段方式

### 三、 圆弧长段数

该方式是通过分别定义各节段的弧长来分割曲线。

### 四、 在结点处

该方式只能分割样条曲线，它能在用户指定的曲线定义点处将曲线分割成多个节段。这种方式包含了 3 种分割选项。

- 【按结点号】: 选取此方式时，用户只要在随后弹出的对话框中设置指定的定义点号码，系统就会将这些点作为分割点对曲线进行分割。
- 【选择结点】: 选取此方式时，用户可从屏幕上选取指定的定义点作为分割点来分割曲线。图 2-54 所示为应用在选择结点方式时曲线分割的图例。
- 【所有结点】: 选取此方式时，曲线上所有的定义点都将作为分割点来分割曲线。

五、 在拐角上

该方式是在拐角处（即一阶不连续点）分割样条曲线。图 2-55 所示为在拐角上分割方式的图例。

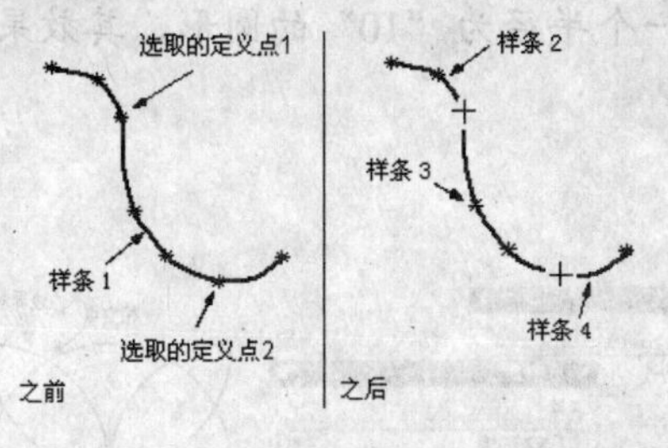


图2-54 【选择结点】分割曲线

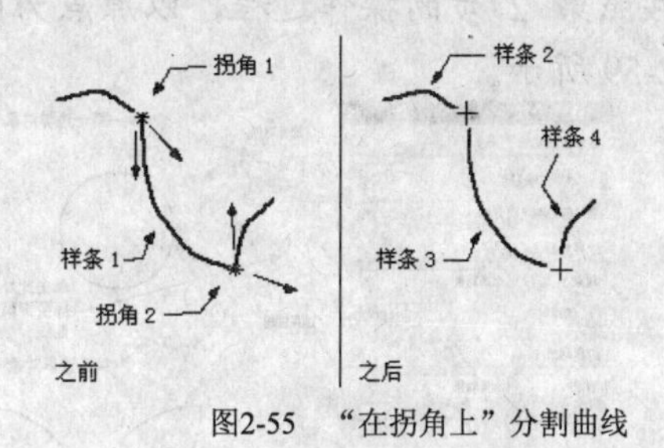


图2-55 “在拐角上”分割曲线

## 2.3.6 实例——创建花瓣曲线

【案例2-4】 新建 UG 文件，如图 2-56 所示，创建花瓣曲线轮廓。

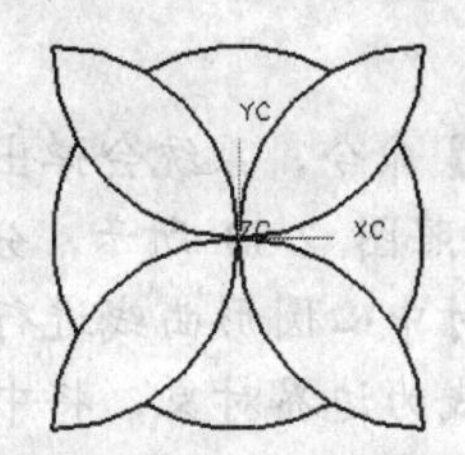


图2-56 创建花瓣曲线

动画参照 —— 本实例动画演示见教学资源的“第 2 章\操作视频\2.4.avi”文件。

【操作步骤】

1. 创建一个新文件，进入建模功能。
2. 选择【插入】/【曲线】/【基本曲线】命令，在【基本曲线】对话框中单击⊙按钮，并在【点方式】选项中选择方式。在随后的【点】对话框中，设置圆心的坐标为“10,0,0”，单击确定按钮，再在【点】对话框中，设置圆上一点的坐标为“20,0,0”（半径为 10），单击确定按钮，系统即可创建一个圆形。其操作步骤和示意图如图 2-57 所示。

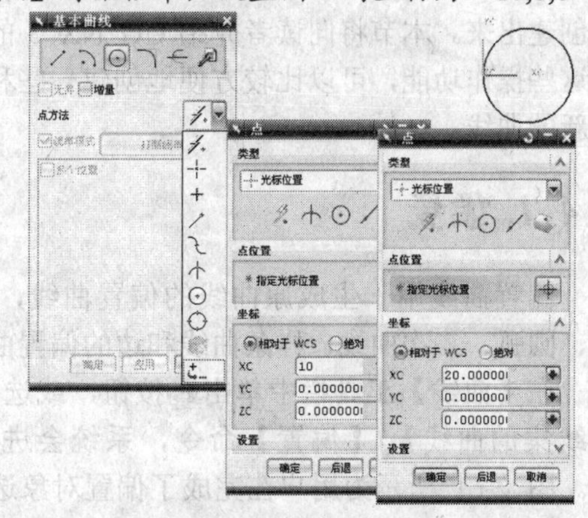

图2-57 创建 1 个圆形

3. 按照第 2 步的操作过程，分别以点“-10,0,0”、“0,10,0”和“0,-10,0”为圆心，创建 3 个半径均为“10”的圆形，其效果如图 2-58 所示。
4. 选择【编辑】/【曲线】/【修剪】命令，系统会弹出【修剪曲线】对话框，然后在绘图工作区中分别选取下方和上方的圆形曲线作为第 1 边界对象和第 2 边界对象，选取左侧圆形曲线作为裁剪曲线，系统即可根据用户的设置裁剪选取的曲线。再按照相同的操作过程，裁剪其余的 3 个圆形。其操作步骤和示意图如图 2-58 所示。

5. 按照第 2 步的操作过程，以原点为圆心，创建一个半径为“10”的圆形，其效果如图 2-59 所示。

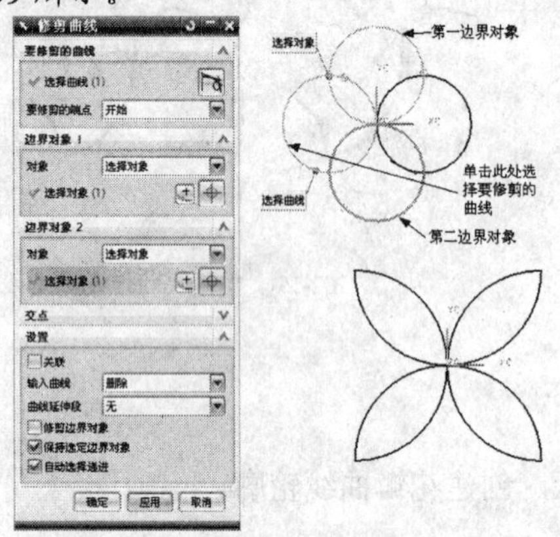


图2-58 修剪曲线

图2-59 分割曲线

6. 选择【编辑】/【曲线】/【分割】命令，系统会弹出【分割曲线】对话框，选择【按边界对象】方式分割曲线。随后按照图 2-59 所示，分别选取要分割的曲线、边界对象和相交点的大致位置，系统即可对中心圆形曲线进行分割。再按照相同的操作过程，以花瓣曲线为边界对象，将中心圆形分割为 8 段曲线。其操作步骤和示意图如图 2-59 所示。

7. 选择【编辑】/【删除】命令，系统会弹出【分类选取】对话框，选取花瓣曲线中间的曲线作为删除对象，单击确定按钮，系统即可完成删除操作。完成后的效果如图 2-60 所示。

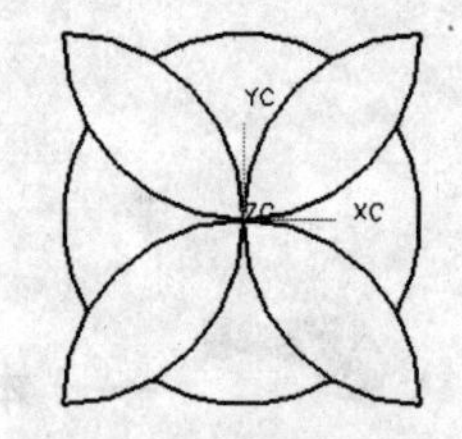


图2-60 删除曲线

# 2.4 曲线操作功能

在实际应用中，有一些曲线类型和现有曲线相关，但又无法通过那些基本的曲线操作命令创建出来。本节将向读者介绍 UG NX 5 的曲线操作命令，通过这些操作功能，可以比较方便地创建一些和已存在曲线相关联的新的曲线。

## 2.4.1 偏置

偏置曲线用于生成原曲线的偏置曲线，该操作可以生成直线、圆弧、二次曲线、样条曲线和边的偏置曲线。

在【曲线】工具栏中单击按钮，或选择【插入】/【来自曲线集的曲线】/【偏置】命令，系统会进入曲线偏置操作功能。图 2-61 所示为用户在完成了偏置对象选取后，系统弹出的【偏置曲线】对话框。

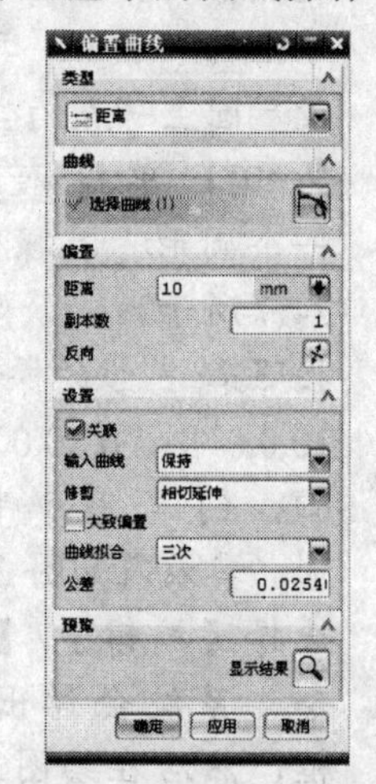


图2-61 【偏置曲线】对话框

下面介绍在【偏置曲线】对话框中常用参数的用法。

### 一、 类型

该选项用于设置曲线偏置方式的类型。系统提供了 3 种偏置方式，用户可以通过下拉列表选项来进行设置。

- “距离”：该方式是按给定的偏置距离来偏置曲线。选择该方式后，其下方的“距离”文本框被激活，用于输入偏置距离。
- “草图”：该方式是将曲线按指定的拔模角度偏置到与曲线所在的平面相距拔模高度的平面上。
- “规律控制”：该方式是按规律控制偏置距离来偏置曲线。

图 2-62 所示为利用【草图】方式进行曲线偏置操作的图例。

### 二、 修剪

该选项用于设置偏置曲线的修剪方式，它将直接影响到偏置曲线的形状。系统提供了 3 种裁剪方式，用户可以通过该选项的下拉列表选项来进行设置。

- “相切延伸”：选择该方式后偏置曲线将延长相交或彼此修剪。
- “无”：选择该方式后偏置曲线既不延长相交也不彼此修剪或倒圆角。
- “圆角”：选择该方式后，若偏置曲线的各组成曲线彼此不相连接，则系统以半径值为偏置距离的圆弧，将各组成曲线彼此相邻者的端点两两相连，若偏置曲线的各组成曲线彼此相交，则系统在其交点处修剪多余部分。

图 2-63 所示为利用修剪方式进行曲线偏置操作时的图例。

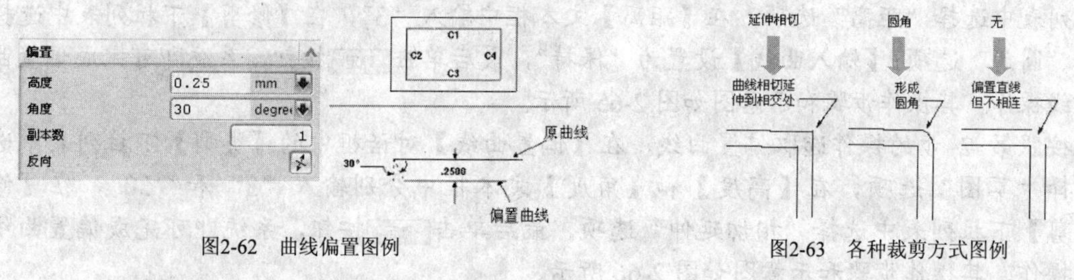


图2-62 曲线偏置图例

图2-63 各种裁剪方式图例

### 三、 曲线拟合

该功能仅在【距离】、【草图】和【规律控制】方式下有效，控制要生成的偏置曲线的拟合方式。在其下拉列表中包含以下几个基本选项。

- “三次”：生成 3 次样条线。
- “五次”：生成 5 次样条线。
- “高级”：用于手工设置最高阶次和最大段数。

### 四、 其他选项

- 【公差】：该选项用于设置偏置距离的近似公差值。
- 【副本数】：该选项用于设置偏置操作后所产生的新对象数目。
- 【关联】：该复选框用于设置偏置曲线与输入曲线是否相关。选取该复选框，则输入曲线修改，偏置曲线会自动修改。
- 【预览】：根据用户当前设置，自动显示操作结果，只有用户确认后才会真正实施。

## 2.4.2 实例——偏置曲线

【案例2-5】 打开教学资源文件“第 2 章\素材\2.5.prt”，如图 2-64 所示，对六角形曲线进行偏置操作，注意内外两种不同的偏置方式和裁剪方式。

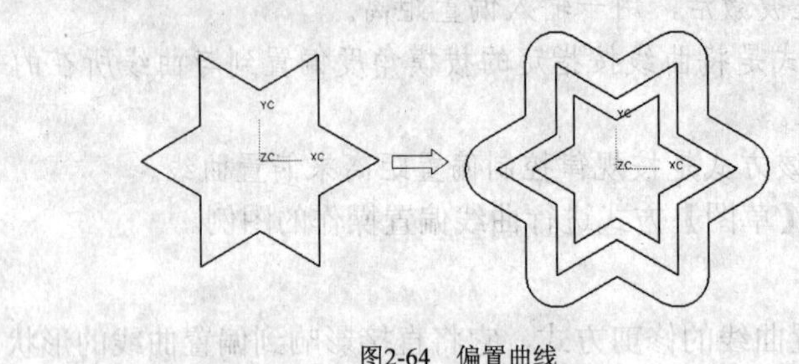


图2-64 偏置曲线

动画参照 —— 本实例动画演示见教学资源的“第 2 章\操作视频\2.5.avi”文件。

【操作步骤】

1. 打开教学资源文件“第 2 章\素材\2.5.prt”，进入建模功能。选择【插入】/【来自曲线集的曲线】/【偏置】命令。
2. 系统弹出【偏置曲线】对话框，选择六角形的所有 12 条边，在对话框中的【类型】下拉列表中选择“距离”选项，在【距离】文本框中输入“3”，在【修剪】下拉列表中选择“圆角”选项，【输入曲线】设置为“保持”，最后单击确定按钮，系统即可完成偏置曲线操作。其操作步骤和示意图如图 2-65 所示。
3. 按照第 2 步的操作选取偏置曲线，在【偏置曲线】对话框中的【类型】下拉列表中选择“草图”选项，在【高度】和【角度】文本框中分别输入“3”和“30”，在【修剪】下拉列表中选择“相切延伸”选项，最后单击确定按钮，系统即可完成偏置曲线操作。其操作步骤和示意图如图 2-66 所示。

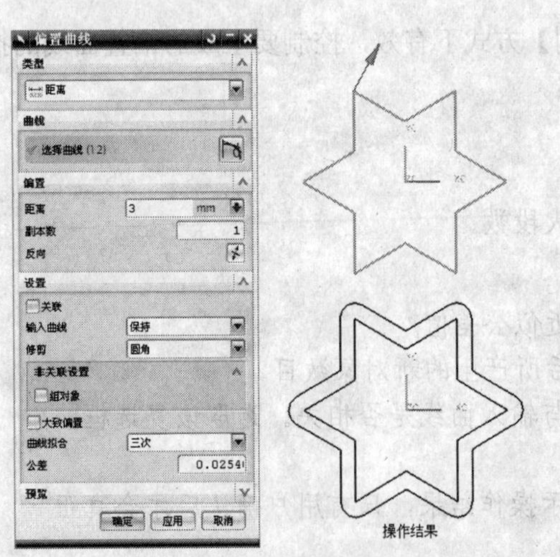


图2-65 距离方式偏置曲线

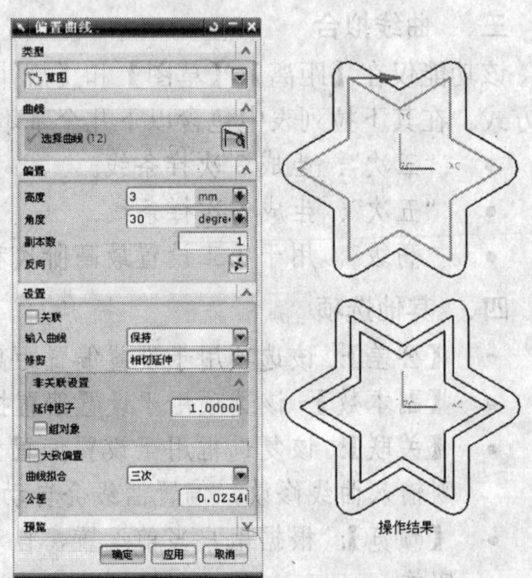


图2-66 拔模偏置曲线

## 2.4.3 桥接

桥接曲线功能提供了在曲面、曲线、点或边缘之间生成过渡连接曲线的功能，根据连接对象的不同，存在很多不同的设置，下面进行介绍。

在【曲线】工具栏中单击按钮，或选择【插入】/【来自曲线集的曲线】/【桥接】命令，系统会弹出【桥接曲线】对话框，如图 2-67 所示。用户可以在其中设定桥接曲线的连续方式、形状控制方式、桥接曲线的起止点位置等相关参数。下面介绍【桥接曲线】对话框中主要参数的用法。

图2-67 【桥接曲线】对话框

### 一、 起点对象

用于选择桥接曲线的起点，起点对象可以是点、曲线或曲线特征、边（包括面边缘）和面（包括实体表面和片体面）。

### 二、 端部对象

通过选择“对象”或“矢量”方式，来指出是否需要终点对象。如果选择“矢量”方式则不需要指出终点对象，只是需要选择一个延伸矢量方向系统，即可生成均匀桥接曲线，该方式将激活【位置】选项中的 U 向滚动条，并将【形状控制】自动设置为“深度和歪斜”方式。

### 三、 桥接曲线属性

该选项用于设置桥接曲线和欲桥接的第 1 条曲线（【开始】选项）、第 2 条曲线（【终点】选项）的连接点间的连接属性。根据所选择的连接对象的不同，所需要的桥接曲线的属性也不同。

(1) 【连续性】用于设置桥接曲线与其连接对象的连续性，它包含以下 4 种连续方式。

- “G0”：两个对象相连但不相切。
- “G1”：两个对象相连并且相切，即一阶导数连续。
- “G2”：两个对象相连并且在共点处曲率相等，即二阶导数连续。
- “G3”：两个对象相连并且在共点处曲率连续，即三阶导数连续。

图 2-68 所示为这 G1 和 G2 两种连续方式的效果对比图。

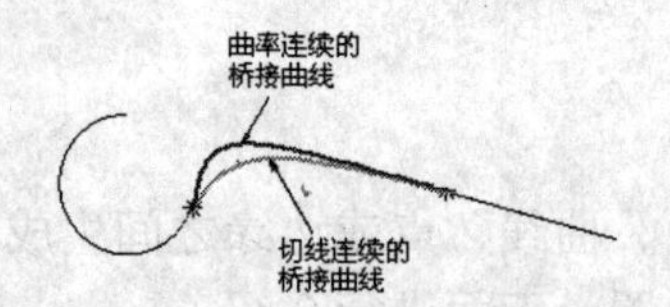


图2-68　连续方式效果对比图

**要点提示**　连续性描述分段边界处曲线与曲面对象间的行为。在UG NX 5中经常使用的两种连续性是数学连续性（C*n*）和几何连续性（G*n*），其中 *n* 表示连续的程度。在后面涉及对连续性进行描述时经常使用G*n*表示法。

(2)　【U/V百分比】：用于指出桥接曲线的起始点在所选对象中的U/V方向位置。如果所选对象是曲线则只有U方向有效，如果所选对象是曲面则两个方向都有效。

(3)　【方向】：指出在连接点处桥接曲线的方向。根据所选对象的不同，方向选项也有不同。

**四、　约束面**

用于设置与桥接曲线相连或相切的曲面，如需要用曲线网构建一个边缘的倒圆特征时使用约束面。

**五、　半径约束**

为复杂变形设置最小值或峰值的约束值。该选项要求两个输入曲线必须是共面的。使用该选项，系统自动激活“深度和歪斜”形状控制。

## 2.4.4 投影

投影曲线用于将曲线或点沿某一方向投影到现有曲面、平面或参考平面上，但是如果投影曲线与面上的孔或面上的边缘相交，则投影曲线会被面上的孔和边缘所修剪。

在【曲线】工具栏中单击按钮，或选择【插入】/【来自曲线集的曲线】/【投影】命令，系统就会弹出如图2-69所示的【投影曲线】对话框。

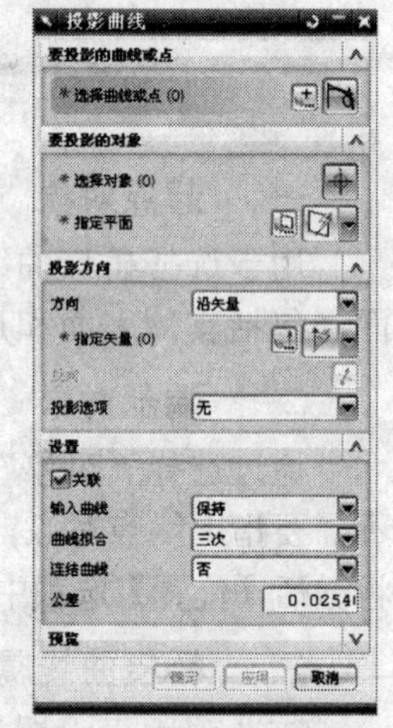

图2-69　【投影曲线】对话框

在【投影曲线】对话框中，主要是设置【投影方向】和【设置】参数选项，其用法如下。

**一、　方向方式**

该选项用于设置操作时曲线或点的投影方向，系统中提供了以下5种投影方式。

- “沿面的法向”：该方式是沿所选投影面的法向向投影面投影曲线。
- “朝向点”：该方式用于从原定义曲线朝着一个点向选取的投影面投影曲线。
- “朝向直线”：该方式用于沿垂直于选取直线或参考轴的方向选取的投影面投影曲线。
- “沿矢量”：该方式用于沿设定矢量方向向选取的投影面投影曲线。
- “与矢量所成的角度”：该方式用于沿与设定矢量方向成一角度的方向向选取的投影面投影曲线。

二、 设置

下面对该选项下的一些子选项进行介绍，其中【关联】和【输入曲线】选项的意义与前面介绍的相同，这里就不再介绍了。

- 【曲线拟合】：用于设置生成的投影曲线的拟合方法。
- 【连接曲线】：用于指出是否需要连接投影曲线。
- 【公差】：用于指出投影曲线特征的公差。

## 2.4.5 实例——投影曲线操作

【案例2-6】 打开教学资源文件“第 2 章\素材\2.6.prt”，如图 2-70 所示，将空间曲线投影到圆柱面上，注意使用不同的方向方式。

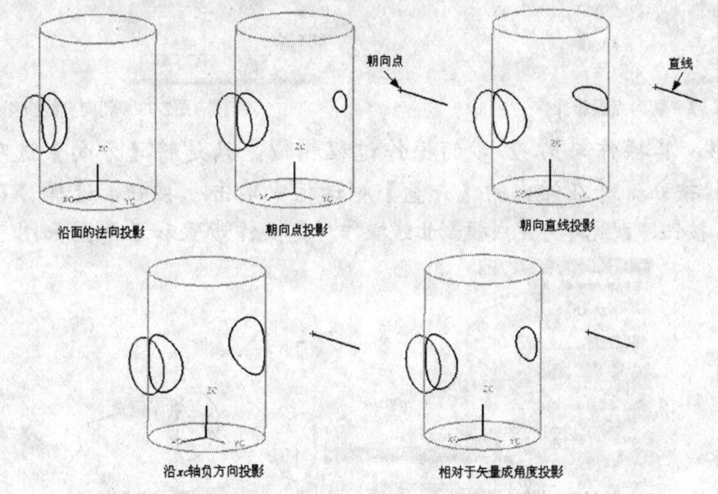


图2-70 投影曲线操作

动画演示 —— 本实例动画演示见教学资源的“第 2 章\操作视频\2.6.avi”文件。

【操作步骤】

1. 打开教学资源文件“第 2 章\素材\2.6.prt”，进入建模功能。选择【插入】/【来自曲线集的曲线】/【投影】命令，系统弹出【投影曲线】对话框。
2. 沿面的法向投影。在【投影曲线】对话框中，设置【方向】选项为“沿面的法向”，其余设置不变，选择曲线和圆柱面，单击确定按钮，系统即可完成投影曲线操作。其操作步骤和示意图如图 2-71 所示。
3. 指向一点投影。其操作与第 2 步的操作过程相似，只是将【方向】选项为“朝向点”，并在绘图工作区中设置一点，最后单击确定按钮，系统即可完成投影曲线操作。其操作步骤和示意图，如图 2-72 所示。

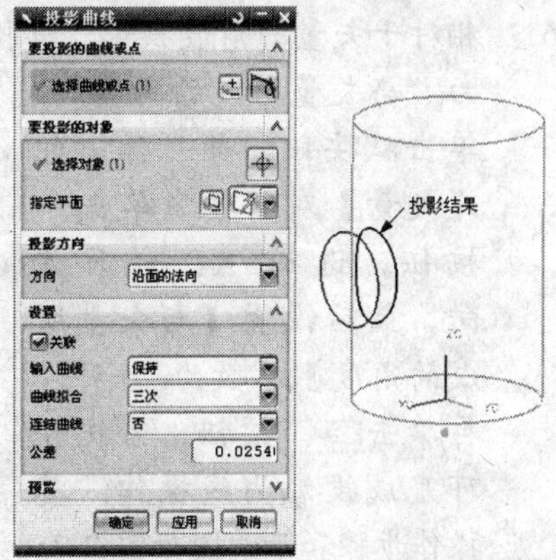


图2-71 沿面的法向投影操作

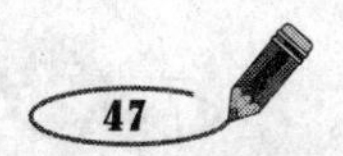

4. 朝向直线投影。其操作与第 2 步的操作过程相似，只是将【方向】选项设置为“朝向直线”，并在绘图工作区中设置一条直线，最后单击确定按钮，系统即可完成投影曲线操作。其操作步骤和示意图如图 2-73 所示。

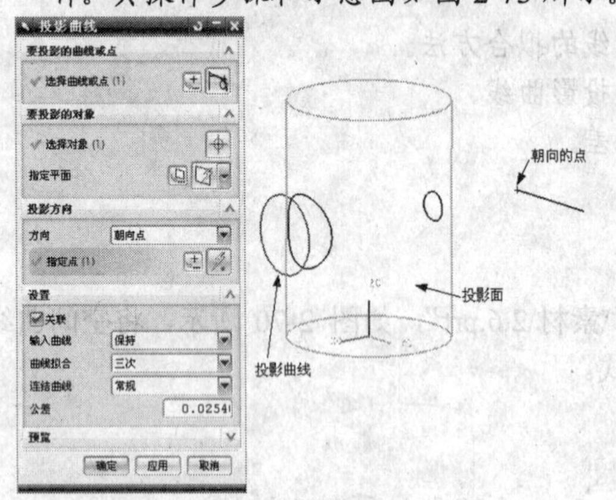


图2-72 朝向点投影操作

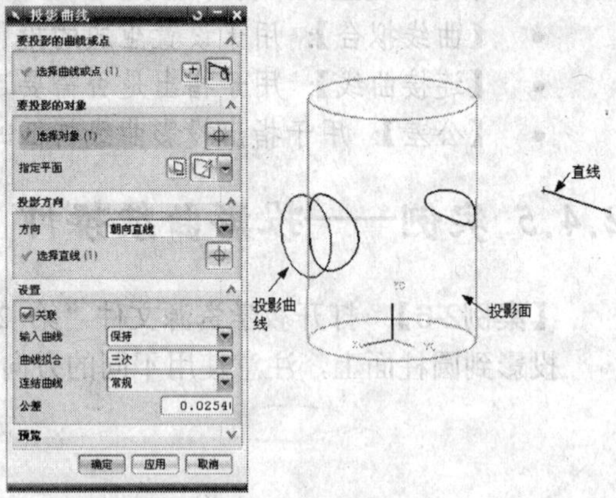

图2-73 朝向直线投影操作

5. 沿矢量投影。其操作与第 2 步的操作过程相似，只是将【方向】选项设置为“沿矢量”，单击按钮，并在弹出的【矢量】对话框中单击按钮，选择 XC 轴负方向，最后单击确定按钮，系统即可完成投影曲线操作。其操作步骤和示意图如图 2-74 所示。

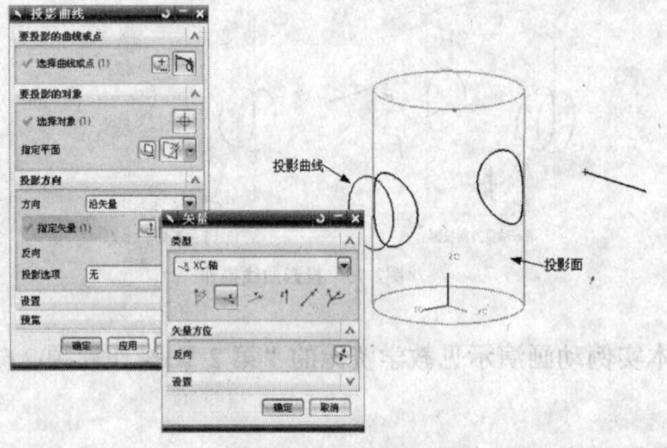


图2-74 沿矢量投影操作

6. 相对于矢量的角度投影。其操作与第 5 步的操作过程相似，只是将【方向】选项设置为“与矢量所成的角度”，单击按钮，并在弹出的【矢量】对话框中单击按钮，选择 XC 轴负方向，最后设置【与矢量所成的角度】参数为“-5”，再单击确定按钮，系统即可完成投影曲线操作。其操作步骤和示意图如图 2-75 所示。

图2-75 与矢量所成的角度投影操作

## 2.4.6 相交曲线

相交曲线用于生成两组对象的交线，各组对象可以分别为一个表面、一个参考面、一个片体或一个实体。

在【曲线】工具栏中单击按钮，或选择【插入】/【来自体的曲线】/【相交】命令，系统会弹出如图 2-76 所示的【相交曲线】对话框，进入相交曲线功能。

相交曲线操作相对较为简单，进入【相交曲线】对话框后，用户根据系统提示选取第一组和第二组操作对象，并设定好【相交曲线】对话框中其他参数选项后，单击确定按钮，系统即可完成曲线的相交操作。图 2-77 所示为两组对象进行相交操作的图例。

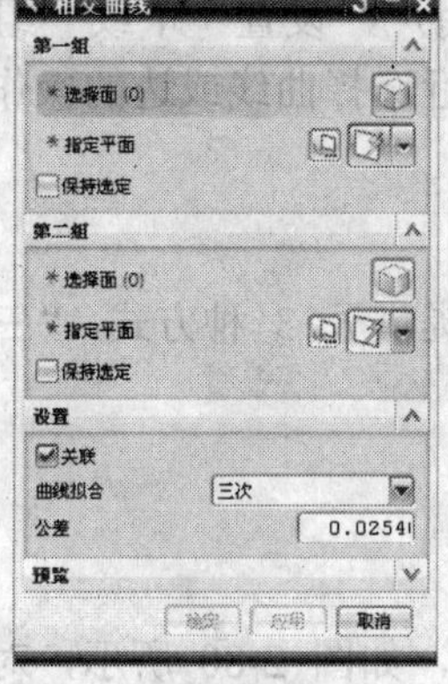

图2-76 【相交曲线】对话框

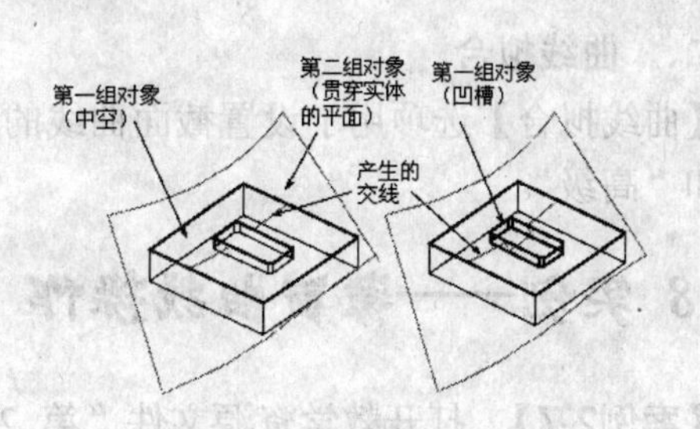


图2-77 曲线的相交操作

## 2.4.7 截面曲线

截面曲线用于利用设定的截面与选定的表面或平面等对象相交，生成相交的几何对象。

在【曲线】工具栏中单击按钮，或选择【插入】/【来自体的曲线】/【截面】命令，系统会弹出如图 2-78 所示的【截面曲线】对话框，用户可以在其中设定截面曲线的相关参数。图 2-79 所示为进行截面操作的图例。

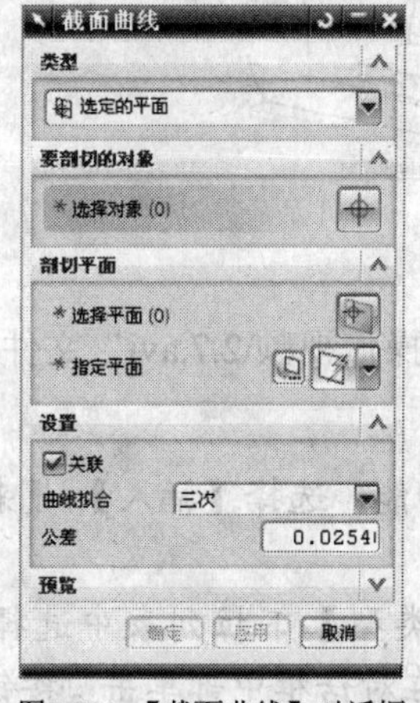

图2-78 【截面曲线】对话框

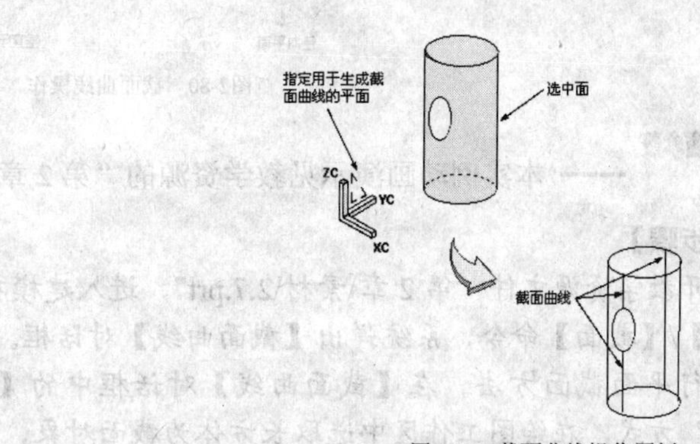


图2-79 截面曲线操作图例

下面介绍【截面曲线】对话框中主要操作选项的用法。

一、 截面方法

【类型】用于设置截面操作中产生截面的方法，其下拉列表中包含以下4种截面方法。

(1) 选定的平面：选取该方式，系统会提示用户，在绘图工作区中，直接选择某平面作为截面。用户可以利用系统提供的平面选项功能，设置坐标平面、基准平面或其他平面作为剖截平面。

(2) 平行平面：选取该方式，系统会提示用户，设置一组等间距的平行平面作为截面。

(3) 径向平面：选取该方式，系统会提示用户，设置一组等角度扇形展开的放射平面作为截面。这种方式下有3个操作步骤，即选择要剖切的对象、选择径向轴和选择参考平面上的点。

(4) 垂直于曲线的平面：选取该方式，系统会提示用户，设置一个或一组与选定曲线垂直的平面作为截面。这种方式下有两个操作步骤。在进行选择曲线或边的操作步骤时，用户可以设置剖截平面沿曲线的参数方式。

二、 曲线拟合

【曲线拟合】选项用于设置截面曲线的连接方式，系统提供了 3 种方式："三次"、"五次"和"高级"。

## 2.4.8 实例——截面曲线操作

【案例2-7】 打开教学资源文件"第 2 章\素材\2.7.prt"，如图 2-80 所示，对长方体对象进行截面曲线操作，注意使用不同的截面方法。

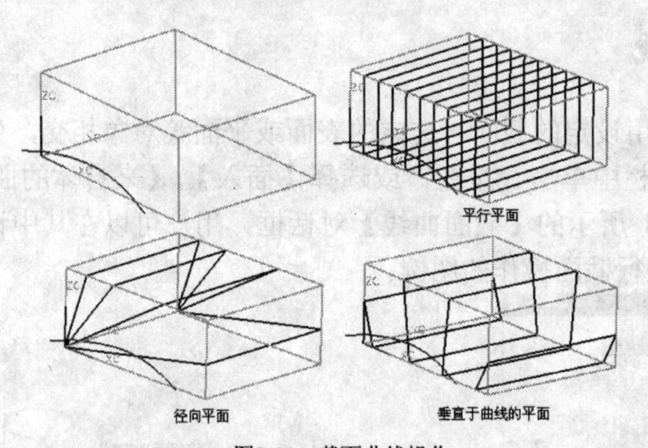


图2-80 截面曲线操作

动画参照 —— 本实例动画演示见教学资源的"第 2 章\操作视频\2.7.avi"文件。

【操作步骤】

1. 打开教学资源文件"第 2 章\素材\2.7.prt"，进入建模功能。选择【插入】/【来自体的曲线】/【截面】命令，系统弹出【截面曲线】对话框。
2. 平行平面截面方法。在【截面曲线】对话框中的【类型】下拉列表中选择"平行平面"方式，在绘图工作区中选取长方体为截面对象，在对话框中部单击按钮，在弹出的【平面】对话框中设置 YC-ZC 平面作为参考平面，接着在【开始】、【终点】和【步进】文本框中分别输入"0"、"90"和"10"，最后单击确定按钮，系统即可完成截面

曲线操作。其操作步骤和示意图如图 2-81 所示。

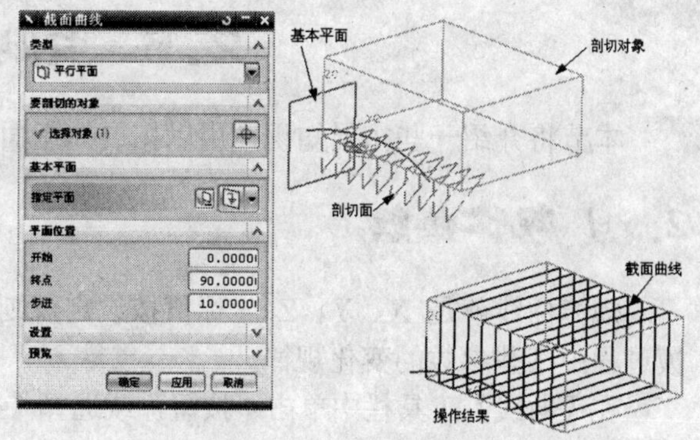


图2-81 平行平面截面操作

3. 径向平面截面方法。在【截面曲线】对话框中的【类型】下拉列表中选择【径向平面】方式，在绘图工作区中选取长方体为截面对象，单击按钮，利用【矢量】对话框，选择 YC 轴作为放射状轴，选取长方体的背面的右顶点作为参考平面上的点，接着在【开始】、【终点】和【步进】文本框中分别输入“0”、“90”和“20”，最后单击确定按钮，系统即可完成截面曲线操作。其操作步骤和示意图如图 2-82 所示。

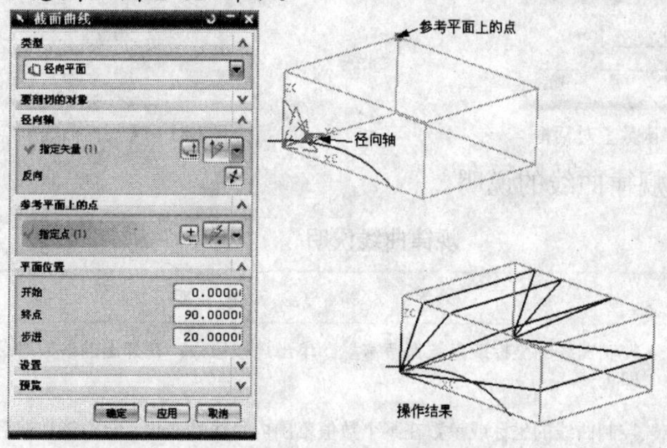


图2-82 径向平面截面操作

4. 平面垂直于该曲线截面方法。在【截面曲线】对话框中的【类型】下拉列表中选择“垂直于曲线的平面”方式，在绘图工作区中选取长方体为截面对象，选取空间曲线作为参考曲线，接着设置【间隔】选项为“等圆弧长”，在【开始】、【终点】和【副本数】文本框中分别输入“0”、“100”和“4”，最后单击确定按钮，系统即可完成截面曲线操作。其操作步骤和示意图如图 2-83 所示。

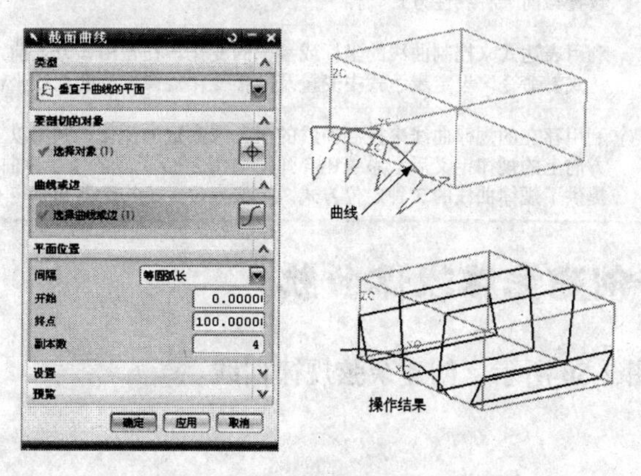


图2-83 平面于曲线的截面操作

# 2.5 拓展知识

本节将介绍一些拓展知识，用以拓展知识面。

## 2.5.1 规律曲线

规律曲线就是 X、Y、Z 坐标值按设定规则变化的样条曲线。利用规律曲线可以控制建模过程中某些参数的变化规律。

在【曲线】工具栏中单击按钮，或选择【插入】/【曲线】/【规律曲线】命令，系统会弹出如图 2-84 所示的【规律函数】对话框，其中提供了 7 种生成规律曲线的方式。图 2-85 所示为规律曲线定位方式对话框。

图2-84 【规律函数】对话框

图2-85 【规律曲线】定位方式对话框

表 2-1 所示为 7 种规律曲线的说明。

表 2-1 规律曲线说明

| 规律曲线方式 | 说 明 |
| --- | --- |
| 恒定 | 控制曲线的坐标或参数保持常量。单击该按钮后，在弹出的参数对话框中输入“规律值”即可 |
| 线性 | 控制曲线的坐标或参数在某个数值范围内呈线性变化。单击该按钮后，在弹出的参数对话框中输入变化规律的数值范围，即输入“起始值”和“终止值” |
| 三次 | 控制曲线的坐标或参数在某个数值范围内呈 3 次变化。其参数设置与线性方式一样 |
| 沿着脊线的值——线性 | 控制曲线的坐标或参数在沿脊线设定的两点或多个点所对应的规律值间呈线性变化。单击该按钮后，用户先选择一脊线，再利用【点】对话框设置脊线上的点，并输入对应的规律值即可 |
| 沿着脊线的值——三次 | 控制曲线的坐标或参数在沿脊线设定两点或多个点所对应的规律值间呈 3 次变化，其参数设置与前一种线性方式一样 |
| 根据方程 | 利用表达式来控制曲线的坐标或参数的变化。在使用该方式前，先要从选择【工具】/【表达式】命令，设定表达式中变量及欲按变化规律控制的曲线坐标或参数的函数表达式 |
| 根据规律曲线 | 利用存在的规律曲线来控制曲线的坐标或参数的变化。利用以上 6 种方式完成了 X、Y、Z 方向上的规律定义后，系统还会弹出如图 2-85 所示的【规律曲线】定位方式对话框，其中提供了规律曲线的 3 种定位方式：定义方位、点构造器和指定 CSYS 参考 |

## 2.5.2 实例——创建余弦规律曲线

【案例2-8】 如图 2-86 所示，创建余弦规律曲线。

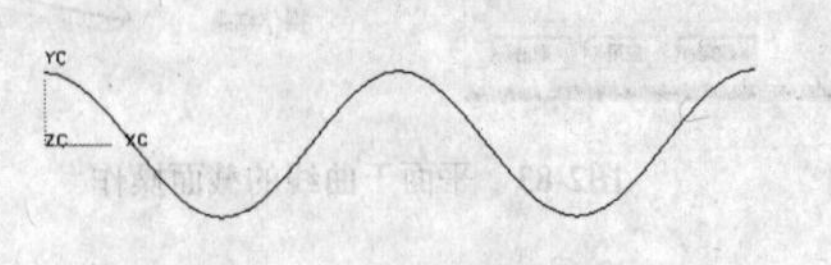


图2-86 创建余弦规律曲线

动画参照 —— 本实例动画演示见教学资源的“第 2 章\操作视频\2.8.avi”文件。

【操作步骤】

1. 新建一个 UG 文件，并进入建模功能。
2. 选择【工具】/【表达式】命令，在弹出的【表达式】对话框中创建如下的表达式。

```
a=1;
t=1;
yt=a*cos(720*t);
```

其操作步骤如图 2-87 所示。

图2-87 创建表达式

3. 先指定 X 方向规律。选择【插入】/【曲线】/【规律曲线】命令，系统弹出【规律函数】对话框，在【规律函数】对话框中单击按钮，并设置 X 方向的【起始值】和【终止值】分别为“0”和“10”。其操作步骤如图 2-88 所示。
4. 再指定 Y 方向规律。在【规律函数】对话框中单击按钮，并在随后弹出的对话框中先后输入“t”和“yt”。其操作步骤如图 2-89 所示。

图2-88 指定 X 方向规律

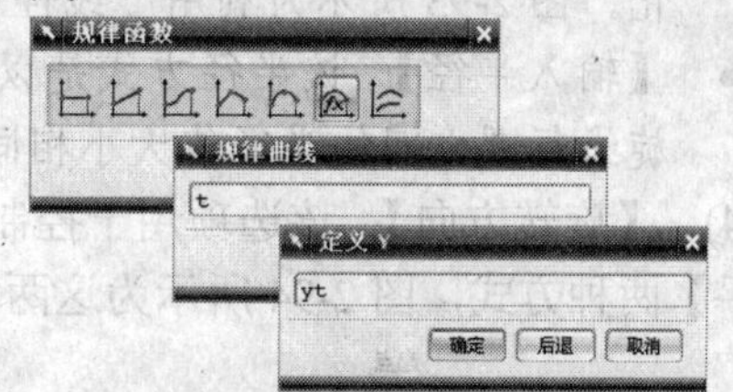


图2-89 指定 Y 方向规律

5. 最后指定 Z 方向规律。在【规律函数】对话框中单击按钮，并设置 Z 方向的【规律值】为“0”，连续单击 确定 按钮，系统即可创建余弦规律曲线。其操作步骤如图 2-90 所示。

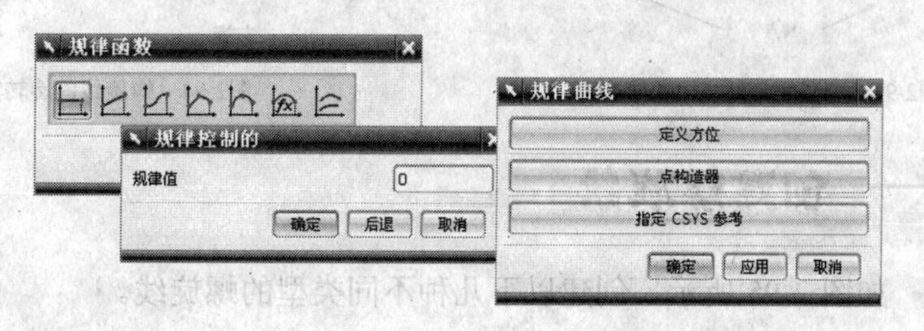


图2-90 指定 Z 方向规律

## 2.5.3 螺旋线

螺旋线在实际应用中常用来生成像弹簧等零件的轮廓线。在【曲线】工具栏中单击按钮，或选择【插入】/【曲线】/【螺旋线】命令，系统会弹出如图 2-91 所示的【螺旋线】对话框。螺旋线各参数的意义如图 2-92 所示。

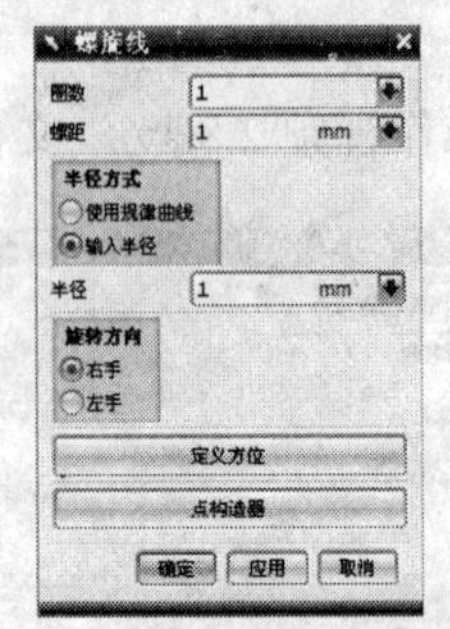


图2-91 【螺旋线】对话框

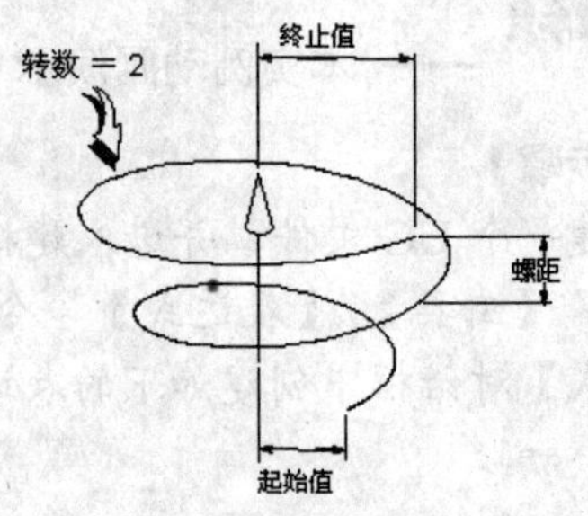


图2-92 螺旋线参数示意图

在【螺旋线】对话框中进行参数设置后，系统即可按照相关参数生成一条螺旋线。下面介绍该对话框中主要参数选项的用法。

(1) 【圈数】：该选项用于设置螺旋线旋转的圈数。

(2) 【螺距】：该选项用于设置螺旋线在旋转每圈之间的距离。

(3) 【半径方式】：该选项用于设置螺旋线旋转半径的方式。系统提供了两种半径方式：【使用规律曲线】和【输入半径】。

- 【使用规律曲线】：该半径方式用于设置螺旋线半径按一定的规律法则进行变化。图 2-93 所示为利用"线性"和"三次"半径方式创建螺旋线的效果图。
- 【输入半径】：该半径方式是以数值的方式来决定螺旋线的旋转半径，而且螺旋线每圈之间的半径值大小相同。

(4) 【旋转方向】：该选项用于控制螺旋线的旋转方向。旋转方向可以分为【右手】和【左手】两种方式，图 2-94 所示为这两种旋转方式的示意图。

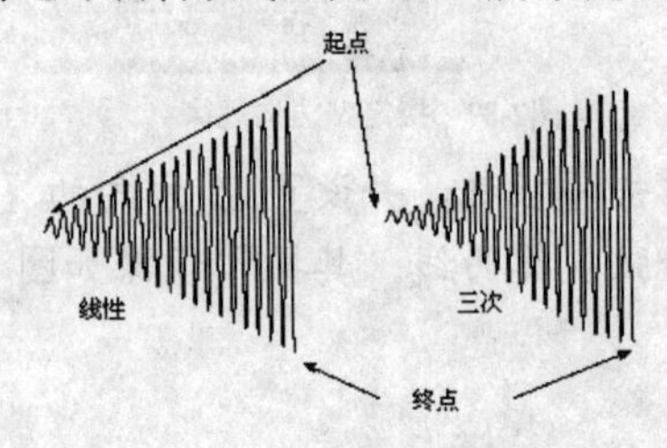


图2-93 创建螺旋线

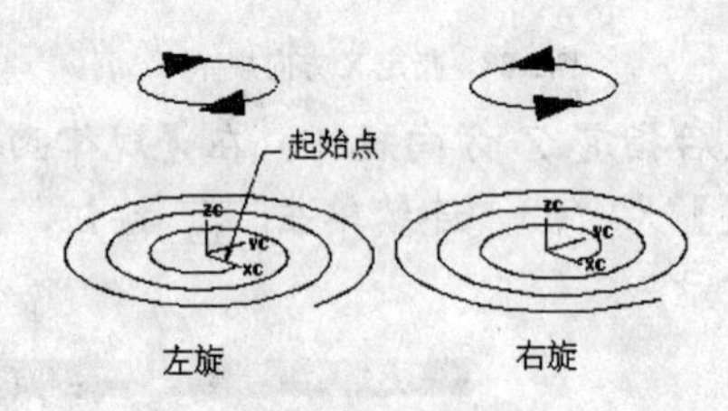


图2-94 螺旋线的旋转方式

## 2.5.4 实例——创建螺旋线

【案例2-9】 如图 2-95 所示，创建以下几种不同类型的螺旋线。

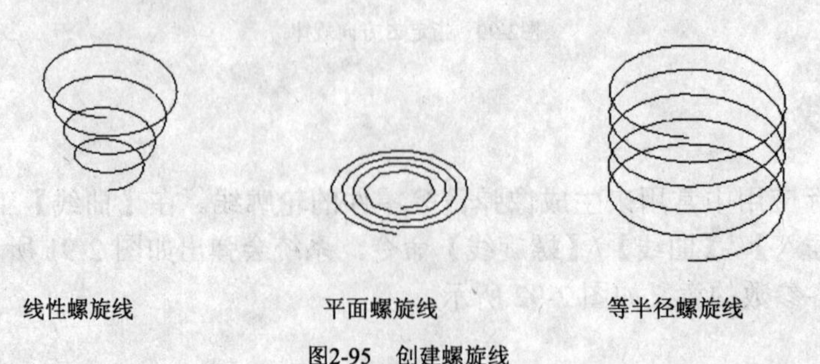


图2-95 创建螺旋线

动画参照 —— 本实例动画演示教学资源的“第 2 章\操作视频\2.9.avi”文件。

【操作步骤】

1. 新建一个 UG 文件，并进入建模功能。
2. 选择【插入】/【曲线】/【螺旋线】命令，在弹出的【螺旋线】对话框中设置【圈数】和【螺距】值分别为“4”和“1”，【旋转方向】为【右手】，并设置【半径方式】为【使用规律曲线】，在接着弹出的对话框中单击按钮，并设置半径的【起始值】和【终止值】值分别为“1”和“2.5”，连续单击确定按钮，系统即可创建线性螺旋线。其操作步骤和示意图如图 2-96 所示。

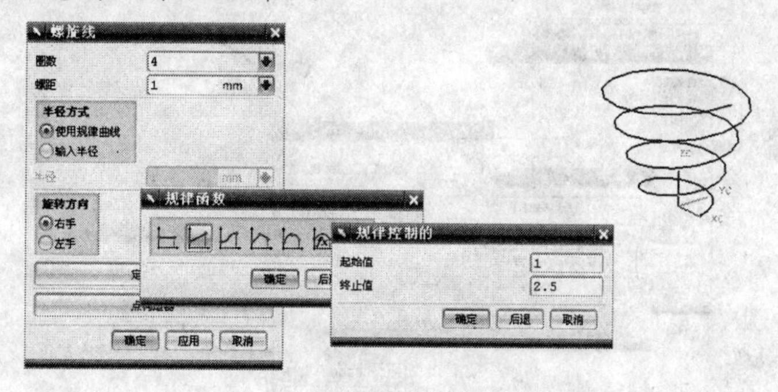


图2-96　创建线性螺旋线

3. 创建平面螺旋线的操作步骤与创建线性螺旋线的操作步骤大致相同。只是在【螺旋线】对话框中将【螺距】的值设置为“0”，其他操作步骤相同。
4. 创建等半径螺旋线的操作步骤和创建线性螺旋线的操作步骤也大致相同。只是将【半径方式】设置为【输入半径】，并设置【半径】值为“3”，其他操作步骤相同。

## 2.6 综合实例——创建鼠标上盖轮廓曲线

如图 2-97 所示，创建鼠标上盖轮廓曲线。

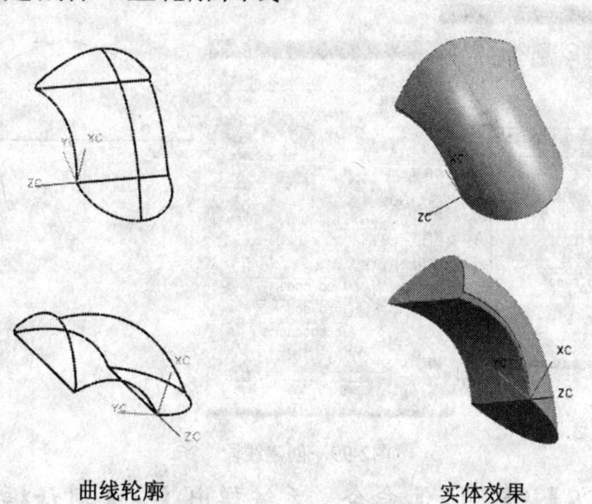


曲线轮廓　　实体效果

图2-97　鼠标上表面轮廓线

动画参照 —— 本实例动画演示见教学资源的“第 2 章\操作视频\2.10.avi”文件。

【操作步骤】

1. 创建一个新文件，进入建模功能。
2. 选择【插入】/【曲线】/【样条】命令，系统弹出【样条】对话框。在该对话框中单击 通过点 按钮，再在【通过点生成样条】对话框中设置【曲线阶次】为"2"，单击 确定 按钮。在随后弹出的对话框中单击 点构造器 按钮，在弹出的【点】对话框中，设置样条上 3 个点的坐标分别为"30,-20,0"、"0,0,0"和"-30,-20,0"，接着在弹出的对话框中单击 是 按钮，最后再单击 确定 按钮，系统即可创建样条曲线。其操作步骤和示意图如图 2-98 所示。

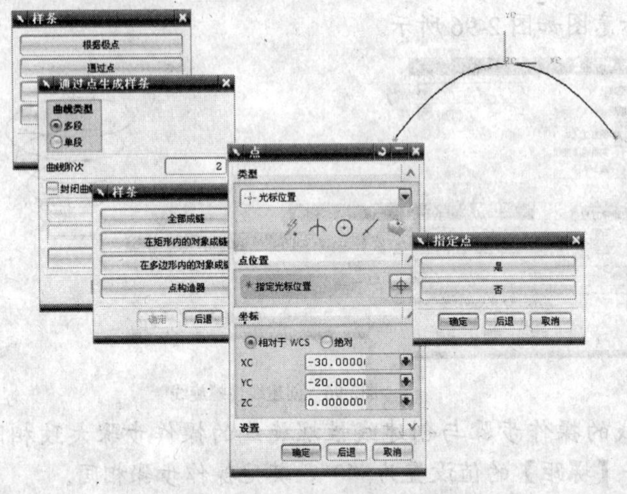

图2-98 创建样条曲线

3. 选择【插入】/【曲线】/【基本曲线】命令，系统弹出【基本曲线】对话框，在该对话框中单击 ╱ 按钮，并在【点方式】选项中选择 方式。在随后的【点】对话框中分别设置线段上 4 个点的坐标分别为"30,-20,0"、"30,-23,0"、"-30,-23,0"和"-30,-20,0"，单击 确定 按钮，系统即可创建线段。其操作步骤和示意图如图 2-99 所示。

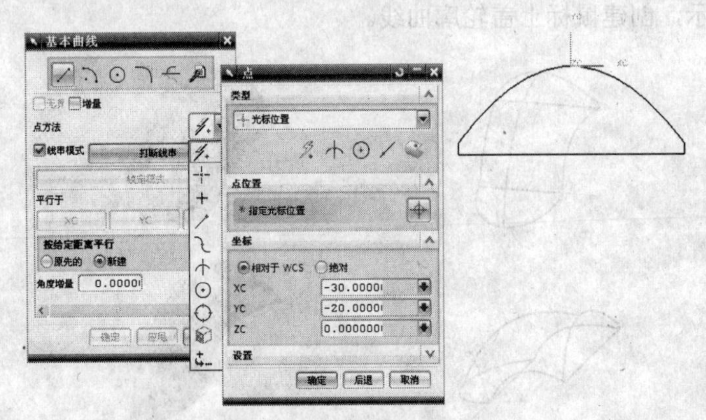

图2-99 创建线段

4. 选择【格式】/【WCS】/【原点】命令，系统弹出【点】对话框，设置坐标系新的原点坐标为"0,-35,55"。再选择【格式】/【WCS】/【旋转】命令，选取 XC 轴：ZC --> YC 旋转方式，设置【角度】为"90"，单击 确定 按钮，系统对坐标系进行旋转。其操作步骤和示意图如图 2-100 所示。

5. 选择【插入】/【曲线】/【椭圆】命令，系统弹出【点】对话框。先利用【点】对话框设置原点为椭圆的中心，再在【椭圆】参数对话框中设置【长半轴】、【短半轴】、【起始角】、【终止角】和【旋转角度】分别为“30”、“24”、“0”、“360”和“90”，单击 确定 按钮系统即可创建椭圆曲线。其操作步骤和示意图如图 2-101 所示。

图2-100 坐标变换

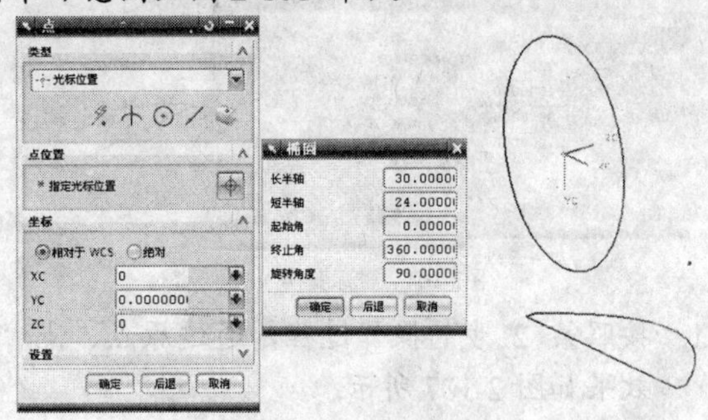


图2-101 创建椭圆

6. 按照第 3 步的操作过程，利用直线功能，通过【点】对话框中的 “四分点”方式，在椭圆的左右两个四分点间创建线段。其操作步骤和示意图如图 2-102 所示。

7. 选择【编辑】/【曲线】/【修剪】命令，系统会弹出【修剪曲线】对话框。然后在绘图工作区中选取线段的两端作为第 1 和第 2 边界对象，椭圆为裁剪曲线，系统即可根据用户的设置裁剪所选取的曲线。其操作步骤和示意图如图 2-103 所示。

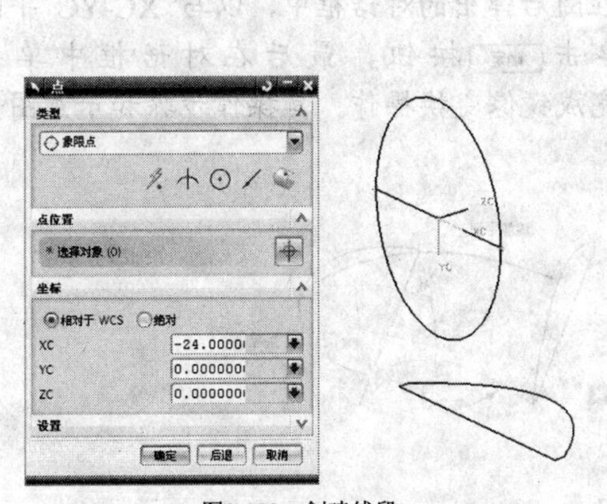


图2-102 创建线段

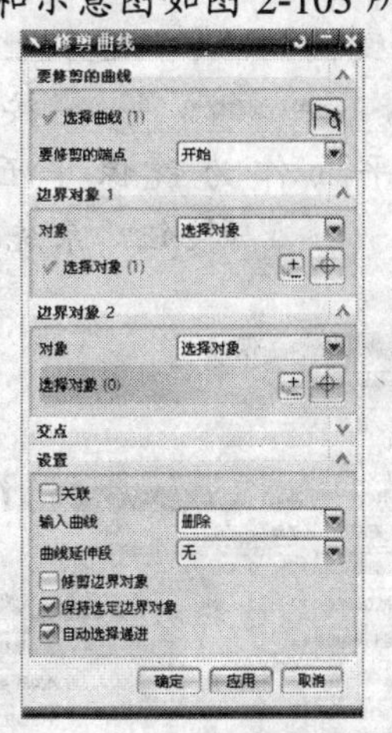


选择曲线
边界对象
选择对象
修剪曲线

图2-103 裁剪曲线

8. 选择【格式】/【WCS】/【原点】命令，系统弹出【点】对话框。在【点】对话框中，利用 方式，将坐标系移到椭圆顶部的四分点处。再选择【格式】/【WCS】/【旋转】命令，选取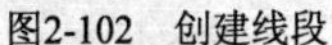旋转方式，设置【角度】为“90”，单击按钮，对坐标系进行旋转。其操作步骤和示意图如图 2-104 所示。

9. 按照第 2 步的操作过程，通过原点、点“38,70,0”和点“35,85,0”创建样条曲线，其效果如图 2-105 所示。

10. 选择【格式】/【WCS】/【原点】命令，将坐标系移到椭圆裁剪处的端点，其效果如图 2-106 所示。

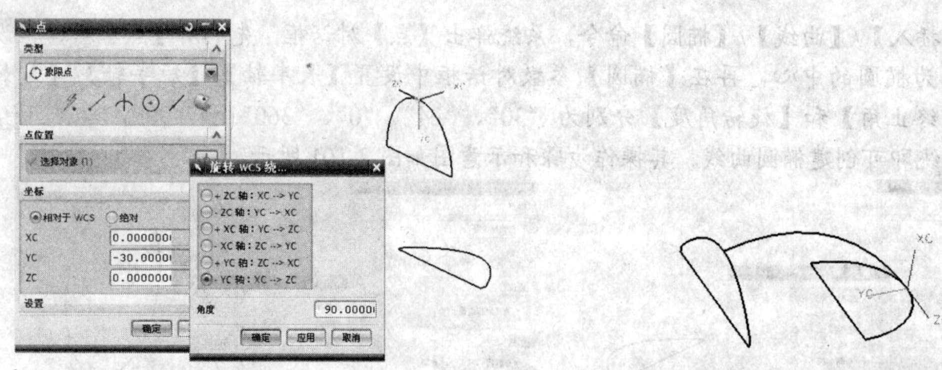

图2-104 坐标变换

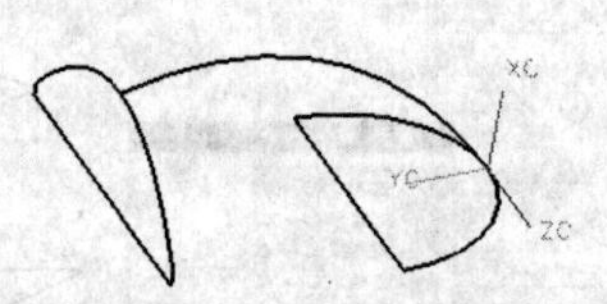

图2-105 创建顶部样条曲线

11. 按照第 2 步的操作过程，通过原点、点“15,20,0”和点“12,55,6”创建样条曲线，其效果如图 2-107 所示。

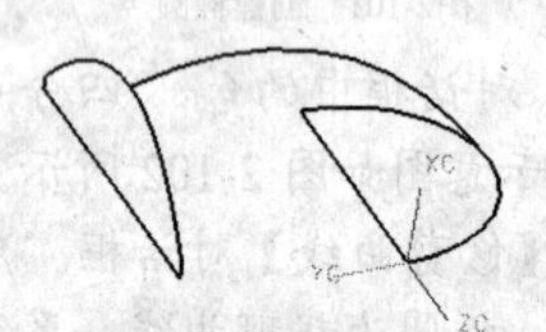

图2-106 移动坐标系

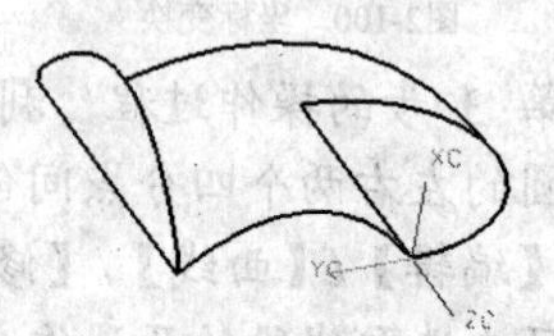

图2-107 创建底部样条曲线

12. 选择【编辑】/【变换】命令，选取上一步创建的样条曲线作为变换对象，在【变换】对话框中单击 用平面做镜像 按钮，在随后弹出的对话框中，以与 XC-YC 平面偏置为-24 的平面作为镜像平面，单击 确定 按钮，最后在对话框中单击 复制 按钮，系统即可完成镜像变换操作。其操作步骤和示意图如图 2-108 所示。

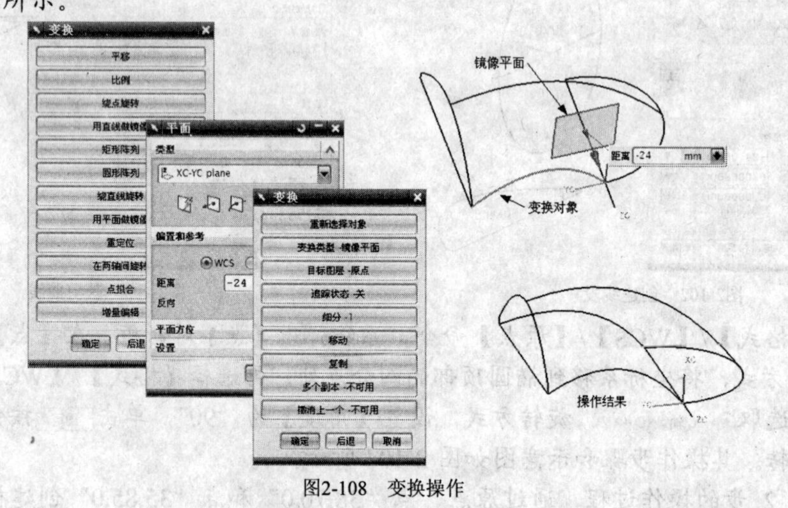


图2-108 变换操作

## 2.7 实训

请读者利用本章所学的知识，练习绘制如图 2-109 所示的曲线。

操作提示如下。

(1) 绘制边长为 100 的正方形。

(2) 绘制正方形的内切圆。

(3) 绘制直线段分别连接正方形上下角点和上下边缘中点，共6条。

(4) 过正方形中点绘制直径为60的圆。

(5) 利用曲线分割或修剪功能对曲线进行修剪。

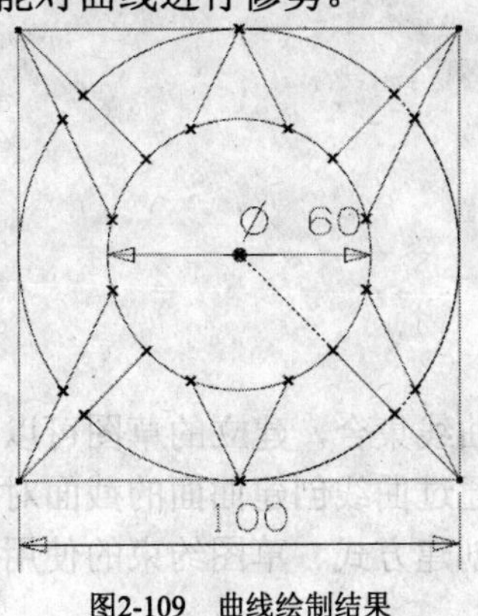


图2-109 曲线绘制结果

# 小结

本章详细介绍了关于UG NX 5系统中的二维曲线功能，使读者了解了点、直线、圆弧等基本曲线的创建方法，同时还深入介绍了如何创建像样条曲线等复杂曲线的方法。虽然本章中并未涉及UG NX 5系统中所有曲线类型的创建过程，但对于未提到的曲线类型，它的创建方法也可以参照本章讲解的内容。

# 思考与练习

1. 根据图2-110所示的图纸绘制曲线，图中直线与曲线相接处的小圆圈代表相切关系。
2. 根据图2-111所示的图纸绘制曲线。

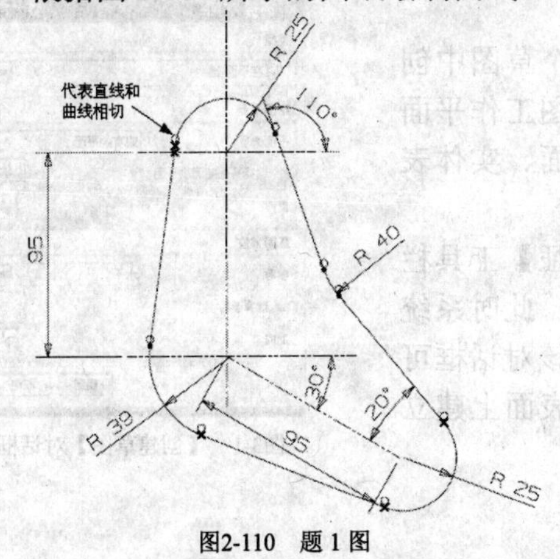


图2-110 题1图

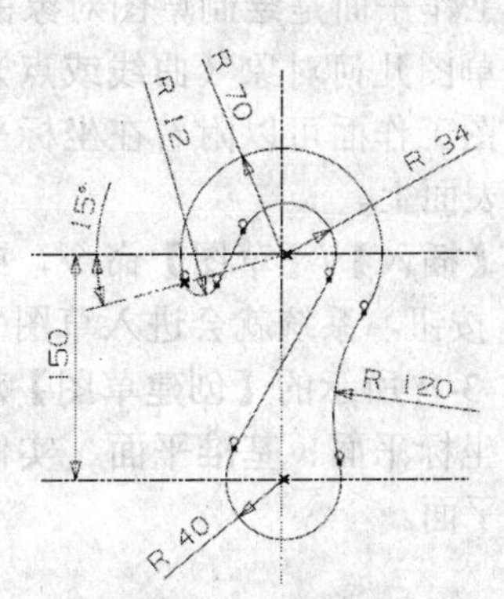


图2-111 题2图

# 第 3 章

# 草图功能

草图是组成一个二维轮廓的曲线集合，建立的草图可以用来生成拉伸和旋转特征，或在自由曲面建模中作为扫掠对象和通过曲线创建曲面的截面对象。通过本章的学习，读者将了解草图的一些基本概念、对象的创建方式、草图约束的使用和其他相关草图操作功能的具体使用方法。

**学习目标**

- 创建草图平面与草图对象。
- 草图约束操作。
- 草图约束管理。

## 3.1 创建草图平面与草图对象

用户在应用草图功能前首先要创建草图平面，并在上面创建所需的草图对象。

### 3.1.1 草图平面的创建

草图工作平面是绘制草图对象的平面，在一个草图中创建的所有草图几何对象（曲线或点）都是在该草图工作平面上的。草图工作面可以附着在坐标平面、基准平面、实体表面或片体表面上。

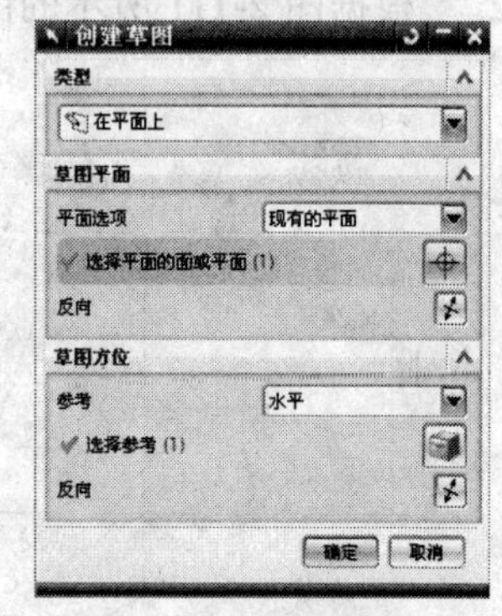

图3-1 【创建草图】对话框

选择【插入】/【草图】命令，或在【成形特征】工具栏中单击按钮，系统就会进入草图平面创建功能。此时系统弹出如图 3-1 所示的【创建草图】对话框。利用该对话框可以在工作坐标平面、基准平面、实体表面或片体表面上建立草图工作平面。

### 3.1.2 添加现有曲线作为草图对象

添加现有曲线作为草图对象用于将已存在的曲线或点（不属于草图对象的曲线或点），添加到当前的草图中。

选择【插入】/【现有曲线】命令，或在【草图操作】工具栏中单击按钮，系统进入对象选取状态，让用户从绘图工作区中直接选取要添加的点或曲线。通过添加曲线的【类选择】对话框中的某些对象限制功能，来快速地选取某类对象。

完成对象选取后，系统会自动将所选的曲线或点添加到当前的草图中。刚添加进草图的对象不具有任何的约束。

## 3.1.3 投影曲线

投影曲线功能，能够将投影对象按垂直于草图工作平面的方向投影到草图中，使之成为草图对象。

选择【插入】/【投影曲线】命令，或在【草图操作】工具栏中单击按钮，系统会弹出如图 3-2 所示的【投影曲线】对话框。

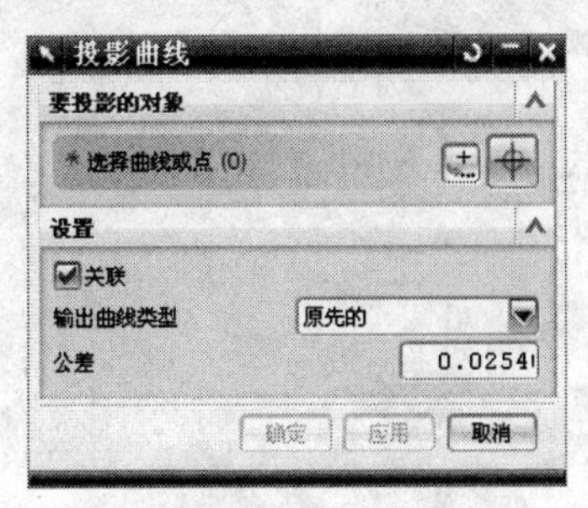


图3-2 【投影曲线】对话框

下面说明投影操作中主要选项的意义。

**一、 输出曲线类型**

该选项用于设置投影操作后的曲线在草图上所采用的种类，其中包含了 3 种方式。

- “原先的”：选取该方式时，投影后的曲线将采用原来曲线的几何类型。系统的默认设置为该选项。
- “样条段”：选取该方式时，投影后的曲线用分段的独立样条曲线来表示。
- “单个样条”：选取该方式时，投影后的曲线将连成一条样条曲线，形成单一样条曲线。

**二、 关联**

该复选框将决定草图平面上产生的投影曲线是否与原投影对象产生关联。如果设置为关联方式，则原投影对象发生改变时，产生的投影草图曲线也会产生相关的变化。

## 3.1.4 创建草图对象

草图对象是指草图中的各种曲线对象，包括点、直线、圆、圆弧、样条曲线等。这些对象的基本绘制方法与曲线对象相同，只是草图对象都被绘制在草图平面中。草图对象都可以通过【草图曲线】工具栏进行访问，如图 3-3 所示，该工具栏还提供了一些草图曲线快速编辑功能。

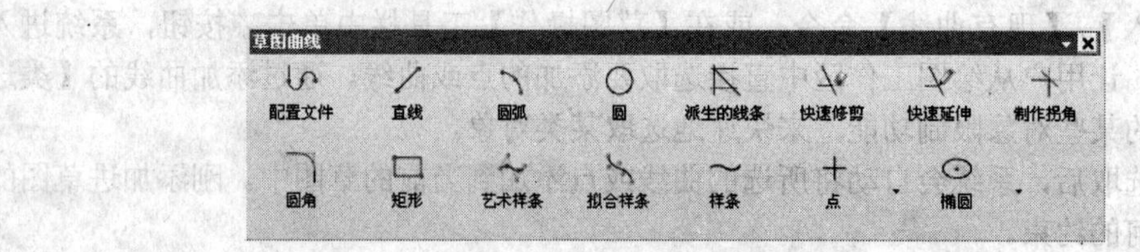


图3-3 【草图曲线】工具栏

常用的草图曲线绘制功能如图表 3-1 所示。

**表 3-1　　常用的草图曲线绘制功能**

| 图标 | 功能简介 | 图例 |
|---|---|---|
| 配置文件 | 绘制连续的直线或圆弧 | 配置文件<br>对象类型<br>输入模式<br>XY<br>半径<br>扫掠角度 202.8066 |
| 直线 | 通过两点绘制直线 | 直线<br>输入模式<br>XY<br>长度 52<br>角度 38 |
| 圆弧 | 采用两种方式绘制圆弧 | 圆弧<br>圆弧方法<br>输入模式<br>XY<br>半径 |
| 圆 | 采用两种方式绘制圆 | 圆<br>圆方法<br>输入模式<br>XY<br>直径 |
| 派生的线条 | 通过直线创建偏置直线 | 偏置 23 |
| 快速修剪 | 将选择的曲线从查找到的交点处进行修剪 | 快速修剪<br>边界曲线<br>选择曲线 (0)<br>要修剪的曲线<br>选择曲线 (0)<br>关闭 |
| 快速延伸 | 将曲线延伸到下一个对象 | 快速延伸<br>边界曲线<br>选择曲线 (0)<br>要延伸的曲线<br>关闭 |
| 圆角 | 在两条曲线之间绘制圆角 | 创建圆角<br>圆角方法<br>选项<br>半径 34 |

### 3.1.5 实例——创建草图平面和草图对象

【案例3-1】 打开教学资源文件“第 3 章\素材\3.1.prt”，在实体特征的顶部表面和斜面上创建草图平面，并创建如图 3-4 所示的草图曲线。

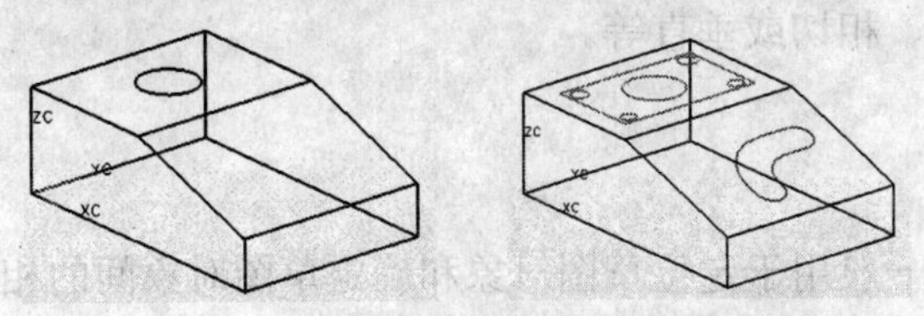


图3-4 创建投影草图曲线

动画参照 —— 本实例动画演示见教学资源的“第 3 章\操作视频\3.1.avi”文件。

【操作步骤】

1. 打开教学资源文件“第 3 章\素材\3.1.prt”，进入建模功能。选择【插入】/【草图】命令，进入草图平面创建功能，在实体特征的顶部表面上创建草图平面。
2. 选择【插入】/【现有的曲线】命令，在弹出的对话框中选择已有的圆形曲线作为操作对象，单击确定按钮，系统即可完成现有曲线的添加操作，效果如图 3-5 所示。
3. 利用【草图曲线】工具栏中的矩形和圆功能图标，创建草图轮廓曲线，效果如图 3-5 所示。

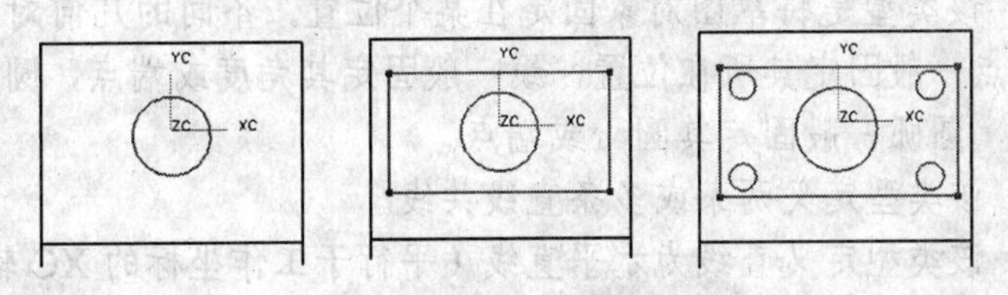


图3-5 创建顶部草图曲线

4. 选择【草图】/【完成草图】命令，退出草图功能。再选择【插入】/【草图】命令，在实体特征的斜面上创建草图平面。
5. 利用【草图曲线】工具栏中的直线、弧和圆角功能图标，创建草图轮廓曲线，效果如图 3-6 所示。

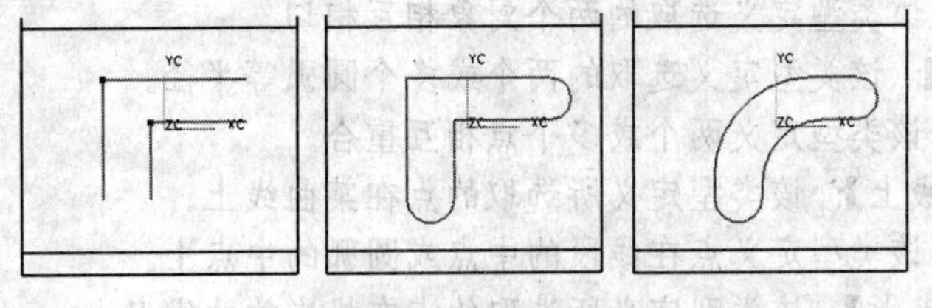


图3-6 创建斜面草图曲线

## 3.2 草图约束

草图的强大功能在于它能够准确地反映设计意图，这是通过草图对象能够随设计者给定的条件进行变化而实现的，这些给定的条件叫做草图约束。

## 3.2.1 草图约束类型

草图约束分为两大类，包括尺寸约束和几何约束。建立草图尺寸约束是限制草图几何对象的大小和形状，也就是在草图上标注草图尺寸。建立草图几何约束是限制草图对象之间的相互位置关系，如平行、相切或垂直等。

## 3.2.2 几何约束

草图几何约束条件一般用于定位草图对象和确定草图对象间的相互关系。系统添加到草图对象上的几何约束类型如图 3-7 所示，常用的几何约束简介如下。

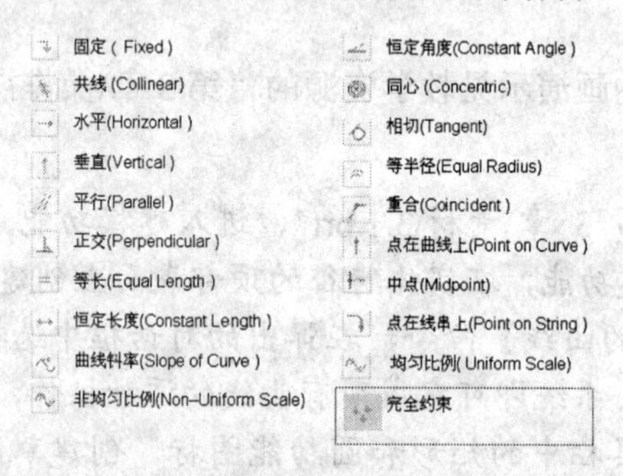


图3-7　几何约束

- 【固定】：该类型是将草图对象固定在某个位置。不同的几何对象有不同的固定方法，点一般固定其所在位置，线一般固定其角度或端点，圆和椭圆一般固定其圆心，圆弧一般固定其圆心或端点。
- 【共线】：该类型定义两条或多条直线共线。
- 【水平】：该类型定义直线为水平直线（平行于工作坐标的 XC 轴）。
- 【垂直】：该类型定义直线为垂直直线（平行于工作坐标的 YC 轴）。
- 【平行】：该类型定义两条曲线相互平行。
- 【正交】：该类型定义两条曲线彼此垂直。
- 【等长】：该类型定义选取的两条或多条曲线等长。
- 【同心】：该类型定义两个或多个圆弧或椭圆弧的圆心相互重合。
- 【相切】：该类型定义选取的两个对象相互相切。
- 【等半径】：该类型定义选取的两个或多个圆弧等半径。
- 【重合】：该类型定义两个或多个点相互重合。
- 【点在曲线上】：该类型定义所选取的点在某曲线上。
- 【中点】：该类型定义点在线段的中点或圆弧的中点上。
- 【点在线串上】：该类型定义所选取的点在投影的曲线串上。
- 【完全约束】：草图对象在位置上固定，且几何尺寸也完全固定。

给草图对象添加几何约束的方法有两种，即手工添加约束和自动产生约束。

(1)　手工添加几何约束

手工添加约束是对所选对象由用户来指定某种约束的方法。在【草图约束】工具栏中单击按钮，系统则进入几何约束操作功能。

(2) 自动产生几何约束

自动产生几何约束是指系统根据选择的几何约束类型以及草图对象间的关系，自动添加相应约束到草图对象上的方法。

### 3.2.3 尺寸约束

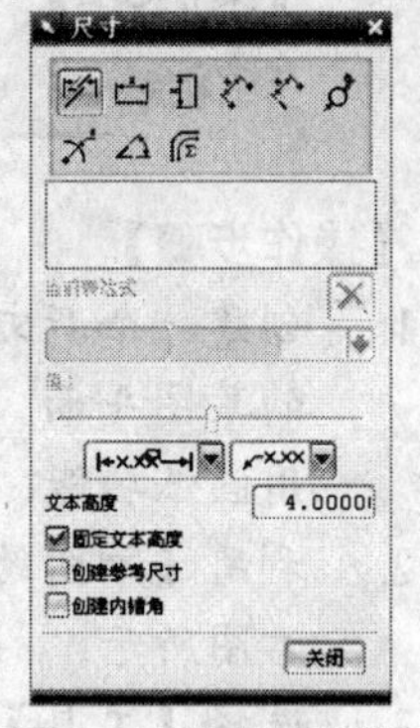

图3-8 【尺寸】对话框

创建草图尺寸约束是限制草图几何对象的大小和形状，也就是在草图上标注草图尺寸。在【草图约束】工具栏中单击按钮，系统则进入尺寸约束操作功能。用户在绘图工作区中选择相应的草图对象，系统就会自动地为该对象添加尺寸约束，修改其尺寸参数值，用户即可得到所需尺寸效果的草图对象。

在进行尺寸约束操作时，单击绘图工作区左上角的图标，系统会弹出如图 3-8 所示的【尺寸】对话框，其中包含了尺寸约束方式选项、尺寸表达式、引出线和尺寸标注位置选项。

在进行草图对象尺寸约束操作时，可以通过限制以下 9 种尺寸标注方式，来约束草图图形。

(1) 自动判断

该选项为自动判断方式。选择该方式时，系统根据所选草图对象的类型和鼠标光标与所选对象的相对位置，采用相应的标注方法进行处理。

(2) 水平

该选项为水平标注方式。选择该方式时，系统对所选对象进行水平方向（平行于草图工作平面的 XC 轴）的尺寸约束。

(3) 竖直

该选项为竖直标注方式。选择该方式时，系统对所选对象进行竖直方向（平行于草图工作平面的 YC 轴）的尺寸约束。

(4) 平行

该选项为平行标注方式。选择该方式时，系统对所选对象进行平行于对象的尺寸约束。

(5) 垂直

该选项为正交标注方式。选择该方式时，系统对所选的点到直线的距离进行尺寸约束。

(6) 直径

该选项为直径标注方式。选择该方式时，系统对所选的圆弧对象进行直径尺寸约束。

(7) 半径

该选项为半径标注方式。选择该方式时，系统对所选的圆弧对象进行半径尺寸约束。

(8) 角度

该选项为角度标注方式。选择该方式时，系统对所选的两条直线进行角度尺寸约束。

(9) 周长

该选项为周长标注方式。选择该方式时，系统对所选的多个对象进行周长的尺寸约束。

另外，在【尺寸】对话框中，用户还可以设置尺寸标注位置、尺寸标注引出线位置和标注文本高度等尺寸标注选项，通过这些选项来控制尺寸标注的形式。

## 3.2.4 实例——创建草图约束

【案例3-2】 创建“XC-YC”草图平面，在其上创建如图 3-9 所示的草图曲线。

动画参照 —— 本实例动画演示见教学资源的“第 3 章\素材\3.2.avi”文件。

【操作步骤】

1. 创建一个新文件，进入建模功能。选择【插入】/【草图】命令，建立一个“XC-YC”的草图平面。利用【草图曲线】工具栏中的直线功能，创建一条过原点的直线，再利用圆弧功能，创建一段以原点为圆心的圆弧，其效果如图 3-10 左图所示。
2. 利用【草图约束】工具栏中的功能，为直线和圆弧添加尺寸约束，其效果如图 3-10 右图所示。
3. 选择【工具】/【约束】/【转换至/自参考对象】命令，将直线和圆弧转换为辅助参考对象。

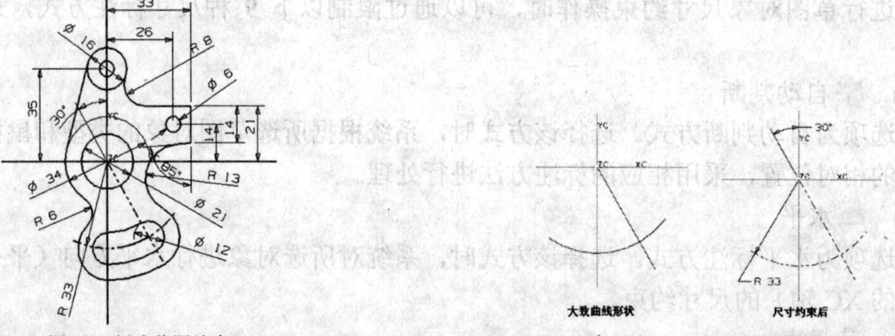


图3-9　创建草图约束　　图3-10　创建辅助线

4. 利用【草图曲线】工具栏中的圆功能创建 9 个圆形的大致形状，其效果如图 3-11 左图所示。
5. 利用【草图约束】工具栏中的和功能，按照图 3-11 右图所示的几何约束条件和尺寸约束值为圆形添加几何约束和尺寸约束。

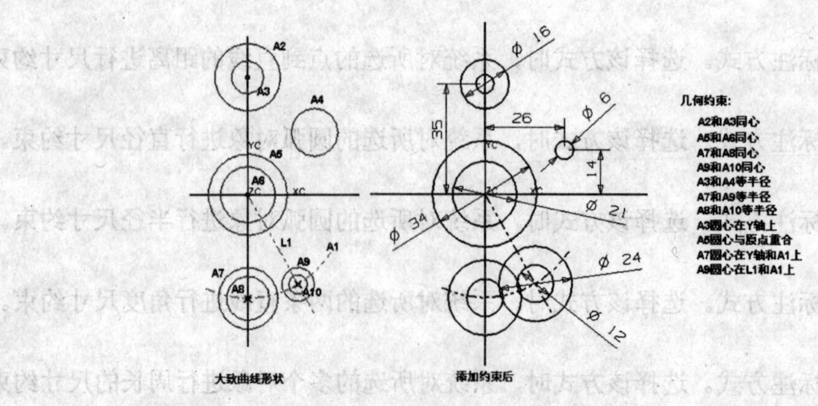


图3-11　创建圆形

6. 利用【草图曲线】工具栏中的直线功能创建几段直线大致形状，其效果如图 3-12 左图所示。

7. 利用【草图约束】工具栏中的和功能，按照图 3-12 右图所示的几何约束条件和尺寸约束值为直线添加几何约束和尺寸约束。
8. 利用【草图曲线】工具栏中的倒圆和圆弧功能创建倒圆和圆弧的大致形状，其效果如图 3-13 左图所示。

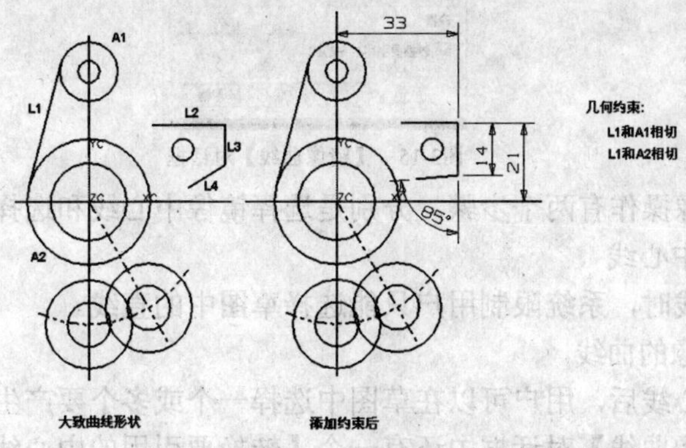


图3-12　创建直线

9. 利用【草图约束】工具栏中的和功能，按照图 3-13 右图所示的几何约束条件和尺寸约束值为倒圆和圆弧添加几何约束和尺寸约束。
10. 利用【草图曲线】工具栏中的裁剪功能，对创建的草图曲线进行裁剪操作，删除不需要的曲线部分，其效果如图 3-14 所示。

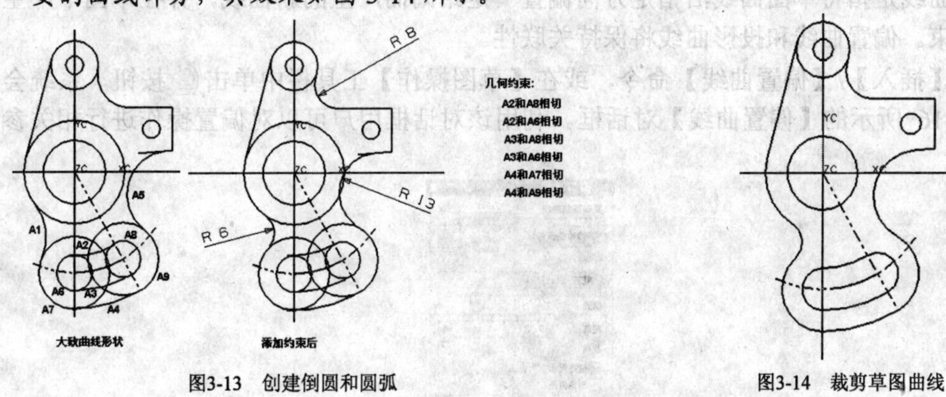


图3-13　创建倒圆和圆弧　　　　图3-14　裁剪草图曲线

# 3.3 拓展知识

草图功能环境中还包括一些对草图对象进行编辑操作的管理功能，如草图对象镜像操作、投影对象的偏置操作、草图平面的重新附着、编辑定义线串等。

## 3.3.1 草图镜像

镜像草图操作是将草图几何对象以一条直线为对称中心线，将所选取的对象以这条存在的直线为轴进行镜像，拷贝成新的草图对象。镜像拷贝的对象与原对象形成一个整体，并且保持相关性。

选择【插入】/【镜像曲线】命令，或在【草图操作】工具栏中单击按钮，系统会弹出如图 3-15 所示的【镜像曲线】对话框。

图3-15 【镜像曲线】对话框

草图对象的镜像操作有两个步骤，分别是选择镜像中心线和选择要镜像的曲线。

(1) 选择镜像中心线

选择镜像中心线时，系统限制用户只能选择草图中的直线。

(2) 选择要镜像的曲线

在选取镜像中心线后，用户可以在草图中选择一个或多个要产生镜像的草图曲线。

另外，在【镜像曲线】对话框中还有一个【转换要引用的中心线】复选框，该复选框用于在镜像操作后将中心线自动转换为参考对象。

### 3.3.2 偏置曲线

偏置曲线是指将草图曲线沿指定方向偏置一定距离而产生的新曲线，并在草图中产生一个偏置约束。偏置曲线和投影曲线将保持关联性。

选择【插入】/【偏置曲线】命令，或在【草图操作】工具栏中单击按钮，系统会弹出如图 3-16 所示的【偏置曲线】对话框。利用该对话框用户可以对偏置操作进行相关参数的设置。

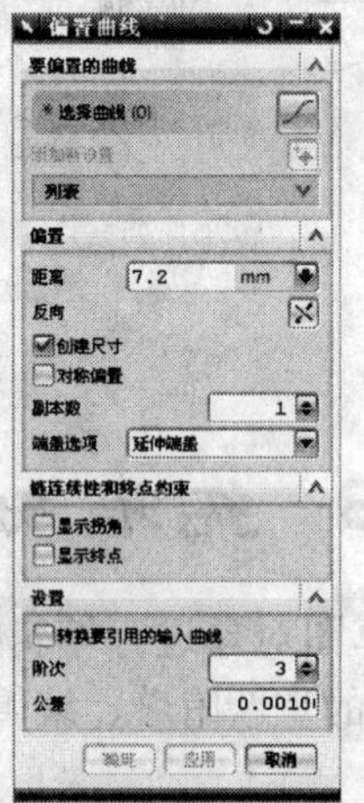

图3-16 【偏置曲线】对话框

## 3.4 综合实例——创建基座轮廓曲线

创建“XC-YC”草图平面，在其上创建如图 3-17 所示的基座草图曲线。

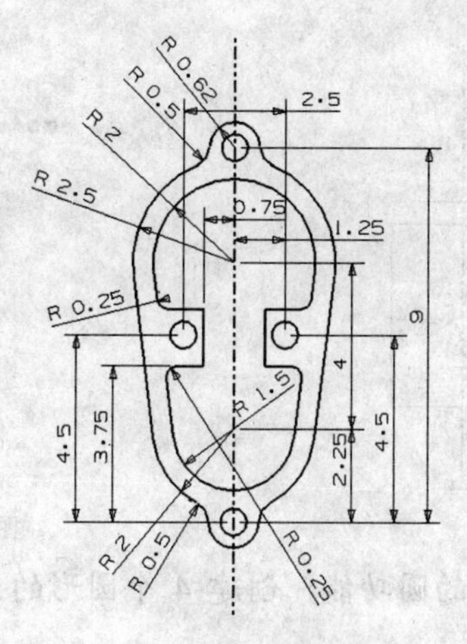


图3-17 创建基座草图曲线

**动画参照** —— 本实例动画演示见教学资源的“第 3 章\操作视频\3.3.avi”文件。

【操作步骤】

1. 创建一个新文件，进入建模功能。选择【插入】/【草图】命令，建立一个“XC-YC”的草图平面。利用【草图曲线】工具栏中的直线功能，创建一条竖直直线。再选择【工具】/【约束】/【转换至/自参考对象】命令，将直线转换为辅助参考对象。
2. 利用【草图曲线】工具栏中的圆弧和直线功能，创建如图 3-18 左图所示的大致曲线形状。
3. 利用【草图约束】工具栏中的和功能，按照图 3-18 右图所示的几何约束条件和尺寸约束值为曲线添加几何约束和尺寸约束。

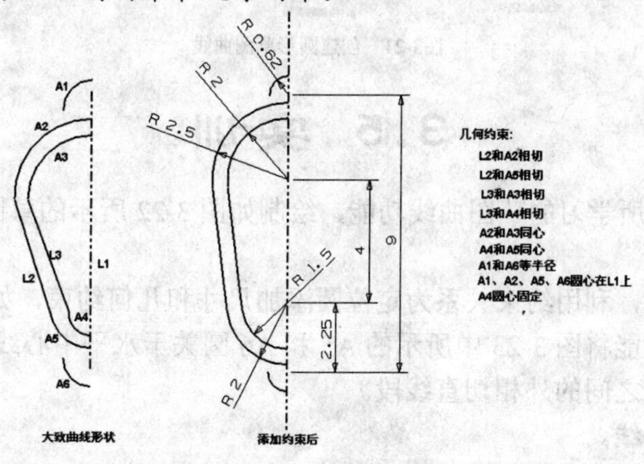


图3-18 创建直线和圆弧

4. 利用【草图曲线】工具栏中的直线、圆角和裁剪功能，创建如图 3-19 所示的大致曲线形状。
5. 利用【草图约束】工具栏中的功能，按照图 3-19 所示尺寸约束值为曲线添加尺寸约束。
6. 选择【编辑】/【镜像】命令，在绘图工作区中选取辅助参考直线为镜像中心线，其左侧的全部曲线为镜像曲线，单击 确定 按钮，系统即可完成镜像操作。草图曲线的镜像效果如图 3-20 所示。

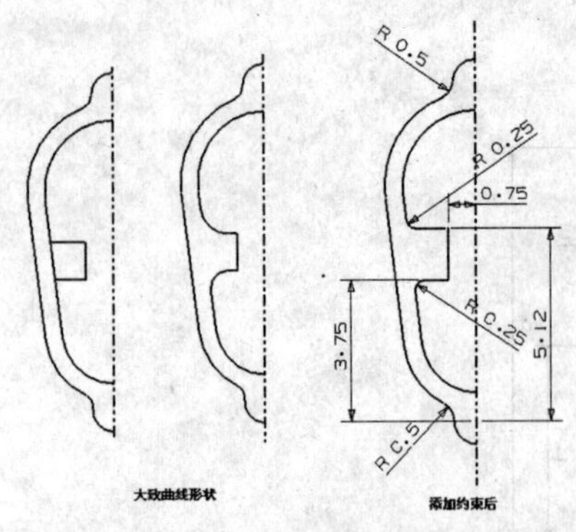


图3-19　创建直线和圆角

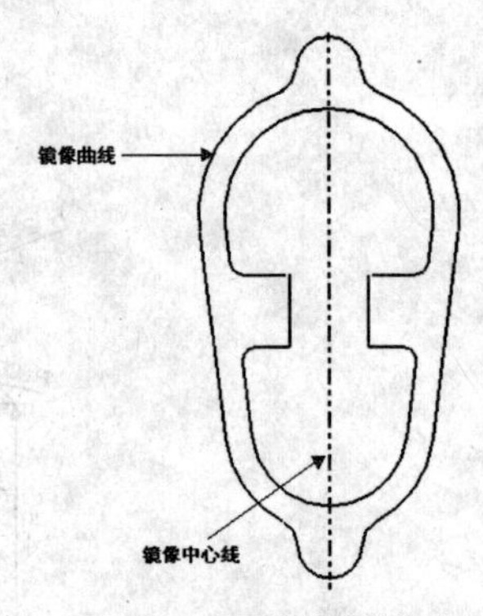


图3-20　草图曲线镜像操作

7. 利用【草图曲线】工具栏中的圆功能，创建 4 个圆形的大致形状，效果如图 3-21 左图所示。
8. 利用【草图约束】工具栏中的和功能，按照图 3-21 右图所示的几何约束条件和尺寸约束值为圆形添加几何约束和尺寸约束。

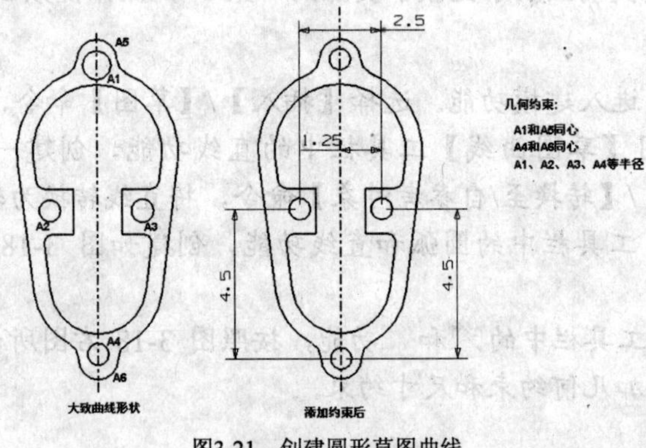


图3-21　创建圆形草图曲线

## 3.5 实训

请读者利用本章所学习的草图曲线功能，绘制如图 3-22 所示的草图曲线。
操作提示如下。

(1) 绘制定位圆，利用约束关系为定位圆添加尺寸和几何约束，如图 3-23 所示。
(2) 利用镜像功能将图 3-23 中所示的 A5 和 A6 圆关于水平中心线作镜像曲线。
(3) 绘制圆与圆之间的外相切直线段。
(4) 绘制圆角曲线。

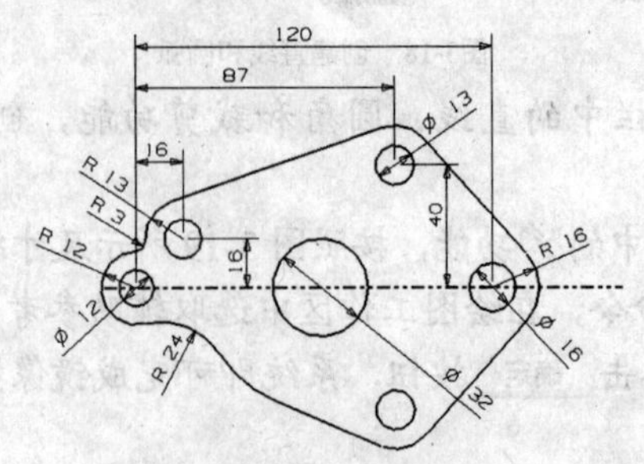


图3-22　密封垫片草图曲线

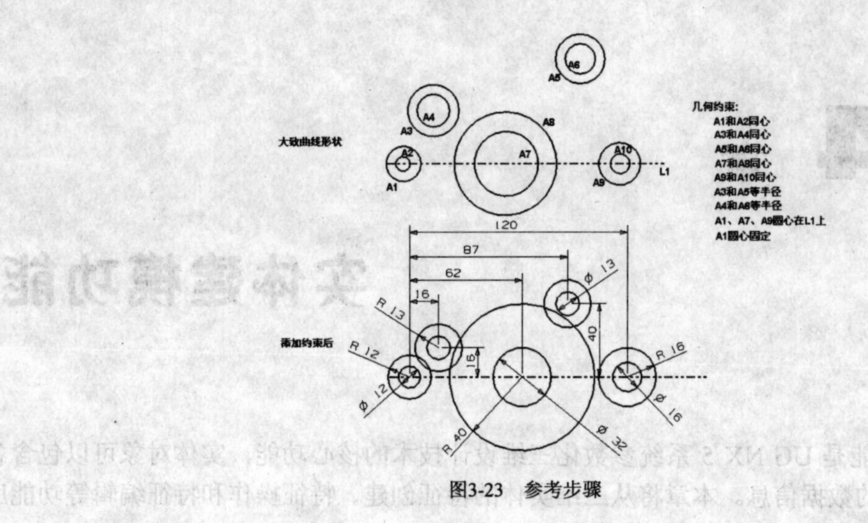


图3-23 参考步骤

# 小结

本章详细地介绍了 UG NX 5 中草图功能的应用，其中包含了如何创建草图平面和草图对象、如何对草图进行约束、约束的管理操作功能以及草图的管理功能。用户在参数化建模时，灵活地应用草图功能，会带来很大的方便。需要注意的是，草图对象大多都是与实体模型相关联的，用户在修改时，一定要注意它对实体模型的影响。

# 思考与练习

1. 根据图 3-24 所示的图纸绘制草图曲线。

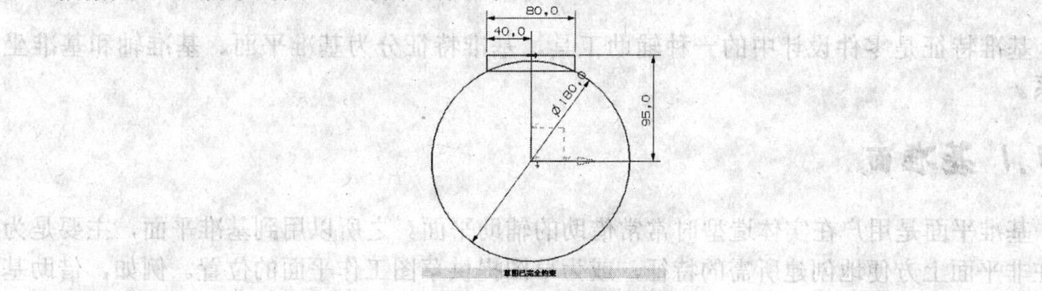


图3-24 题 1 图

2. 根据图 3-25 所示的图纸绘制草图曲线。

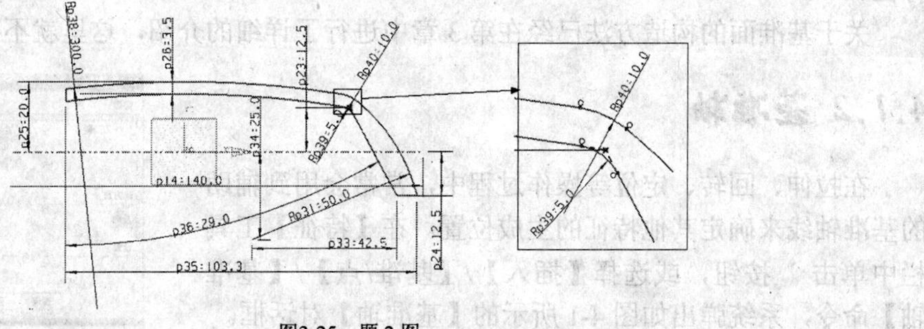


图3-25 题 2 图

# 第 4 章

# 实体建模功能

实体建模功能是UG NX 5系统参数化三维设计技术的核心功能，实体对象可以包含各种产品设计意图的数据信息。本章将从三维实体的特征创建、特征操作和特征编辑等功能应用方面，来详细介绍三维实体建模的相关操作方法。

**学习目标**

- 基准特征的创建。
- 基本体素特征的创建。
- 加工特征的创建。
- 扫描特征的创建。
- 特征详细设计功能。

## 4.1 构建基准特征

基准特征是零件设计中的一种辅助工具，基准特征分为基准平面、基准轴和基准坐标系。

### 4.1.1 基准面

基准平面是用户在实体造型时常常借助的辅助平面。之所以用到基准平面，主要是为了在非平面上方便地创建所需的特征，或为草图提供草图工作平面的位置。例如，借助基准平面，可以在圆柱面、圆锥面及球面等不易创建特征的表面上，方便地创建孔、键槽等特征。

关于基准面的构造方法已经在第3章中进行了详细的介绍，这里就不再赘述了。

### 4.1.2 基准轴

在拉伸、回转、定位等操作过程中，常常会用到辅助的基准轴线来确定其他特征的生成位置。在【特征】工具栏中单击 按钮，或选择【插入】/【基准/点】/【基准轴】命令，系统弹出如图4-1所示的【基准轴】对话框。

系统提供了多种约束方式来直接创建基准轴。

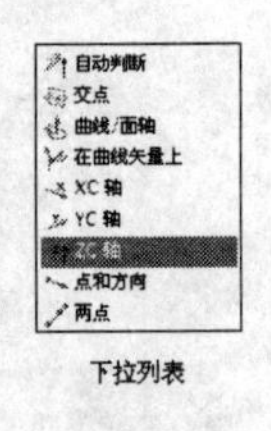


下拉列表

图4-1 【基准轴】对话框

- 自动判断：该方式用于根据用户选取对象的不同，由系统自动判断由哪种方式创建基准轴。
- 交点：设置两个平面的交线为基准轴。
- 曲线/面轴：选择直线作为基准轴。
- 、和坐标轴：沿各个基准坐标轴生成基准轴。
- 点和方向：该方式用于根据用户设置的点和矢量方向，来创建基准轴。
- 两点：该方式用于根据用户设置的两个点的矢量方向，来创建基准轴。
- 在曲线矢量上：该方式用于根据用户所指定的曲线上的某个点，来创建一个过该点的曲线的切向基准轴。

### 4.1.3 基准坐标系的创建

基准坐标系功能常用于在用户操作过程中建立一些辅助的基准坐标系统。在【特征】工具栏中单击按钮，或选择【插入】/【基准/点】/【基准 CSYS】命令，系统就会弹出【基准 CSYS】对话框，它与前面介绍的坐标系的操作方法基本一致，这里就不再过多地介绍了。

### 4.1.4 实例——创建基准特征

【案例4-1】 打开教学资源文件“第 4 章\素材\4.1.prt”，如图 4-2 所示，利用基准平面和基准轴的创建功能，创建图示的 3 个基准平面和两个基准轴。

【操作步骤】

1. 打开教学资源文件“第 4 章\素材\4.1.prt”，并进入建模功能。
2. 选择【插入】/【基准/点】/【基准轴】命令，系统会弹出【基准轴】对话框，选择“曲线/面轴”方式，并在绘图工作区中选取圆柱面作为操作对象，单击 确定 按钮，系统即可完成圆柱轴线基准轴的创建。其操作步骤和示意图如图 4-3 所示。

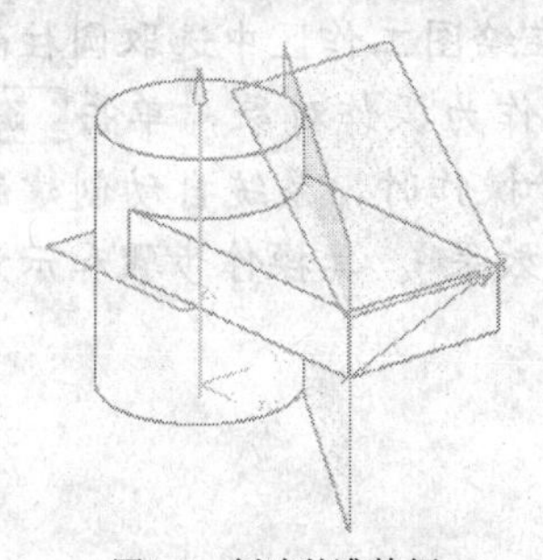

图4-2 创建基准特征

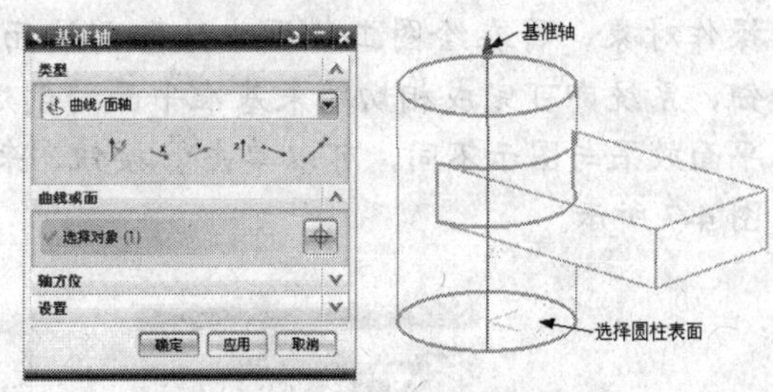


图4-3 创建圆柱轴线基准轴

3. 按照第 2 步的操作过程，在【基准轴】对话框中选择“两点”方式，并在绘图工作区中选取前端面的两个角点作为操作对象，单击 确定 按钮，系统即可完成过两点基准轴的创建。其操作步骤和示意图如图 4-4 所示。
4. 选择【插入】/【基准/点】/【基准平面】命令，系统弹出【基准平面】对话框，选择“自动判断”方式，在绘图工作区中选取圆柱的上下端面作为操作对象，单击 确定 按钮，系统即可完成中位基准平面的创建。其操作步骤和示意图如图 4-5 所示。

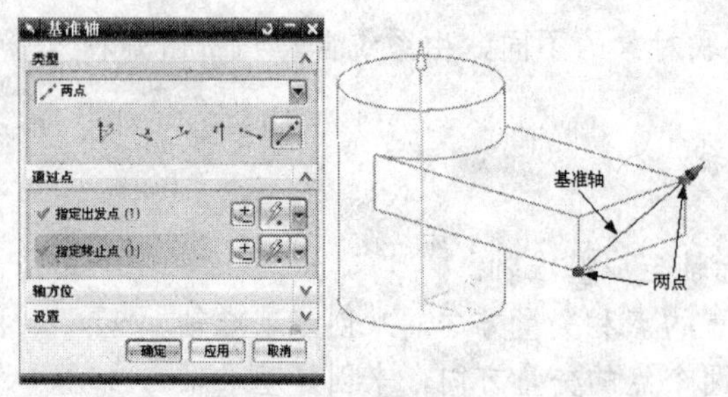


图4-4　创建过两点基准轴

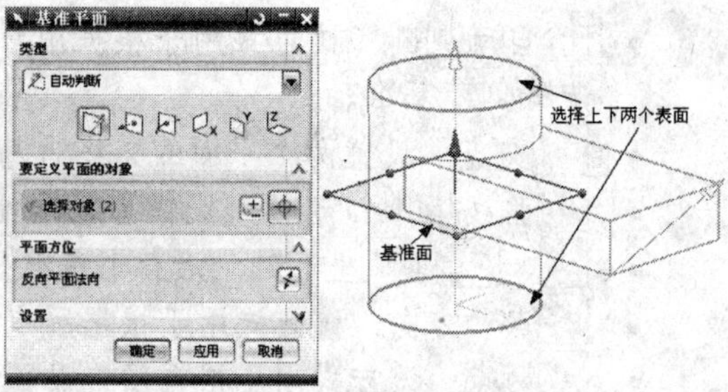

图4-5　创建中位基准平面

5. 按照第 4 步的操作过程，在【基准平面】对话框中选择“成一角度”方式，并在绘图工作区中选取长方体上表面作为操作对象，再选取前端面的上边作为操作对象，并在【角度】文本框中输入“45”，单击 确定 按钮，系统即可完成角度约束基准平面的创建。其操作步骤和示意图如图 4-6 所示。

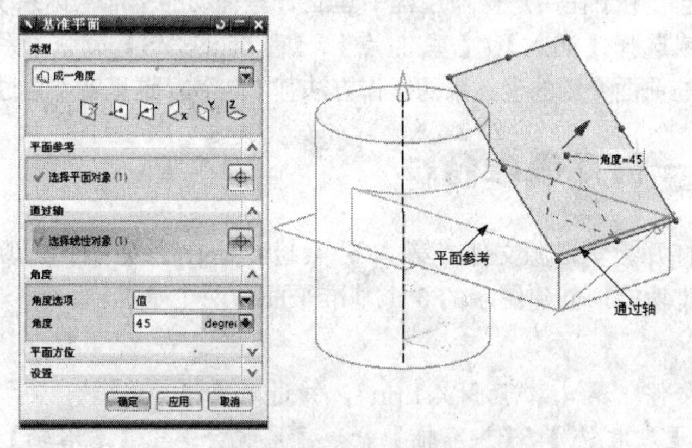


图4-6　创建角度约束基准平面

6. 按照第 4 步的操作过程，在【基准平面】对话框中选择“在点、线或面上与面相切”方式，在【子类型】中选择“Though Line”方式，并在绘图工作区中选取圆柱面作为操作对象，再在绘图工作区中选取前端面的左上角点作为操作对象，单击 确定 按钮，系统即可完成相切约束基准平面的创建（如果读者操作时，系统自动创建的基准平面效果与图示不同，可以单击按钮，来查看另解的效果）。其操作步骤和示意图如图 4-7 所示。

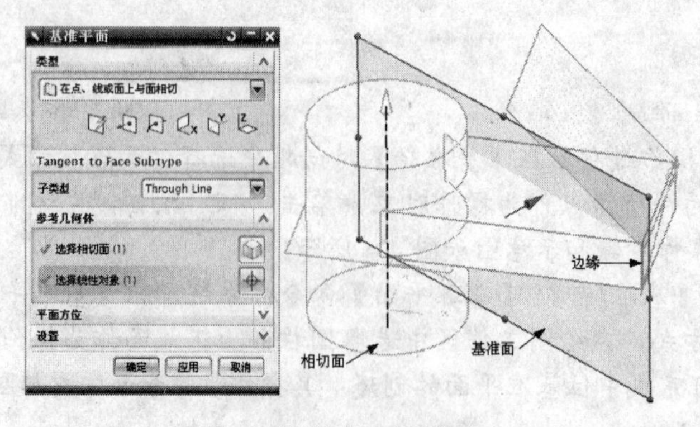


图4-7　创建相切约束基准平面

# 4.2 基本体素特征

基本体素特征操作功能主要用于创建产品的主体结构，使其作为后续加工特征和细节特征设计的依附对象。基本体素特征包括长方体、圆柱体、球体、圆锥体等特征形式。

## 4.2.1 长方体

长方体主要用于创建正方体和长方体形式的实体特征，其各边的边长通过给定具体参数来确定。在【特征】工具栏中单击按钮，或选择【插入】/【设计特征】/【长方体】命令，系统会弹出如图 4-8 所示的【长方体】对话框。

在【长方体】对话框中，系统提供了 3 种长方体的创建方式，下面介绍这 3 种长方体创建方式的用法。

**一、（原点，边长）**

该方式要求用户通过边长参数文本框设置长方体的边长，并指定其左下角点的位置，系统会以此来创建长方体。图 4-9 所示为“原点，边长”方式的示意图。

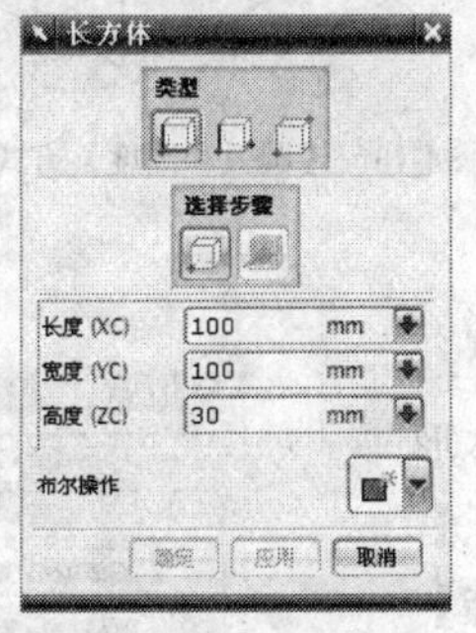

图4-8 【长方体】对话框

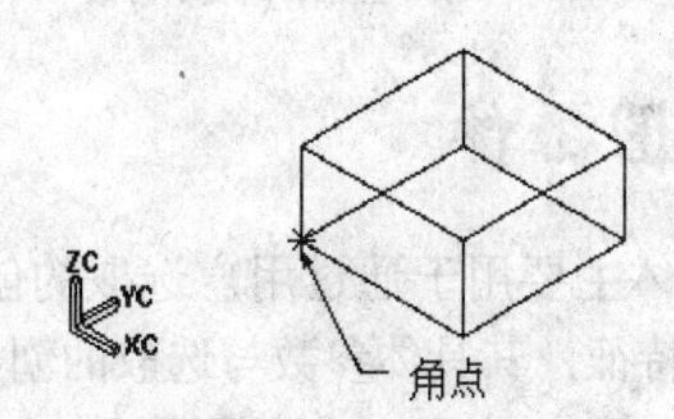

图4-9 “原点，边长”方式

**二、（两个点，高度）**

该方式要求用户指定长方体在 ZC 轴方向上的高度和其底面两个对角点的位置，以此来创建长方体。图 4-10 所示为“两个点，高度”方式的示意图。

**三、（两个对角点）**

该方式要求用户设置长方体两个对角点的位置，以此来创建长方体。图 4-11 所示为“两个对角点”方式的示意图。

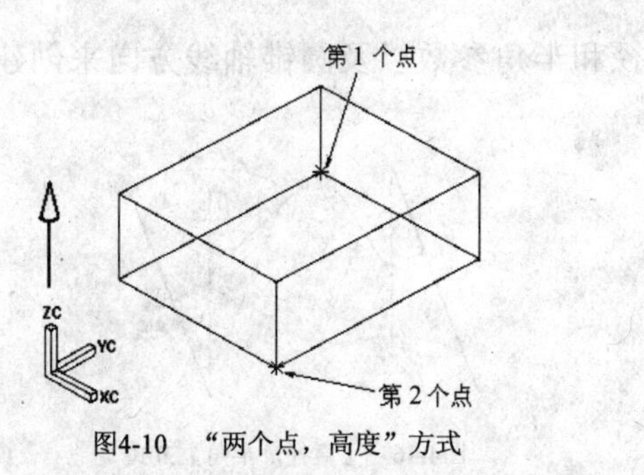

图4-10 “两个点，高度”方式

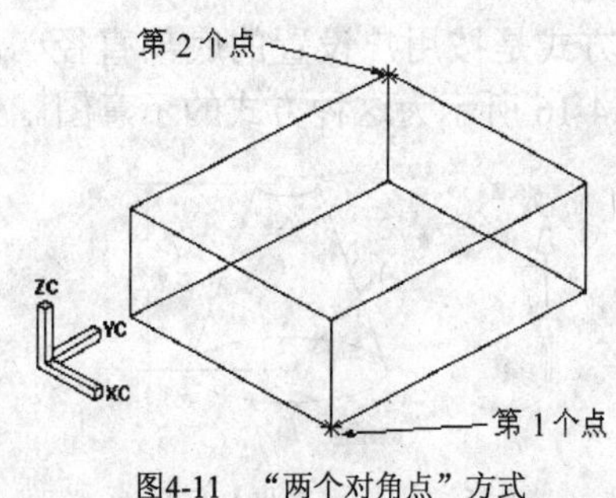

图4-11 “两个对角点”方式

### 4.2.2 圆柱体

圆柱体主要用于通过用户设定的创建方式，来创建柱体形式的实体特征，其具体参数与选取的创建方式有关。在【特征】工具栏中单击按钮，或选择【插入】/【设计特征】/【圆柱体】命令，系统会弹出【圆柱】对话框，其中包含有两个功能按钮，让用户来进行圆柱体创建方式的设置。

一、【轴、直径和高度】方式

该方式是按用户设置的直径和高度参数来创建圆柱体，图4-12所示为这种方式的示意图。

二、【圆弧和高度】方式

该方式是按用户设置的高度和所选取的圆弧来创建圆柱体，图 4-13 所示为这种方式的示意图。

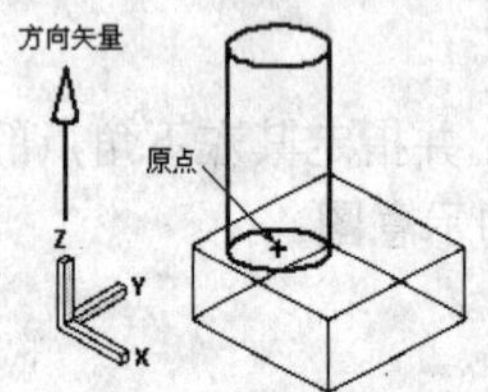


图4-12 【轴、直径和高度】方式

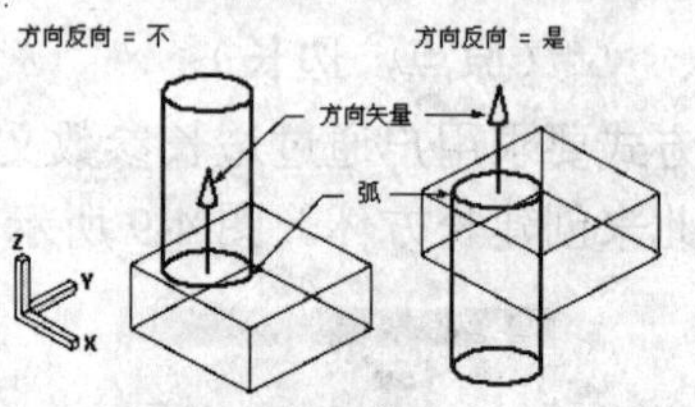


图4-13 【圆弧和高度】方式

### 4.2.3 圆锥体

圆锥体主要用于通过用户选取的创建方式，来创建锥体形式的实体特征，其具体参数与选取的创建方式有关。在【特征】工具栏中单击按钮，或选择【插入】/【设计特征】/【圆锥】命令，系统会弹出如图 4-14 所示的【圆锥】对话框，在其中可进行圆锥体创建方式的设置。在 UG NX 5 系统中提供了 5 种圆锥创建方式，下面介绍这些方式的用法。

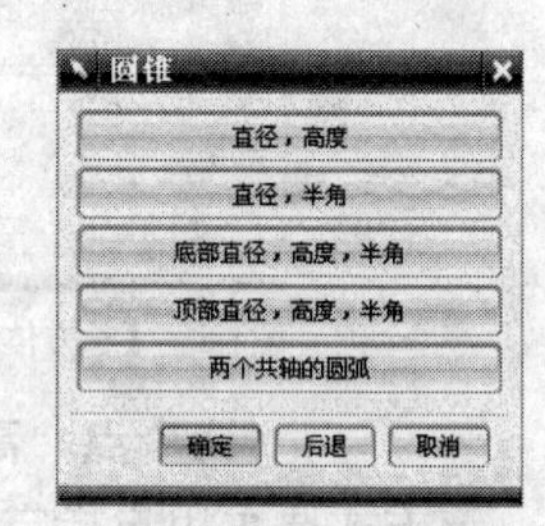


图4-14 【圆锥】对话框

一、【直径，高度】方式

该方式是按用户设置的底部直径、顶部直径和高度参数以及圆锥轴线方向来创建圆锥体，图 4-15 所示为这种方式的示意图。

二、【直径，半角】方式

该方式是按用户设置的底部直径、顶部直径和半角参数以及圆锥轴线方向来创建圆锥体，图 4-16 所示为这种方式的示意图。

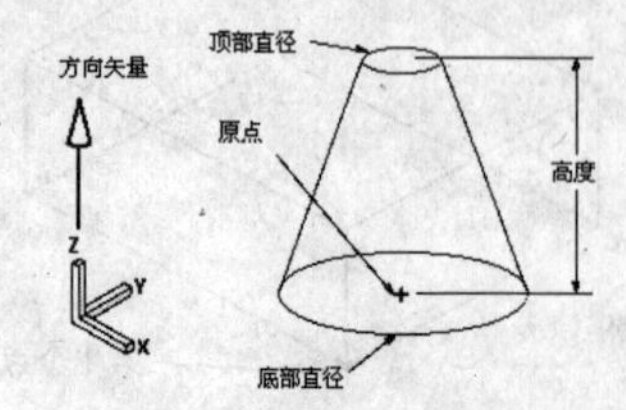


图4-15 【直径，高度】方式

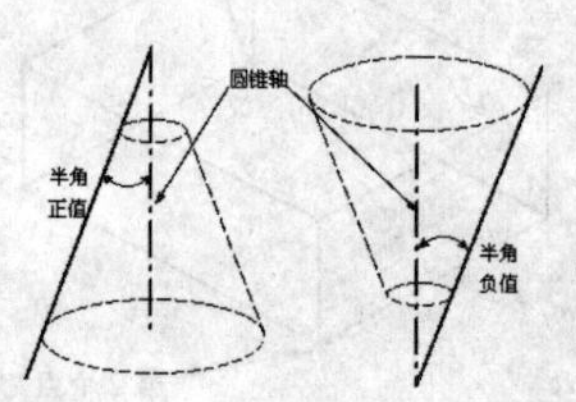


图4-16 【直径，半角】方式

三、【底部直径，高度，半角】方式

该方式是按用户设置的底部直径、高度和半角参数以及圆锥轴线方向，来创建圆锥体。

四、【顶部直径，高度，半角】方式

该方式是按用户设置的顶部直径、高度和半角参数以及圆锥轴线方向，来创建圆锥体。

五、【两个共轴的圆弧】方式

该方式是按用户选取的两个同轴圆弧对象来创建圆锥体，图 4-17 所示为这种方式的示意图。

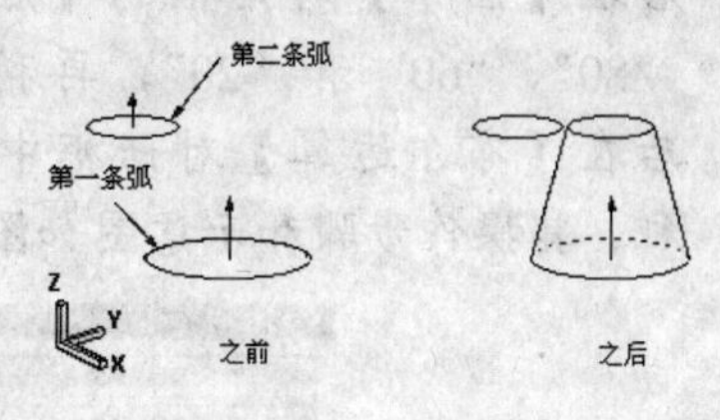


图4-17 【两个共轴的圆弧】方式

## 4.2.4 球体

球体主要用于通过用户设定的创建方式来创建球体形式的实体特征，其具体参数与选取的创建方式有关。在【特征】工具栏中单击按钮，或选择【插入】/【设计特征】/【球】命令，系统就会弹出【球】对话框，其中包含两个功能按钮，让用户来进行球体创建方式的设置。

一、【直径，圆心】方式

该方式是按用户设置的直径和球圆心点位置的方式来创建球。

二、【选择圆弧】方式

该方式是按用户选取的圆弧来创建对应的球体，选取的圆弧不一定必须为圆。图 4-18 所示为【选择圆弧】方式的示意图。

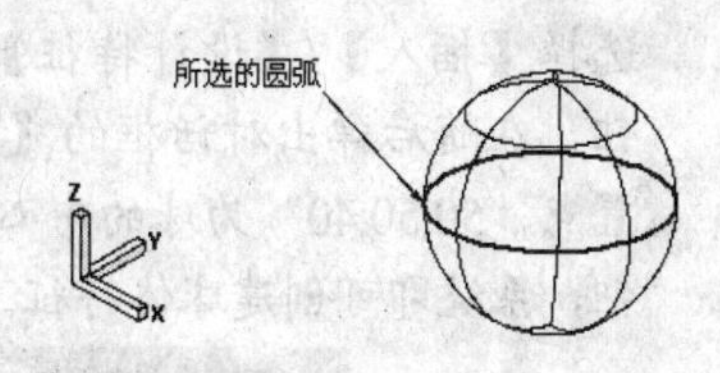


图4-18 【选择圆弧】方式

## 4.2.5 实例——创建球槽基座

【案例4-2】 如图 4-19 所示，利用基本体素创建操作功能，创建球槽基座特征。

动画参照 —— 本实例动画演示见教学资源的“第 4 章\素材\4.2.avi”文件。

【操作步骤】

1. 新建一个 UG 文件，并进入建模功能。
2. 选择【插入】/【设计特征】/【长方体】命令，在弹出的【长方体】对话框中选择创建方式，设置长方体的【长度】、【宽度】和【高度】分别为“100”、“100”和“20”，单击确定按钮，系统即可过原点创建长方体特征。其操作步骤和示意图如图 4-20 所示。

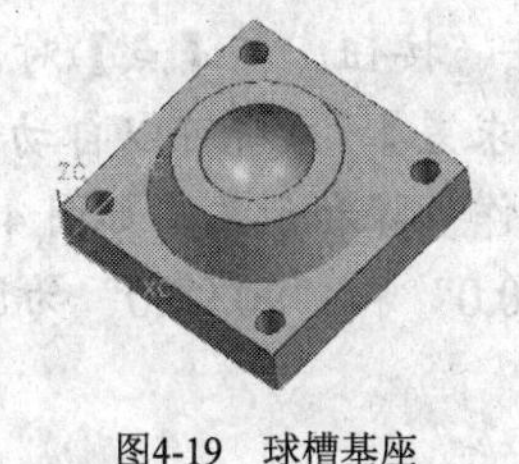

图4-19 球槽基座

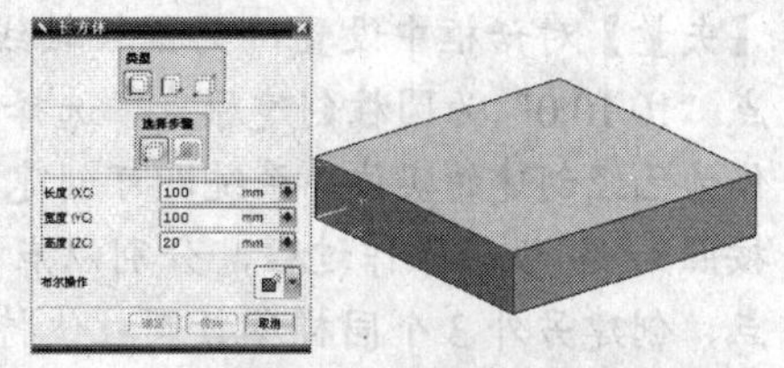

图4-20 创建长方体

3. 选择【插入】/【设计特征】/【圆锥】命令，在弹出的【圆锥】对话框中单击 直径，高度 按钮，并在【矢量】对话框中设置 ZC 为圆锥轴线的矢量方向，然后在【圆锥】对话框的【底部直径】、【顶部直径】和【高度】文本框中分别输入"80"、"60"和"20"，再利用【点】对话框设置点"50,50,20"为圆锥创建原点，最后在【布尔运算】对话框中单击 求和 按钮，系统即可创建圆锥体特征。其操作步骤和示意图如图 4-21 所示。

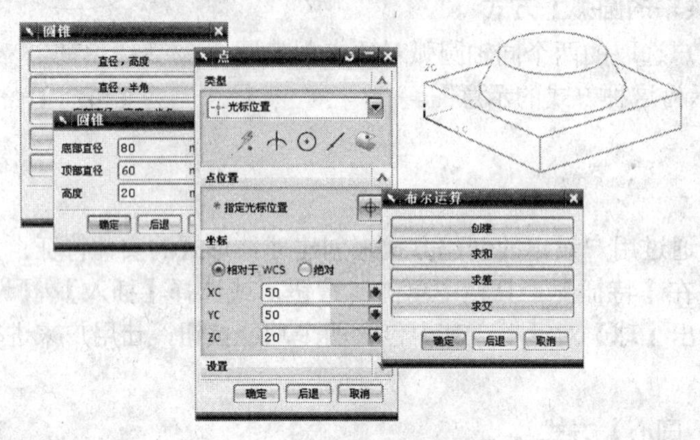


图4-21 创建圆锥体

4. 选择【插入】/【设计特征】/【球】命令，在【球】对话框中单击 直径，圆心 按钮，在随后弹出对话框的【直径】文本框中输入"40"，然后利用【点构造器】对话框设置点"50,50,40"为球的中心点，最后在【布尔运算】对话框中单击 求差 按钮，系统即可创建球体特征。其操作步骤和示意图如图 4-22 所示。

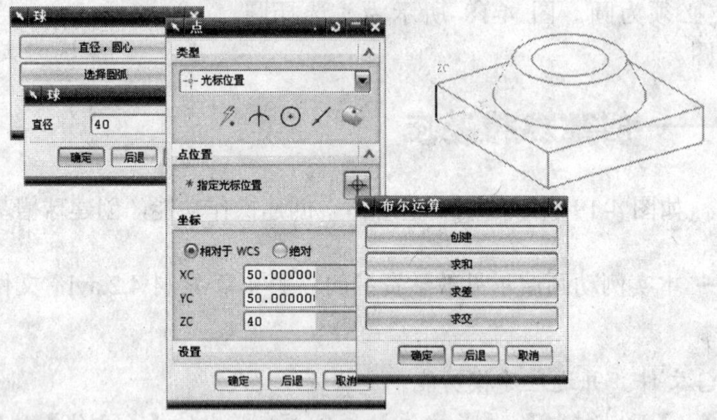


图4-22 创建球体

5. 选择【插入】/【设计特征】/【圆柱体】命令，在【圆柱体】对话框中选择"轴、直径和高度"方式，在【直径】和【高度】文本框中分别输入"10"和"20"，单击按钮，在【矢量】对话框中设置 ZC 为圆柱轴线的矢量方向，单击按钮，在【点】对话框中设置点"10,10,0"为圆柱创建原点，选择布尔操作方式为【求差】，系统可以自动识别出目标体为已经创建的实体，系统即可创建圆柱体特征。其操作步骤和示意图如图 4-23 所示。
6. 按照第 5 步的操作过程，分别以点"10,90,0"、"90,10,0"和"90,90,0"为圆柱创建原点，创建另外 3 个同样参数圆柱体特征。

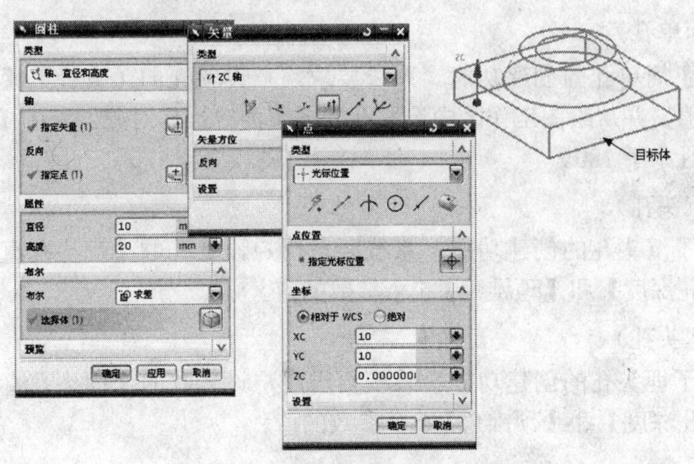

图4-23 创建圆柱体

# 4.3 加工特征

加工特征一般是指必须依赖于某个实体才能存在的特征形式，其特点是在加工时需要通过添加和去除材料来得到。在 UG NX 5 中，加工特征有孔、圆台、腔体、凸垫、键槽、沟槽、螺纹等特征形式。

## 4.3.1 孔

在实体上创建孔特征，是用户在零部件设计中比较常用的功能。在 UG NX 5 中，用户能够创建 3 种类型的孔特征，其中包括简单孔、沉头孔和埋头孔。

在【特征】工具栏中单击按钮，或选择【插入】/【设计特征】/【孔】命令，系统会弹出如图 4-24 所示的【孔】对话框，在其中可进行各种方式孔的创建设置。

在实体上创建 3 种孔特征的操作步骤大致相同，下面简要介绍它们各自的用法。图 4-25 所示为 3 种孔类型的参数示意图。

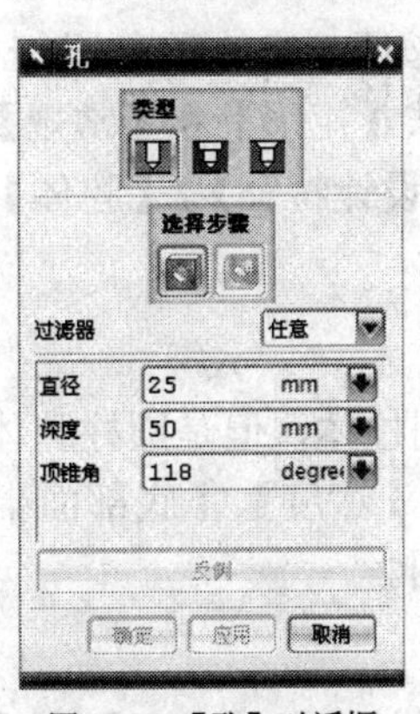

图4-24 【孔】对话框

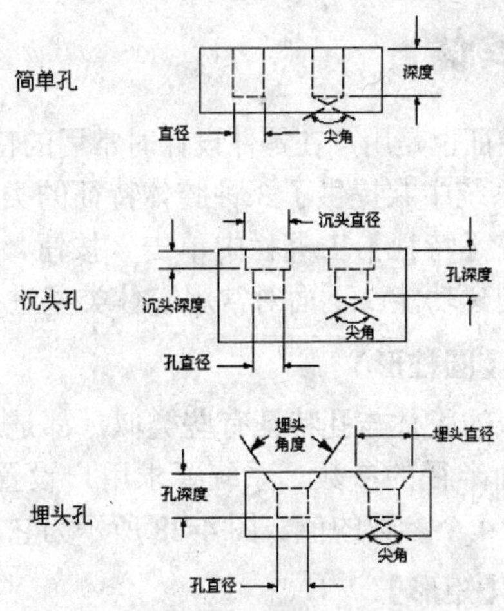


图4-25 3 种孔类型的参数示意图

一、（简单孔）

该选项提供了简单孔的创建功能。系统要求用户设置孔的【直径】、【深度】和【顶锥角】3 个参数的值，并从绘图工作区中选取孔的放置面等操作对象。其中【顶锥角】参数值必须大于等于 0 且小于 180。

二、（沉头孔）

该选项提供了沉头孔的创建功能。系统要求用户设置孔的【沉头孔直径】、【沉头孔深度】、【孔径】、【孔深度】和【顶锥角】5 个参数的值。

三、（埋头孔）

该选项提供了埋头孔的创建功能。系统要求用户设置孔的【埋头孔直径】、【埋头孔角度】、【孔径】、【孔深度】和【顶锥角】5 个参数的值。

### 4.3.2 凸台

凸台特征是将圆柱体添加到实体上。凸台的创建操作与孔的创建操作大致相同，只是凸台的生成方向与放置面的法向是相同的，总是指向实体的外侧。

在【特征】工具栏中单击按钮，或选择【插入】/【设计特征】/【凸台】命令，系统会弹出如图 4-26 所示的【凸台】对话框，让用户进行凸台的创建操作。图 4-27 所示为创建圆台特征的示意图。

图4-26 【凸台】对话框

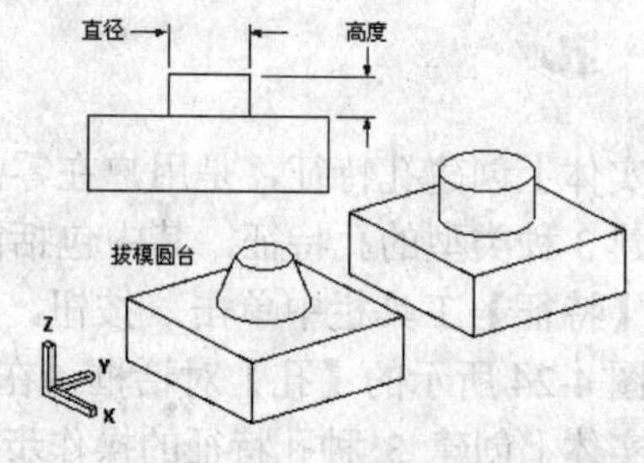

图4-27 创建圆形凸台

### 4.3.3 腔体

腔体特征也是用户在零件设计时常用的特征，它是从实体中按照一定的形状去除材料。在 UG NX 5 系统中共提供了 3 种腔体特征的类型，包括【圆柱形】、【矩形】和【常规】。

通过在【特征】工具栏中单击按钮，或选择【插入】/【设计特征】/【腔体】命令，进入腔体创建功能。下面对常用腔体类型进行简介。

一、【圆柱形】

该类型的腔体与孔特征有些类似，都是从实体上去除一个圆柱体，但是圆柱腔体有更好的控制底面半径的参数。系统要求用户设置孔的【腔体直径】、【深度】、【底部面半径】和【拔锥角】4 个参数的值。图 4-28 所示为它们之间关系的示意图。

二、【矩形】

该类型的腔体是从实体中去除一个矩形块，矩形的尺寸由【长度】、【宽度】和【深度】参数确定。图 4-29 所示为矩形腔体的参数示意图。

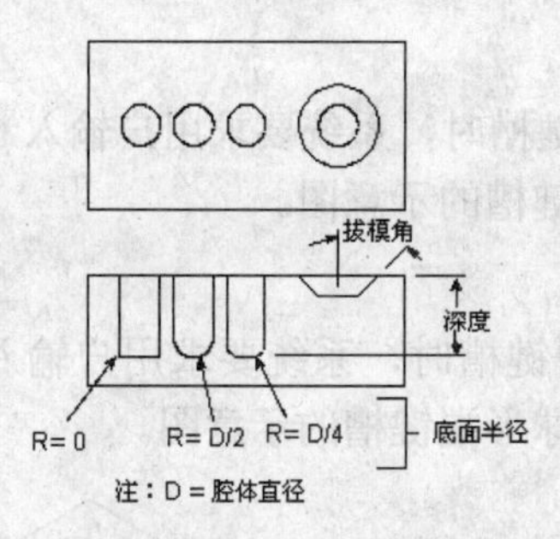


图4-28 【腔体直径】与【底部面半径】的关系

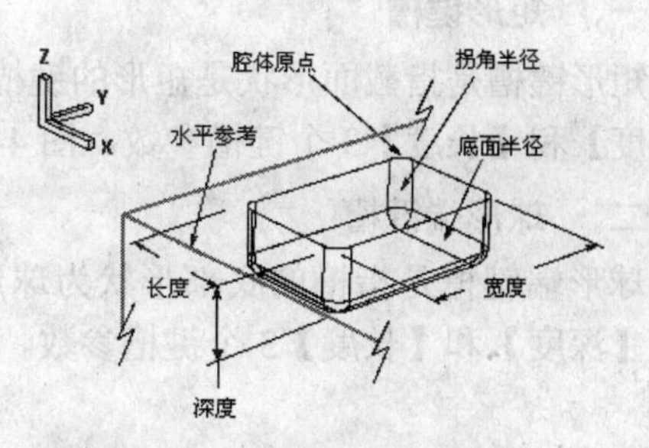


图4-29 矩形腔体参数示意图

由于矩形块的【长度】、【宽度】和【深度】参数是与工作坐标系相关的，所以用户在选取了腔体的放置面后，必须指定水平参考方向，当然用户可以接受系统默认的水平方向。

【底部面半径】参数值必须大于等于 0，且要小于【拐角半径】参数值。【拐角半径】和【拔锥角】参数值都必须大于等于0。

### 4.3.4 凸垫

凸垫特征和腔体特征类似，只是它们在材料的处理方式上相反，前者是将材料添加到实体上，而后者是从实体中去除材料。

在【特征】工具栏中单击按钮，或选择【插入】/【设计特征】/【凸垫】命令，系统会弹出【凸垫】对话框，在其中可以进行创建凸垫类型的设置操作。系统提供了两种类型凸垫创建方式，即【矩形】和【常规】。

**一、 矩形**

矩形类型凸垫用于创建一个矩形块特征，其控制参数和直角坐标腔体参数基本相同，只是没有【底部面半径】参数。图 4-30 所示为该类型凸垫的示意图。

在操作时，用户选取凸垫的放置面和水平参考，并设置凸垫的控制参数后，即可利用定位功能来创建凸垫特征。

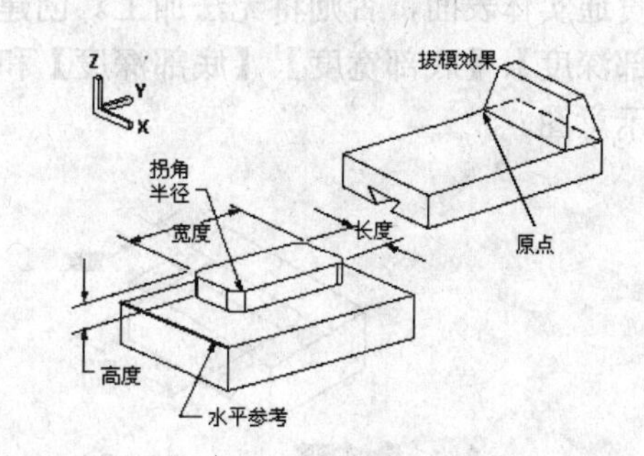


图4-30 矩形凸垫参数

**二、 常规**

常规类型凸垫与一般类型的腔体操作方法相似，其应用较少，此处不做介绍。

### 4.3.5 键槽

键槽特征是从实体上去除槽形材料而形成的一种特征结构。由于键槽截面形状的不同，一般可以分为矩形键槽、球形端键槽、U 形键槽、T 形键槽和燕尾键槽。

在【特征】工具栏中单击按钮，或选择【插入】/【设计特征】/【键槽】命令，系统会弹出如图 4-31 所示的【键槽】对话框，在其中可设置键槽类型。

UG NX 5 共提供了 5 种键槽的类型，下面介绍各种类型的操作方法。

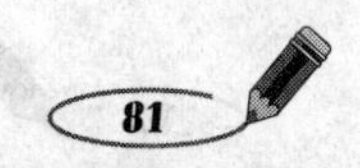

一、 矩形键槽

矩形键槽是指截面形状是矩形的键槽。创建该类型键槽时，系统要求用户输入【宽度】、【深度】和【长度】3 个键槽参数。图 4-32 所示为矩形键槽的示意图。

二、 球形端键槽

球形端键槽是指槽的底部形状为球形。创建该类型键槽时，系统要求用户输入【球直径】、【深度】和【长度】3 个键槽参数。图 4-33 所示为球形端键槽的示意图。

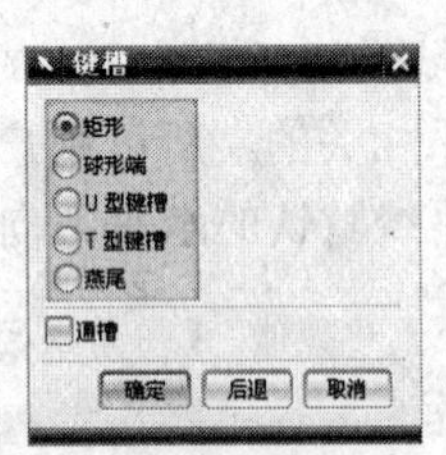


图4-31 【键槽】对话框

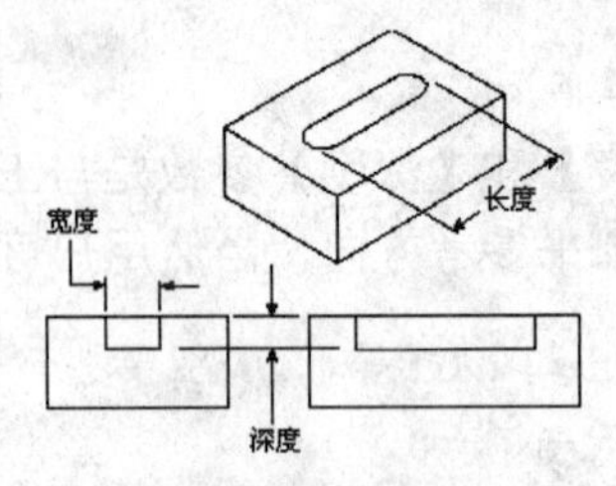


图4-32 矩形键槽

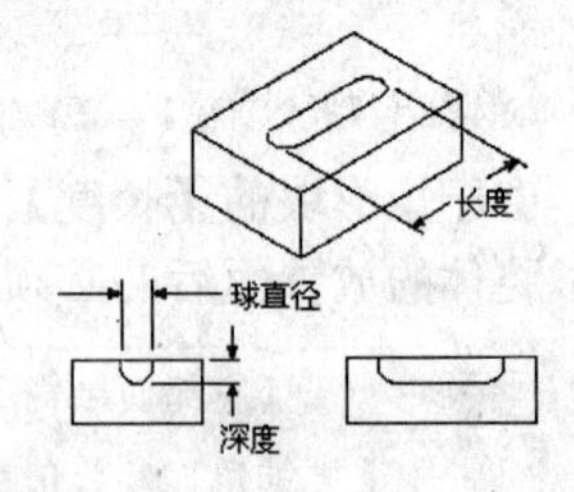


图4-33 球形端键槽

三、 U 型键槽

U 型键槽是指槽的底部为平面，该平面与槽的侧面有倒角。创建该类型键槽时，系统要求用户输入【宽度】、【深度】、【拐角半径】和【长度】4 个键槽参数。图 4-34 所示为 U 型键槽的示意图。

四、 T 型键槽

T 型键槽是指截面形状如 T 型的键槽。从加工的角度看，这种类型的槽至少有一端应该贯通实体表面，否则将无法加工。创建该类型键槽时，系统要求用户输入【顶部宽度】、【顶部深度】、【底部宽度】、【底部深度】和【长度】5 个键槽参数。图 4-35 所示为 T 型键槽的示意图。

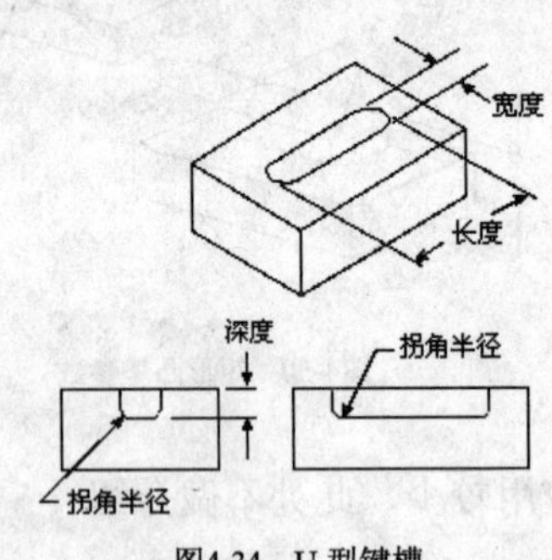


图4-34 U 型键槽

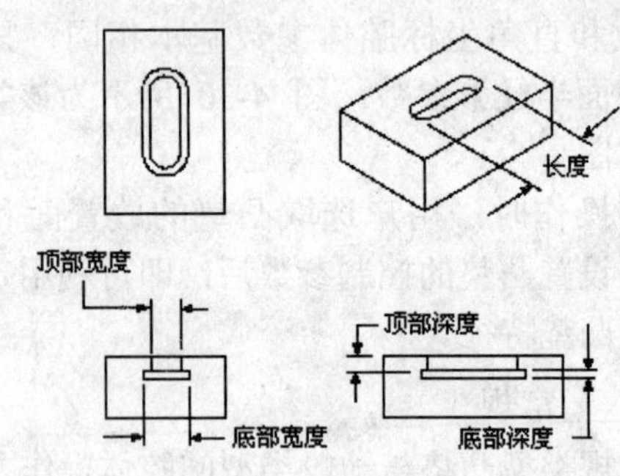


图4-35 T 型键槽

五、 燕尾键槽

燕尾槽是指截面形状如燕尾形的键槽。从加工的角度看，这种类型的槽至少有一端应该贯通实体表面，否则，将无法加工。创建该类型键槽时，系统要求用户输入【宽度】、【深度】、【角度】和【长度】4 个键槽参数。图 4-36 所示为燕尾键槽的示意图。

如果在操作时，要创建通槽，则所选通槽的起始通过面和终止通过面不能与水平参考方向平行，而且必须与放置面相交。图 4-37 所示为通槽的示意图。

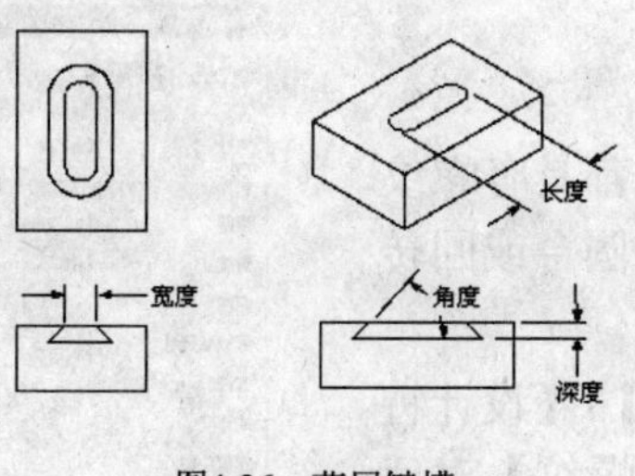


图4-36　燕尾键槽

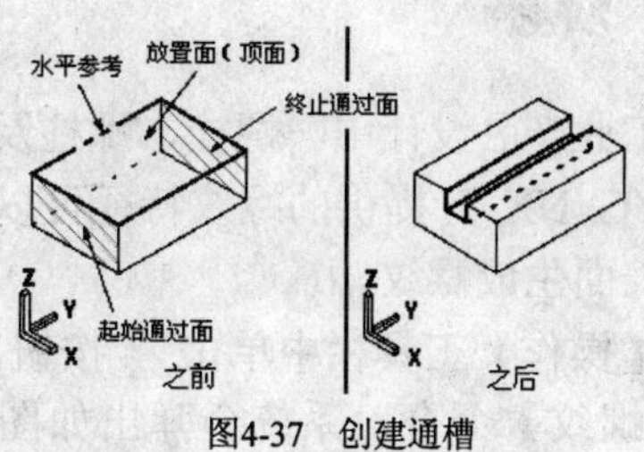


图4-37　创建通槽

## 4.3.6 沟槽

上一小节中的键槽特征不能放置在旋转体表面上，所以 UG NX 5 提供了沟槽特征，专门用于在旋转体表面上创建槽型特征。

在【特征】工具栏中单击按钮，或选择【插入】/【设计特征】/【坡口焊】命令，系统会弹出【沟槽】对话框。图 4-38 所示为创建沟槽的示意图。

系统共提供了如下 3 种沟槽类型。

(1) 矩形沟槽。矩形沟槽是指截面形状是矩形的沟槽，图 4-39 所示为这种沟槽类型的示意图。

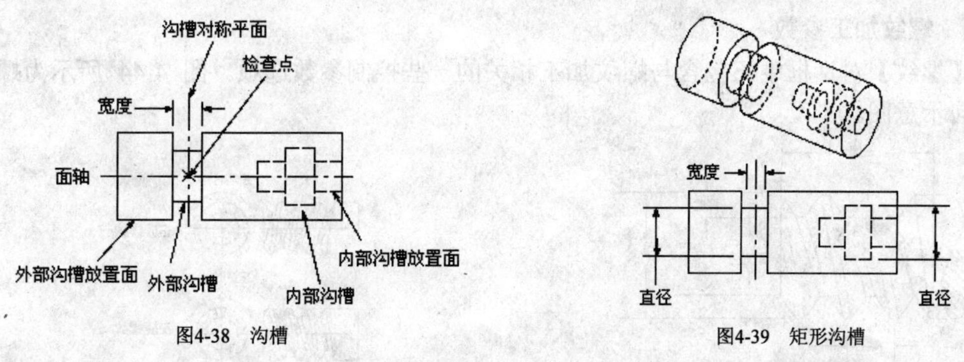


图4-38　沟槽

图4-39　矩形沟槽

(2) 球形端沟槽。球形沟槽是指截面形状是球形的沟槽，图 4-40 所示为这种沟槽类型的示意图。

(3) U 型沟槽。U 型沟槽是指截面形状是 U 型的沟槽，图 4-41 所示为这种沟槽类型的示意图。

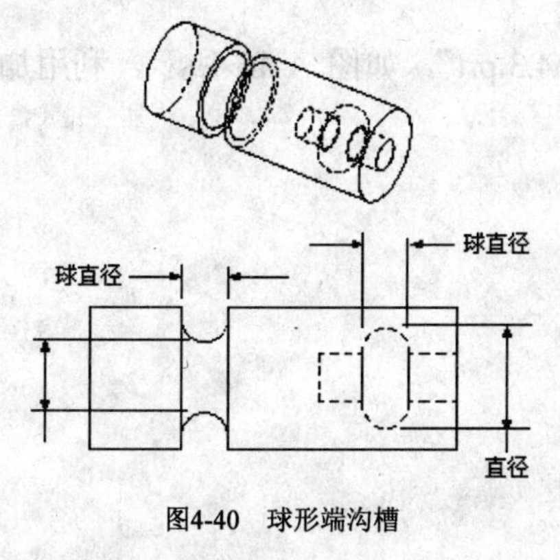


图4-40　球形端沟槽

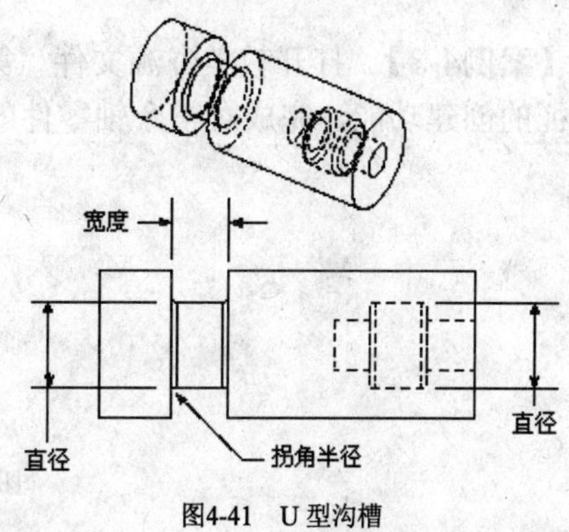


图4-41　U 型沟槽

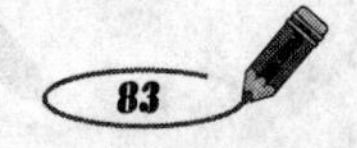

## 4.3.7 螺纹

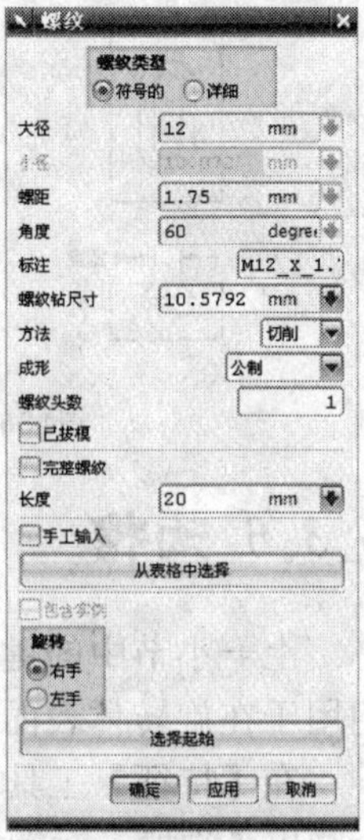

在工业产品设计中，螺栓、螺柱及螺孔等特征结构都具有螺纹特征，UG NX 5 提供的螺纹特征可以在圆柱体、孔、圆台或回转实体的表面生成螺纹。

在【操作】工具栏中单击按钮，或选择【插入】/【设计特征】/【螺纹】命令，系统会弹出如图 4-42 所示的【螺纹】对话框。下面介绍【螺纹】对话框中主要选项的用法。

图4-42 【螺纹】对话框

### 一、 螺纹类型

在 UG NX 5 中提供了两种螺纹类型，即【符号的】和【详细】。

- 【符号的】类型：该类型用于创建符号螺纹。
- 【详细】类型：该类型用于创建详细螺纹。

### 二、 螺纹形状参数

用户在【螺纹】对话框中还可以设置螺纹外形的主要控制参数选项，包括【大径】(主直径)、【小径】(副直径)、【螺距】、【角度】(即螺纹角)、【螺纹钻尺寸】(即深度）等参数。图 4-43 所示为螺纹的主要参数示意图。

### 三、 螺纹加工参数

在【螺纹】对话框中还包含与螺纹加工相关的一些控制参数选项。图 4-44 所示为螺纹旋转方向示意图。

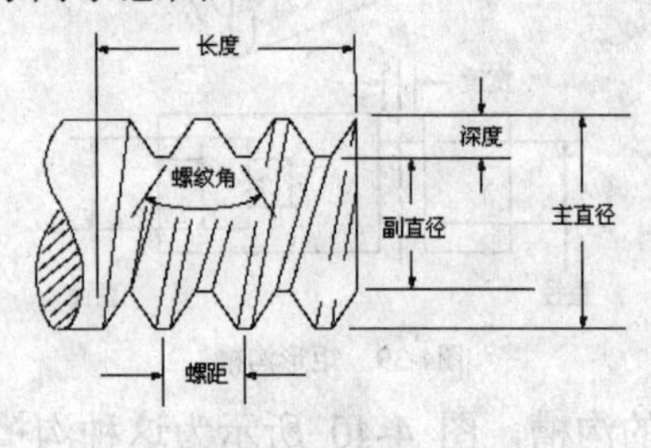

图4-43 螺纹主要参数

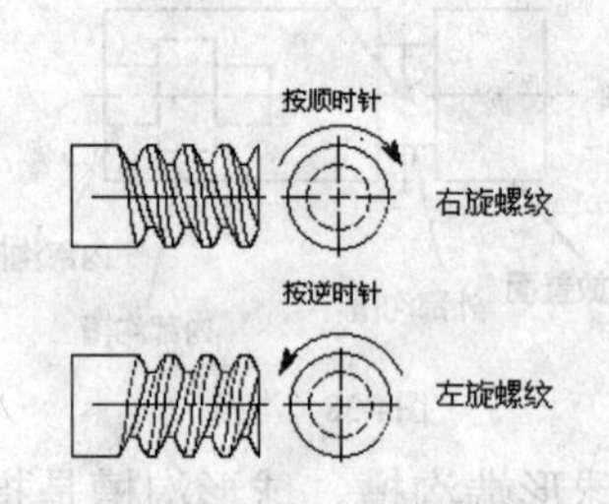

图4-44 螺纹旋转方向

## 4.3.8 实例——轴零件设计

【案例4-3】 打开教学资源文件“第 4 章\素材\4.3.prt”，如图 4-45 所示，利用加工特征的创建功能，完成对整个轴零件的设计操作。

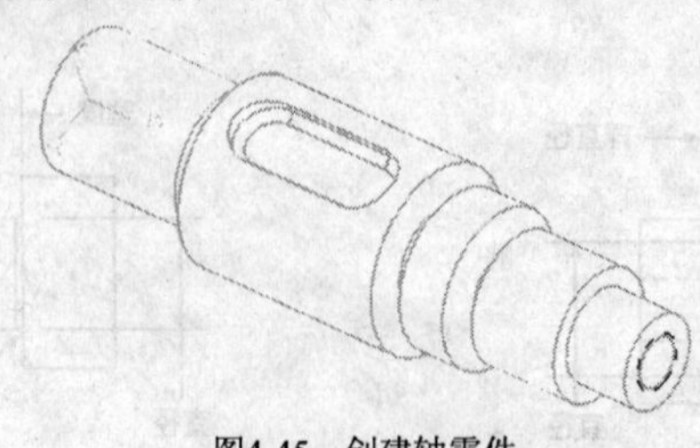
图4-45 创建轴零件

动画参照 —— 本实例动画演示见教学资源的“第 4 章\操作视频\4.3.avi”文件。

【操作步骤】

1. 打开教学资源文件“第 4 章\素材\4.3.prt”，并进入建模功能。
2. 选择【插入】/【设计特征】/【凸台】命令，系统会弹出【凸台】对话框。此时用户在绘图工作区中选取基本实体的前端面作为凸台的放置面，再在对话框的【直径】、【高度】和【拔锥角】文本框中分别输入“20”、“15”和“0”，单击 确定 按钮，接着系统会弹出【定位】对话框，单击 按钮，随后选取前端面的圆边作为定位目标边，在最后弹出的【设置圆弧的位置】对话框中，单击 圆弧中心 按钮，系统即可创建圆台特征。其操作步骤和示意图如图 4-46 所示。

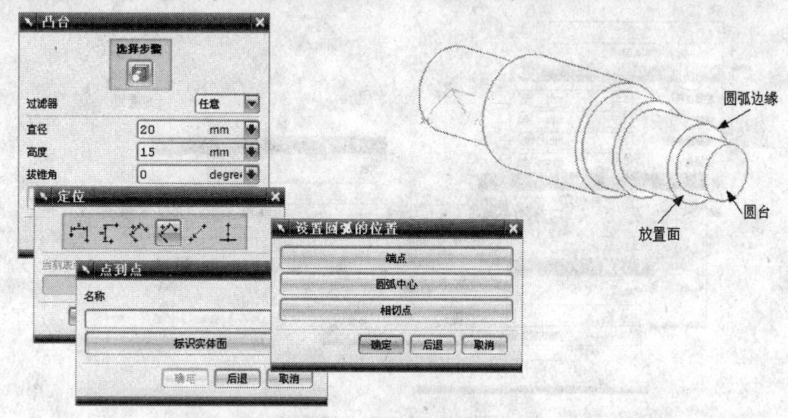


图4-46 创建凸台特征

3. 选择【插入】/【设计特征】/【孔】命令，系统会弹出【孔】对话框，在弹出的对话框中单击 按钮，并在绘图工作区中选取圆台的前端面，作为孔的放置平面，再在对话框的【直径】、【深度】和【顶锥角】文本框中分别输入“10”、“40”和“120”，单击 确定 按钮，接着系统会弹出【定位】对话框，单击 按钮，随后选取前端面的圆边作为定位目标边，在最后弹出的【设置圆弧的位置】对话框中，单击 圆弧中心 按钮，系统即可创建孔特征。其操作步骤和示意图如图 4-47 所示。

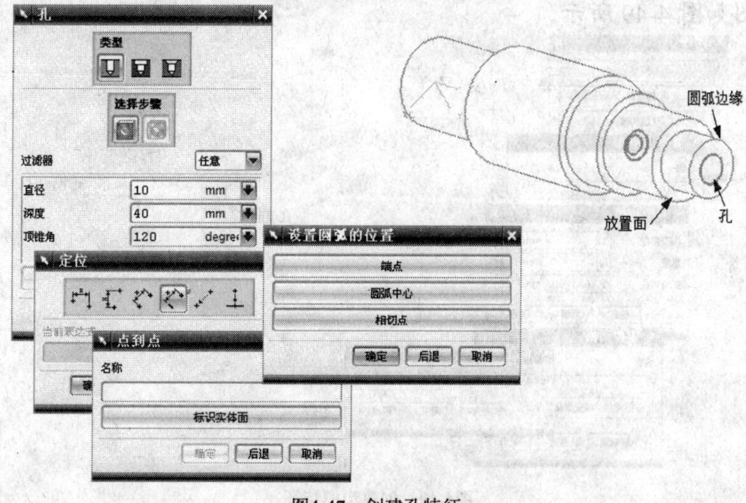


图4-47 创建孔特征

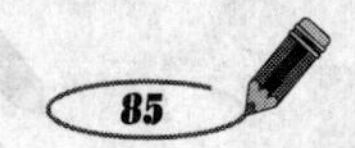

4. 选择【插入】/【设计特征】/【腔体】命令，系统弹出【腔体】对话框，在弹出的对话框中单击 圆柱形 按钮，并在绘图工作区中选取基本实体的后端面作为腔体的放置面，接着在系统弹出的【圆柱形腔体】对话框的【腔体直径】、【深度】、【底部面半径】和【拔锥角】文本框中分别输入"15"、"20"、"2"和"0"，单击 确定 按钮，再在系统弹出的【定位】对话框中单击 按钮，随后选取后端面的圆边作为定位目标边，在弹出的【设置圆弧的位置】对话框中单击 圆弧中心 按钮，再选取腔体的显示轮廓圆边作为定位工具边，最后再在弹出的【设置圆弧的位置】对话框中单击 圆弧中心 按钮，系统即可创建腔体特征。其操作步骤和示意图如图4-48所示。

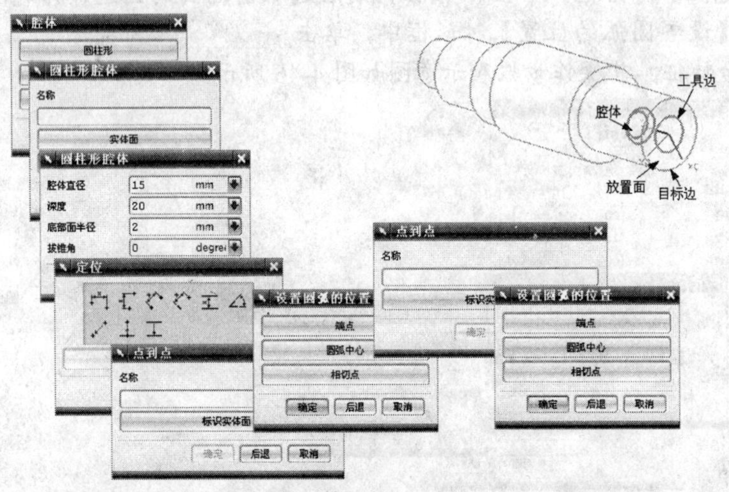


图4-48 创建腔体特征

5. 选择【插入】/【设计特征】/【坡口焊】命令，系统弹出【沟槽】对话框，在弹出的对话框中单击 U型沟槽 按钮，并在绘图工作区中选取基本实体的前部圆柱面作为沟槽的放置面，接着在系统弹出的【U形沟槽】对话框的【沟槽直径】、【宽度】和【拐角半径】文本框中分别输入"12"、"5"和"1"，单击 确定 按钮，随后选取放置面后端面的圆边作为目标边，选取沟槽的预显示后端面圆边作为工具边，最后在弹出的【创建表达式】对话框中输入距离参数"0"，单击 确定 按钮，系统即可创建沟槽特征。其操作步骤和示意图如图4-49所示。

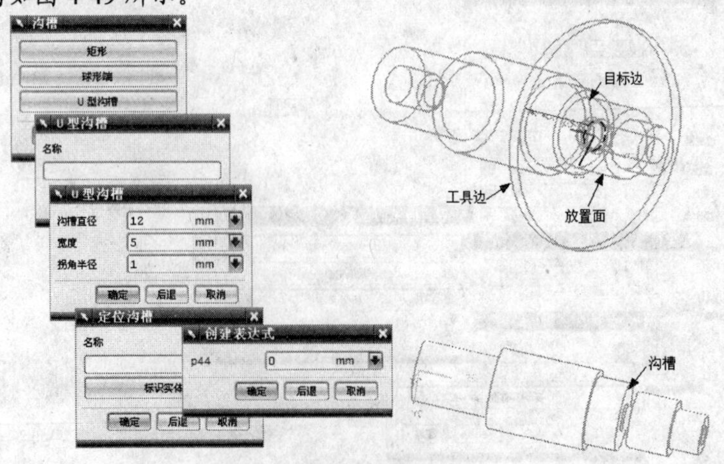


图4-49 创建沟槽特征

6. 按照第 5 步的操作过程，再设置【沟槽直径】、【宽度】和【拐角半径】参数分别为“20”、“5”和“1”，创建另外两个沟槽特征，其效果如图 4-50 所示。

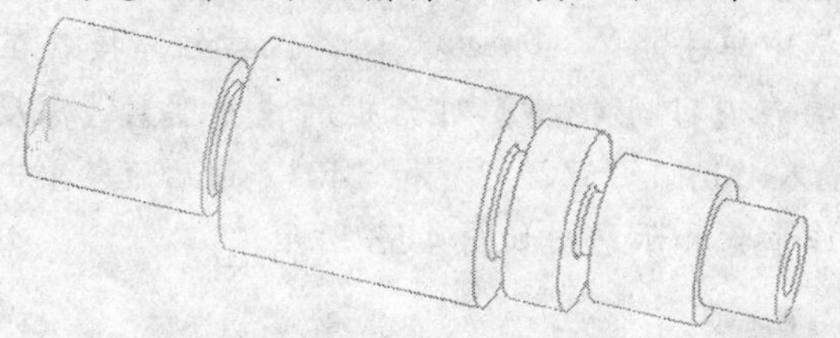

图4-50　创建另两个沟槽特征

7. 选择【插入】/【设计特征】/【螺纹】命令，系统弹出【螺纹】对话框，在该对话框中选择【符号的】螺纹类型，并选择【完整螺纹】复选框，取消【手工输入】复选框，然后在绘图工作区中选取孔的内表面作为螺纹创建表面，则系统会自动将相关参数显示在对话框的相关参数文本框中，最后单击 确定 按钮，系统即可创建螺纹特征。其操作步骤和示意图如图 4-51 所示。

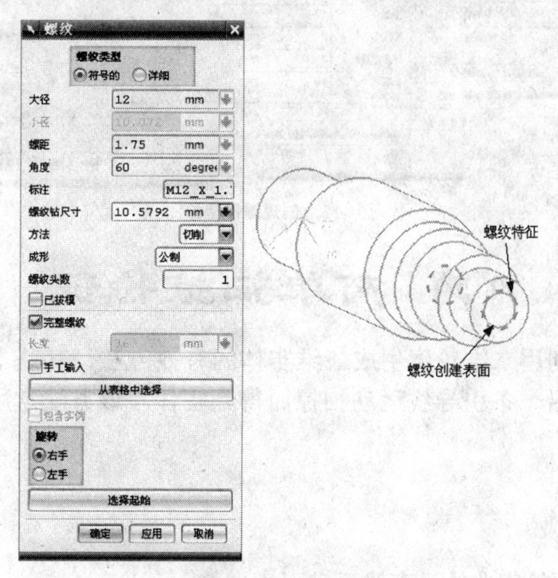


图4-51　创建螺纹特征

8. 选择【编辑】/【显示和隐藏】/【显示和隐藏】命令，系统弹出【显示和隐藏】对话框，在弹出的对话框中，单击显示已隐藏的基准平面和基准轴，使其重新显示出来，如图 4-52 所示。

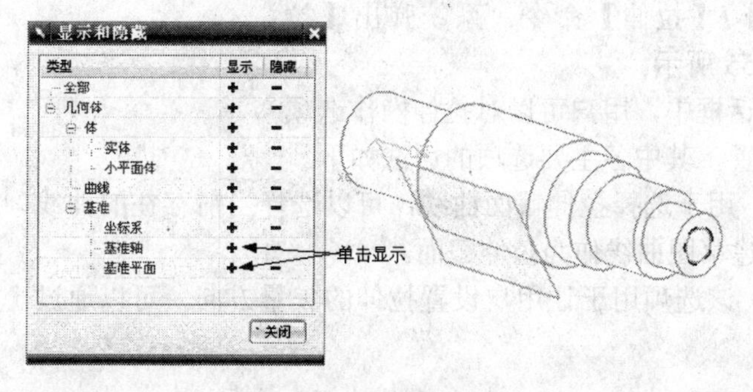


图4-52　显示隐藏对象

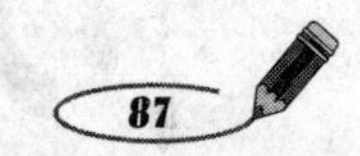

9. 选择【插入】/【设计特征】/【键槽】命令，系统弹出【键槽】对话框，在弹出的对话框中选择【U 型键槽】单选钮，并在绘图工作区中选取基本平面作为键槽的放置面，并在随后弹出的对话框中单击 接受默认边 按钮。接着在绘图工作区中选取基本轴作为水平参考，再在【U 形键槽】对话框的【宽度】、【深度】、【拐角半径】和【长度】文本框中分别输入“15”、“5”、“2”和“40”，最后连续单击 确定 按钮，系统即可创建键槽特征。其操作步骤和示意图如图 4-53 所示。

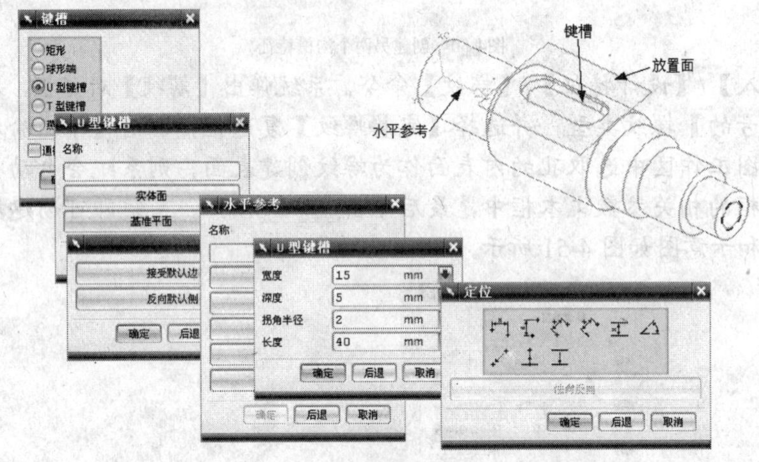


图4-53 创建键槽特征

## 4.4 简单扫掠特征

扫掠特征是一种利用二维轮廓生成三维实体的有效方法，其基本原理是将二维截面轮廓（曲线或是草图）沿一条引导线运动扫掠而得到实体。该方法常用于创建非规则几何形状的结构特征。

### 4.4.1 拉伸

拉伸特征是将截面轮廓曲线沿直线运动而生成的实体。用户在操作中定义的拉伸对象就是拉伸的截面轮廓曲线。图 4-54 所示为拉伸操作的示意图。

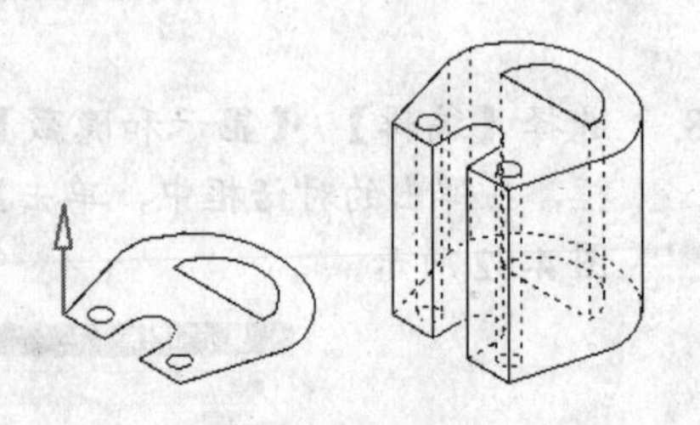

图4-54 拉伸操作

在【特征】工具栏中单击按钮，或选择【插入】/【设计特征】/【拉伸】命令，系统弹出【拉伸】对话框如图 4-55 所示。

在【拉伸】对话框中，用户可以对拉伸操作选项进行详细的参数设置，其中各主要选项的用法如下。

(1) 【截面】：用于选择拉伸截面曲线，可以选择当前存在的曲线、边缘或草图曲线，或者单击按钮创建草图曲线作为拉伸截面。

(2) 【方向】：该选项用于让用户设置拉伸的矢量方向，可以通过【矢量】对话框设置拉伸方向。

(3) 【限制】：该选项用于设置拉伸操作的限制方式和限制参数。用户可以从下拉列表中分别选取拉伸起始位置和结束位置的限制方式，系统提供了 6 种限制方式。

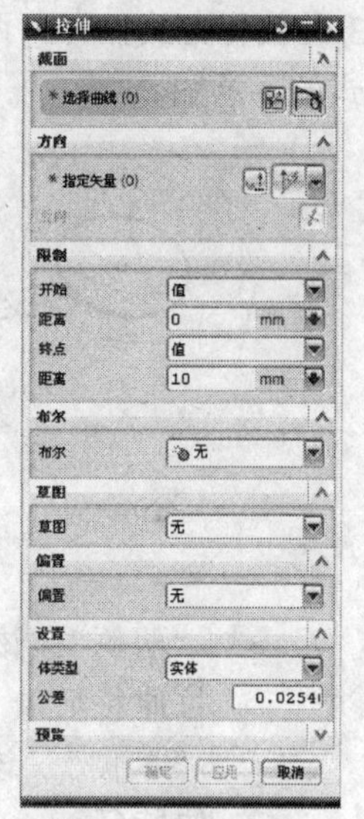

图4-55 【拉伸】对话框

- “值”：该方式可设置拉伸起始或结束位置的距离值，图 4-56 所示为这种方式的示意图。
- “对称值”可以设置起始位置与结束位置有相同的距离值。
- “直至下一个”：该方式可沿着拉伸矢量方向，拉伸对象延伸至下一个体对象。图 4-57 所示为这种方式的示意图。
- “直至选定对象”：该方式可沿着拉伸矢量方向，拉伸对象延伸至用户选定对象，可以是面、基准平面或体对象。图 4-58 所示为这种方式的示意图。
- “直到被延伸”：该方式将截面曲线延伸，使其在通过被扫过的实体时，在其上修剪出截面轮廓曲线的形状。图 4-59 所示为这种方式的示意图。

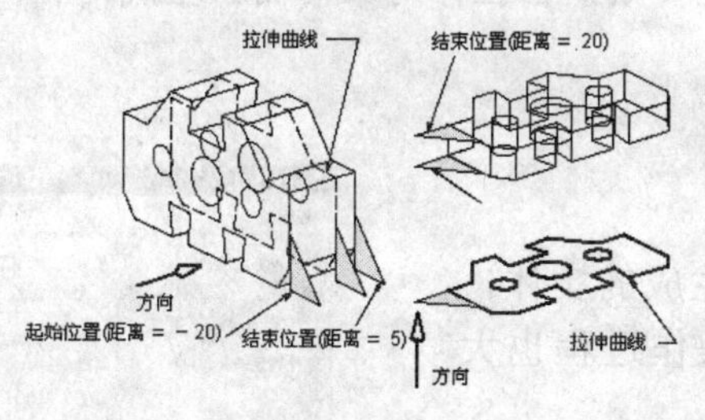


图4-56 “值”方式

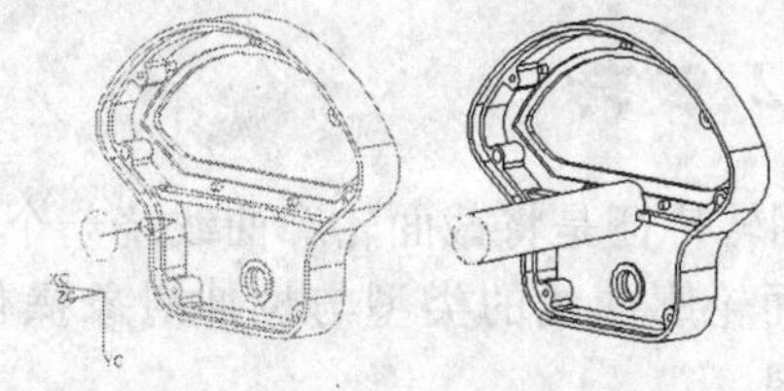

图4-57 “直至下一个”方式

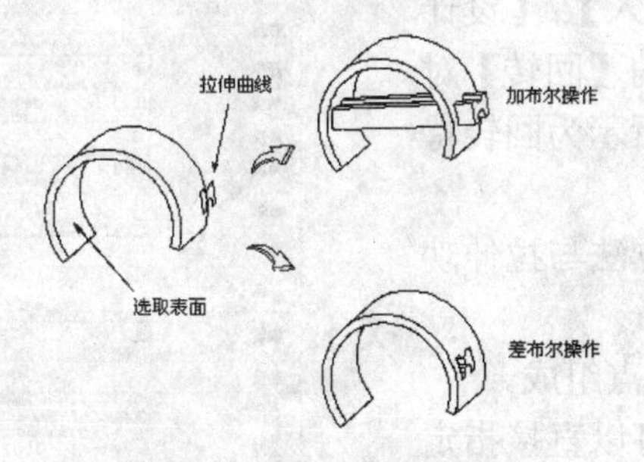


图4-58 “直至选定对象”方式

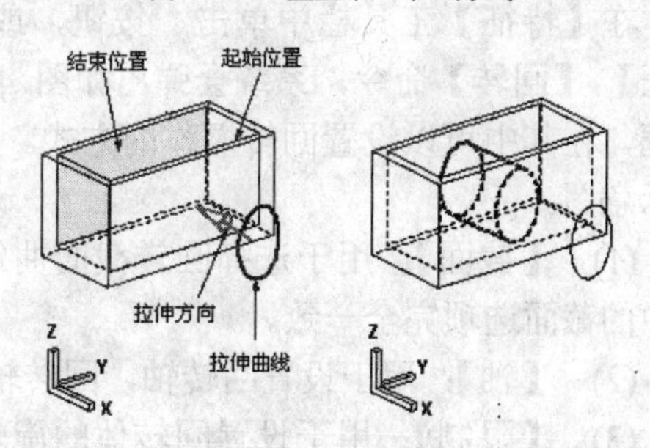


图4-59 “直到被延伸”方式

- “贯通”：该方式可沿着拉伸矢量方向，拉伸对象通过所有选取的体对象。图 4-60 所示为这种方式的示意图。

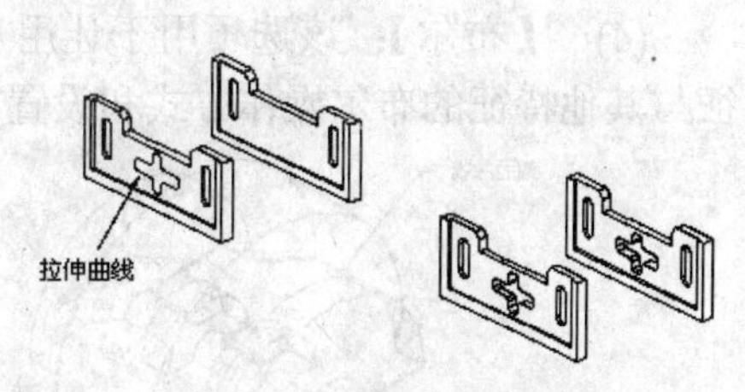


图4-60 通过全部方式

(4) 【布尔】：该选项用于让用户从下拉列表中选取拉伸特征与其他特征的布尔操作方式和设置布尔操作的目标对象。

(5) 【草图】(锥角)：该选项用于在创建拔模拉伸特征时，设置其拔模类型和拔模锥角参数。

(6) 【偏置】：该选项用于设置拉伸操作时的偏置的起始值和结束值参数。系统提供了

3 种偏置方式，即“两侧”偏置、“单侧”偏置和“对称”偏置。图 4-61 所示为 3 种偏置方式的示意图。

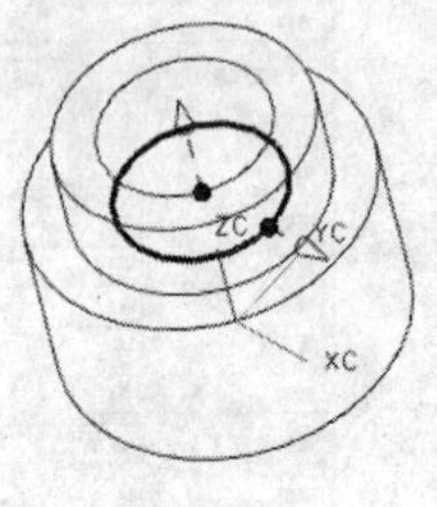

“两侧”偏置

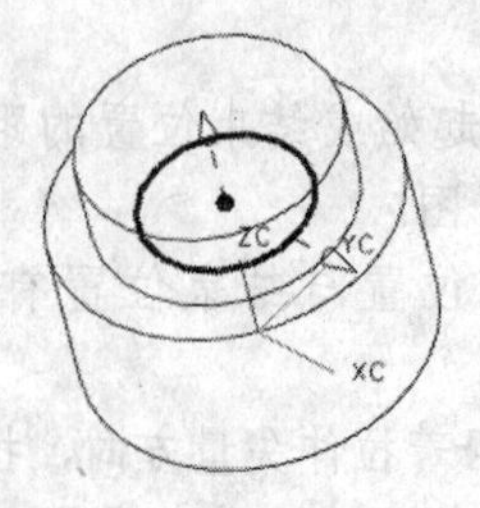

“单侧”偏置

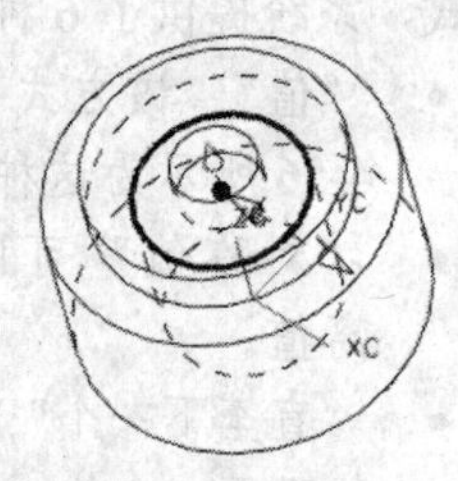

“对称”偏置

图4-61　偏置方式

- “两侧”：该方式可以按照用户设置的偏置起始值和结束值参数，生成孔状的拉伸特征。
- “单侧”：该方式可以按照用户设置的偏置结束值参数，生成实体形式的拉伸特征。
- “对称”：该方式可以按照用户设置的偏置参数，在拉伸对象两侧，生成对称的拉伸特征。

## 4.4.2 回转

回转特征是将截面轮廓曲线绕一个轴旋转而生成的实体。其截面轮廓曲线的类型与拉伸对象操作相似，操作过程也大致相同。

在【特征】工具栏中单击按钮，或选择【插入】/【设计特征】/【回转】命令，系统会弹出如图 4-62 所示的【回转】对话框，在其中可以设置回转操作的方式。图 4-63 所示为回转特征示意图。

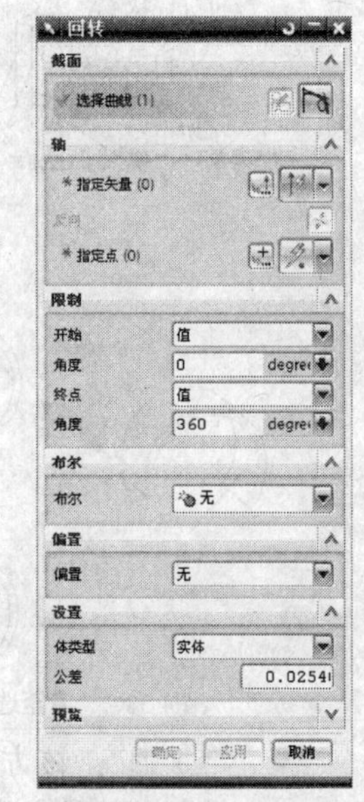

图4-62　【回转】对话框

(1)　【截面】：用于选择回转截面曲线，使用方法与拉伸功能中的截面选项完全一致。

(2)　【轴】：用于设置回转轴，回转轴由方向和点组成。

(3)　【限制】：用于设置回转体的旋转角度，可以直接指定起始的角度值，或者回转到对象。如图 4-64 所示。

(4)　【布尔】：该选项用于让用户从下拉列表中选取拉伸特征与其他特征的布尔操作方式和设置布尔操作的目标对象。

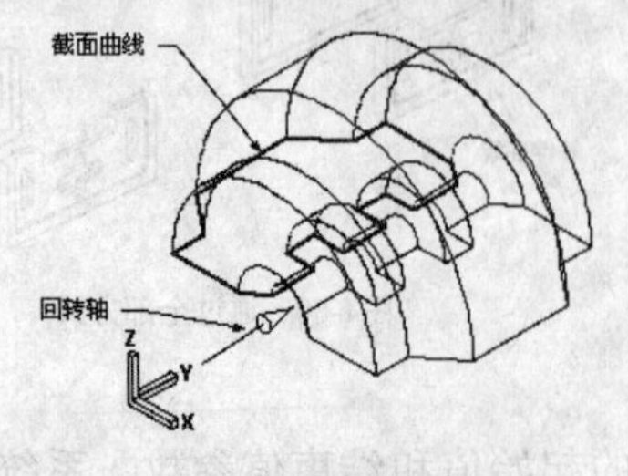

图4-63　回转特征示意图

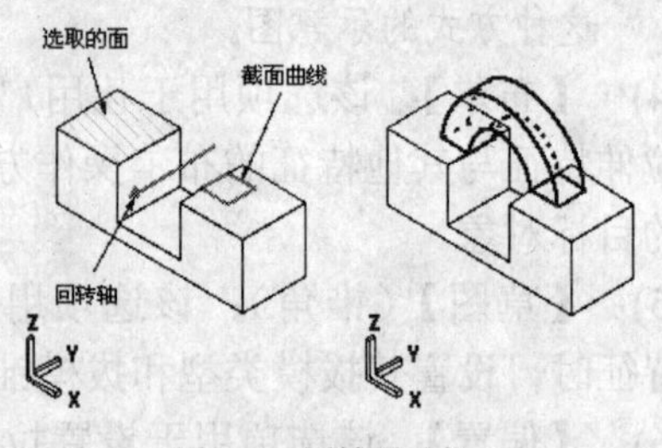

图4-64　回转到对象

(5) 【偏置】：包含一个选项，“两侧”方式分别在回转的两个方向上产生偏置。图 4-65 所示为不同偏置参数时的回转操作示意图。

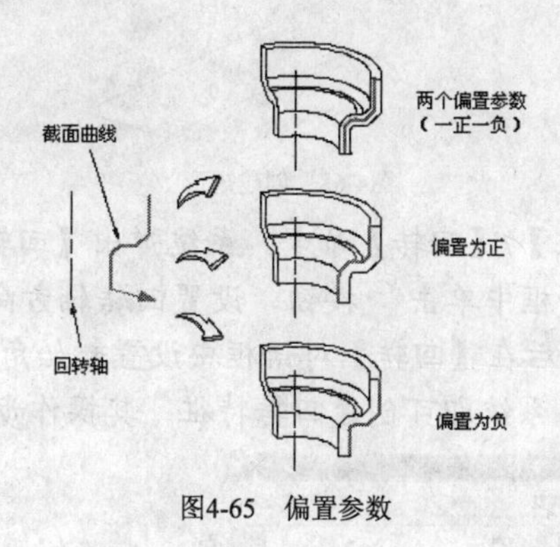


图4-65　偏置参数

## 4.4.3 管道

管道操作是通过沿着引导线串扫掠用户选取的圆形截面来创建管道实体特征。圆形截面是由用户定义的管道外直径和内直径以及选取引导线起点确定的。

在【特征】工具栏中单击按钮，或选择【插入】/【扫掠】/【管道】命令，系统会弹出如图 4-66 所示的【管道】对话框。其中【外径】和【内径】用于设置管道的外径和内径大小，其值必须大于等于零，且内径必须小于外径。

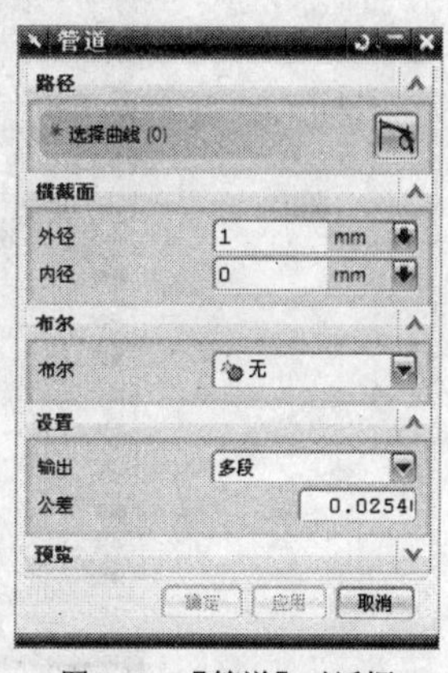


图4-66　【管道】对话框

## 4.4.4 实例——创建果盘实体特征

【案例4-4】 如图 4-67 所示，利用扫掠相关操作功能，创建果盘实体特征。

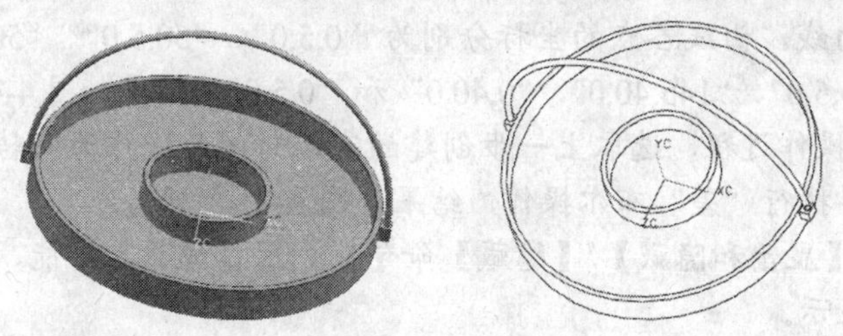

图4-67　果盘

动画参照 —— 本实例动画演示见教学资源的“第 4 章\操作视频\4.4.avi”文件。

【操作步骤】

1. 创建一个新文件，进入建模功能。
2. 选择【插入】/【曲线】/【矩形】命令，利用【点】对话框，设置点“0,0,0”和点“150,30,0”为矩形的角点，创建一个矩形，如图 4-68 所示。

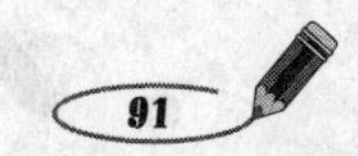

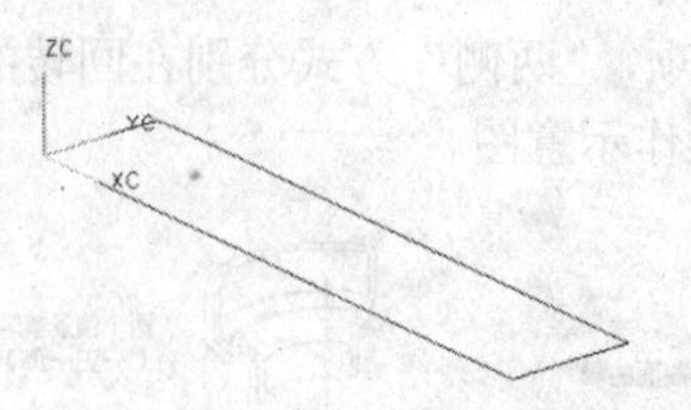


图4-68　创建矩形

3. 选择【插入】/【设计特征】/【回转】命令，系统弹出【回转】对话框。选取矩形作为截面曲线，在【矢量】对话框中单击YC按钮，设置回转轴方向，接着在【点】对话框中设置原点为回转参考点，最后在【回转】对话框中设置起始角度和终点角度分别为“0”和“360”，单击确定按钮，系统即可创建回转特征。其操作步骤和示意图如图4-69所示。

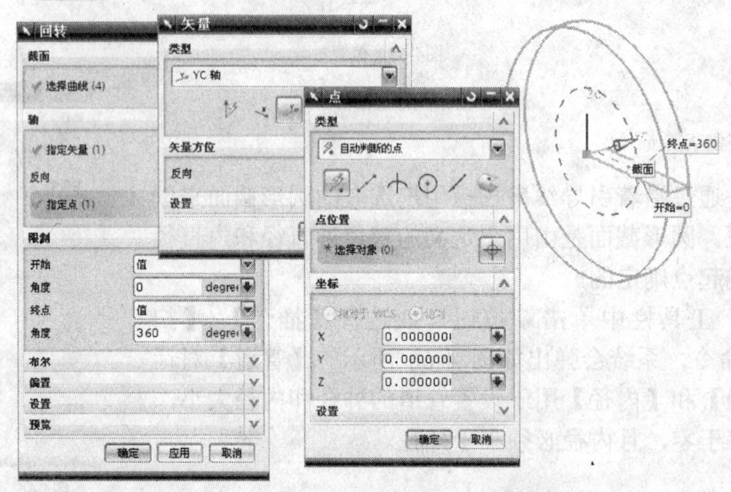


图4-69　回转操作

4. 选择【插入】/【曲线】/【基本曲线】命令，系统弹出【基本曲线】对话框，在【基本曲线】对话框中单击按钮，并在【点方式】选项中选择方式，利用【点】对话框创建一条空间封闭曲线，曲线各点的坐标分别为“0,5,0”、“50,5,0”、“50,30,0”、“55,30,0”、“55,5,0”、“145,5,0”、“145,40,0”、“0,40,0”和“0,5,0”，结果如图4-70所示。
5. 按照第3步的操作过程，选取上一步创建的空间封闭曲线作为回转截面曲线，进行回转操作，最后再执行“差”布尔操作，结果如图4-71所示。
6. 选择【编辑】/【显示和隐藏】/【隐藏】命令，利用【隐藏】功能，将矩形曲线和空间封闭曲线隐藏显示。

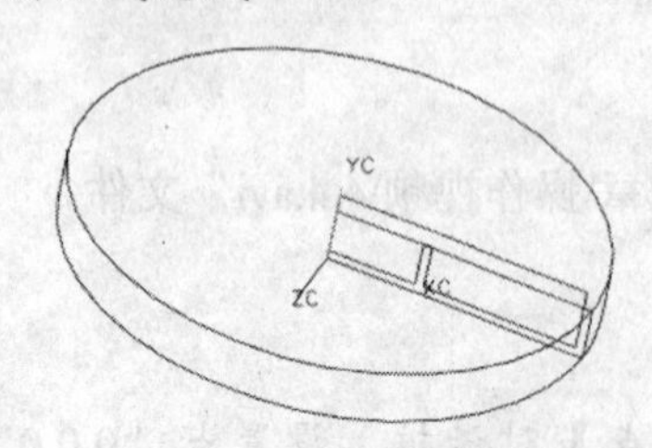


图4-70　创建空间曲线

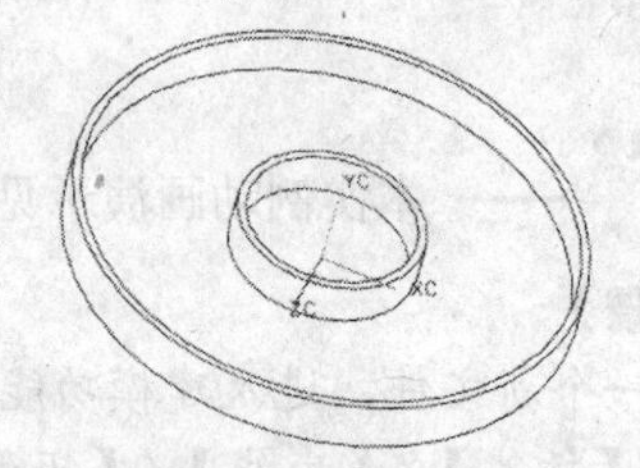


图4-71　回转操作

7. 选择【插入】/【设计特征】/【长方体】命令，系统弹出【长方体】对话框，在【长方体】对话框中选择创建方式，设置长方体的长、宽和高分别为“10”、“12”和

“12”，并在【捕捉】工具栏中单击按钮，利用弹出的【点】对话框设置点“149,15,-6”为长方体创建的角点，单击 确定 按钮，系统即可创建长方体特征。再按照同样的操作过程，以点“-159,15,-6”为长方体创建的角点来创建另一个同样大小的长方体。其操作步骤和示意图如图 4-72 所示。

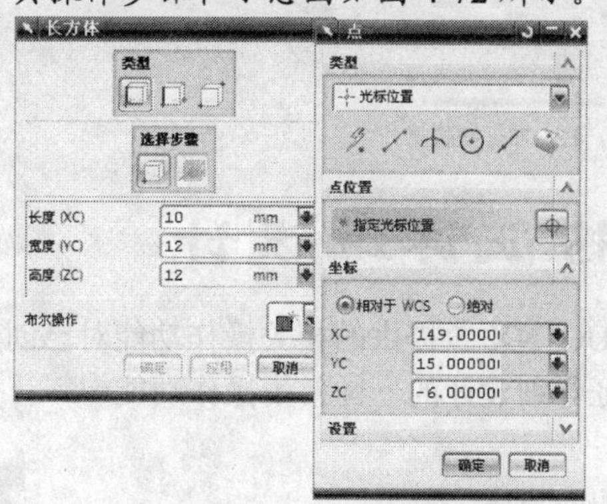


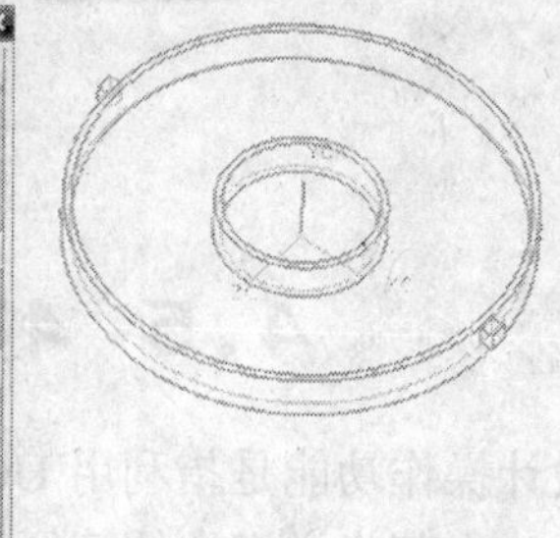

图4-72 创建长方体

8. 选择【格式】/【WCS】/【旋转】命令，在【旋转 WCS 绕】对话框中选取 -XC 轴：ZC --> YC 方式，并在【角度】文本框中输入“90”，单击 确定 按钮，进行坐标变换。其操作示意图如图 4-73 所示。
9. 选择【插入】/【曲线】/【基本曲线】命令，系统弹出【基本曲线】对话框，在【基本曲线】对话框中单击按钮，并在【点方法】选项中选择方式，利用【点】对话框，创建一个圆形曲线，其圆心点坐标为“155,0,27”，圆上一点的坐标为“158,0,27”。其操作示意图如图 4-73 所示。
10. 选择【格式】/【WCS】/【旋转】命令，在【旋转 WCS 绕】对话框中选取 +XC 轴：YC --> ZC 方式，并在【角度】文本框中输入“90”，单击 确定 按钮，进行坐标变换。其操作示意图如图 4-74 所示。
11. 选择【插入】/【曲线】/【基本曲线】命令，系统弹出【基本曲线】对话框，在【基本曲线】对话框中单击按钮，选取圆弧创建方式，并在【点方法】选项中选择方式，利用【点】对话框，创建一段圆弧曲线，设置其圆心点坐标为“0,27,0”，起点坐标为“155,27,0”，终点坐标为“-155,27,0”。其操作示意图如图 4-74 所示。

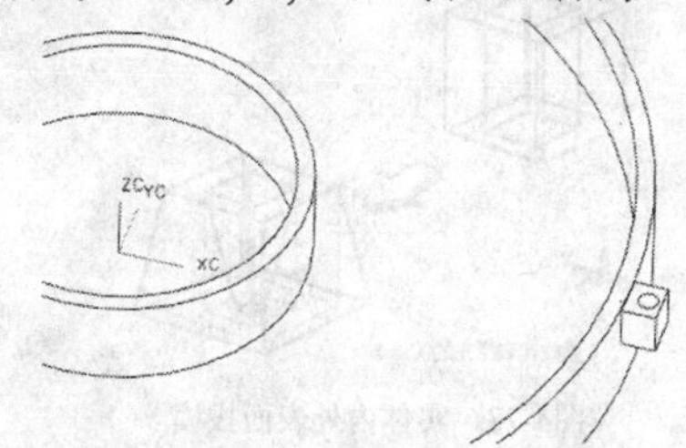


图4-73 坐标变换和创建圆形

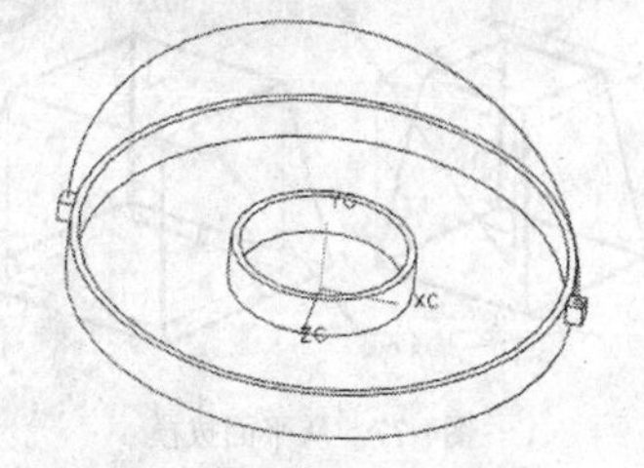


图4-74 坐标变换和创建圆弧

12. 选择【插入】/【扫掠】/【沿引导线扫掠】命令，系统弹出【沿引导线相掠】对话框。选择圆形作为截面曲线，选取圆弧作为引导线，再在【沿引导线扫掠】对话框的【第一偏置】和【第二偏置】文本框中均输入“0”，单击 确定 按钮，最后在【布尔操作】对话框中单击 创建 按钮，系统即可完成沿导线扫描操作。其操作步骤和示意图如图 4-75 所示。

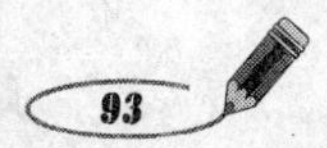

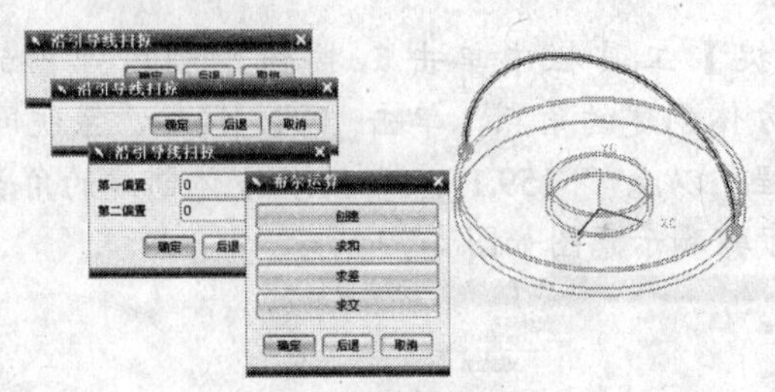


图4-75 扫描操作

# 4.5 特征详细设计

特征详细设计操作功能是指利用 UG NX 5 提供的相关操作功能对已创建的实体特征进行详细结构设计。本节将详细介绍特征详细设计的一些常用操作功能。

## 4.5.1 拔模/草图(Draft)

在零部件或模具设计中，为了拔模的方便，经常需要按照拔模的方向对相关的面进行角度处理，使它们有一定的斜度。拔模特征操作可以满足用户这种详细设计的需求。

在【特征操作】工具栏中单击按钮，或选择【插入】/【细节特征】/【拔模】命令，系统会弹出如图 4-76 所示的【草图】对话框。

图4-76 【草图】对话框

UG NX 5 共提供了 4 种拔模的操作类型，包括“从平面”、“从边”、“与多个面相切”和“至分型边”，【草图】对话框根据所选拔模类型的不同会有相应的变化。下面介绍两种操作类型的用法。

### 一、 从平面

该类型是从用户设置的参考点所在平面开始，与拔模方向成拔模角度，对指定的实体表面进行拔模。图 4-77 所示为利用这种类型对正方体进行拔模操作的示意图，图 4-78 所示为拔模角度大于 0 时，选择实体内外表面进行拔模操作后的示意图。

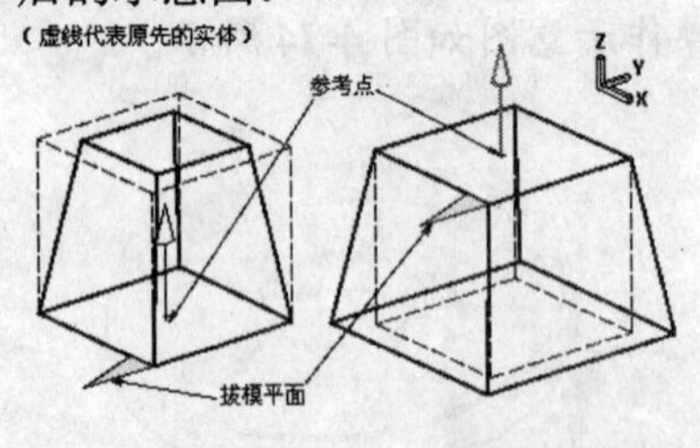


图4-77 从平面拔模

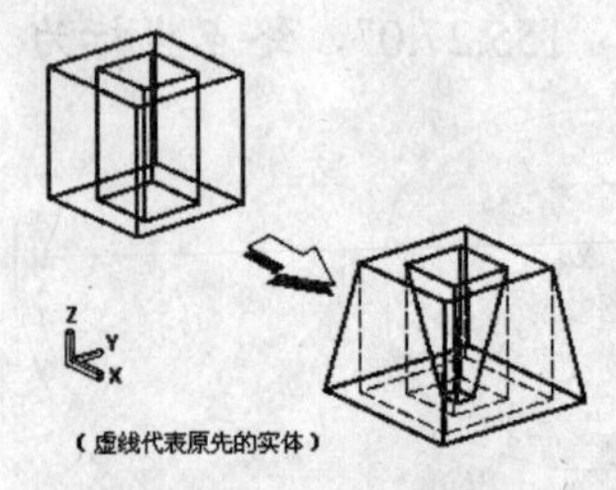


图4-78 实体内外表面拔模

### 二、 从边

该类型是从用户选取的实体边开始，与拔模方向成拔模角度，对指定的实体进行拔模。该类型对所选实体边不共面时非常适用。进行该类型操作时，有两个必选的操作步骤，即参考边与拔模方向，另外还有一个可选步骤，即可变角定义点。

## 4.5.2 边倒圆

边倒圆操作功能就是按照用户指定的半径值对预选的实体边进行倒圆操作，以产生平滑过渡。

在【特征操作】工具栏中单击按钮，或选择【插入】/【细节特征】/【边倒圆】命令，系统会弹出如图 4-79 所示的【边倒圆】对话框。UG NX 5 共提供了 4 种边倒圆的方式。

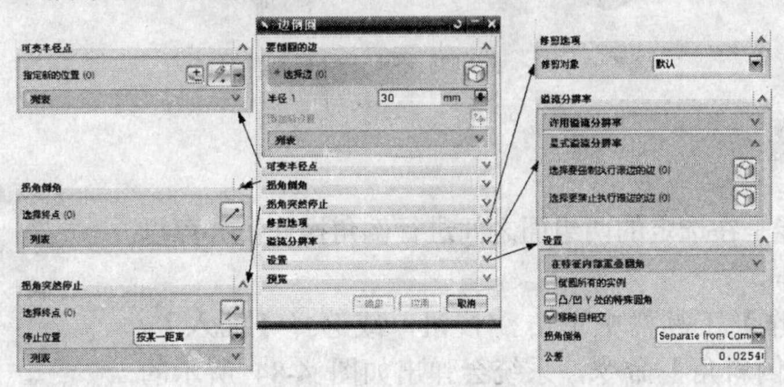


图4-79 【边倒圆】对话框

### 一、 恒定的半径

该方式用于创建半径恒定的边倒圆，图 4-80 所示为这种倒圆方式的示意图。

### 二、 变半径

该方式用于在实体边缘创建半径可变的边倒圆，图 4-81 所示为这种倒圆方式的示意图。

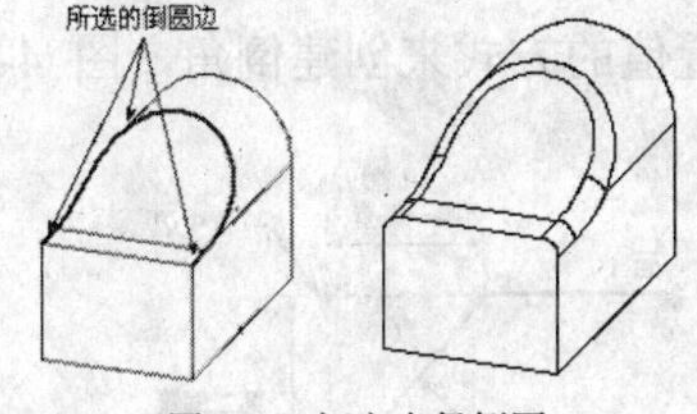


图4-80 恒定半径倒圆

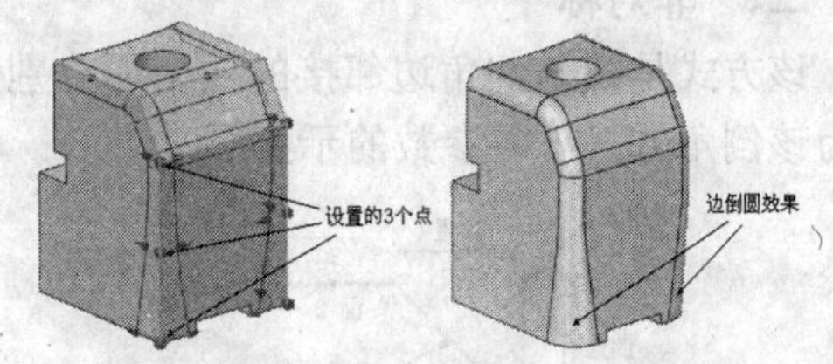


图4-81 变半径倒圆

### 三、 角点

该方式用于在多条实体边缘的角点处创建半径不同的边倒圆，图 4-82 所示为这种倒圆方式的示意图。

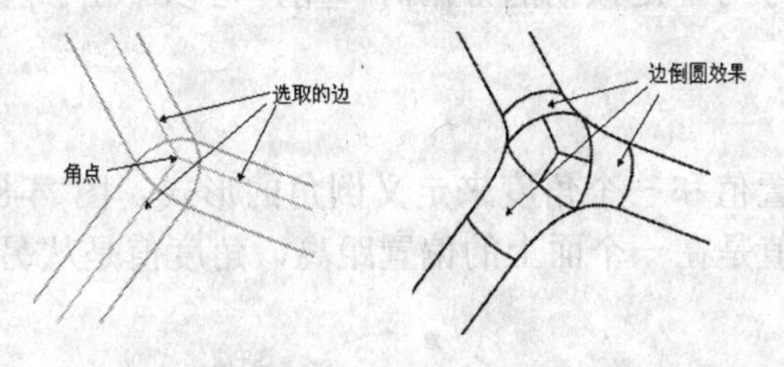


图4-82 角点倒圆

### 四、 拐角突然停止

该方式用于在实体边缘上设置停止点，使系统在指定范围内创建边倒圆。图 4-83 所示为这种倒圆方式的示意图。

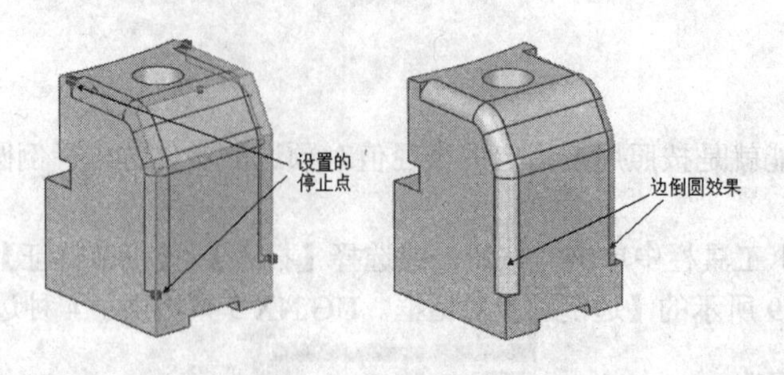


图4-83 停止方式倒圆

## 4.5.3 倒斜角

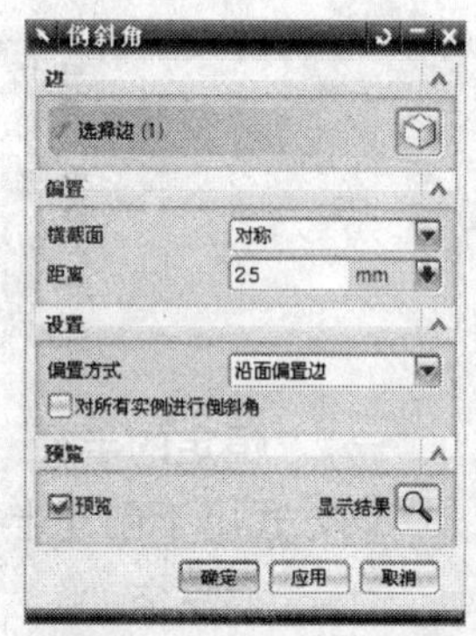


图4-84 【倒斜角】对话框

实体倒角功能是在选定的两组面之间进行倒角操作，并可以对面进行裁剪操作。

在【特征操作】工具栏中单击按钮，或选择【插入】/【细节特征】/【倒斜角】命令，系统会弹出如图 4-84 所示的【倒斜角】对话框。UG NX 5 共提供了 3 种倒角方式。

### 一、 对称

该方式是按与倒角边邻接的两个面采用同一个偏置值方式来创建倒角，图 4-85 所示为该倒角方式下各参数的示意图。

### 二、 非对称

该方式是按与倒角边邻接的两个面分别采用不同偏置值的方式来创建倒角，图 4-86 所示为该倒角方式下各参数的示意图。

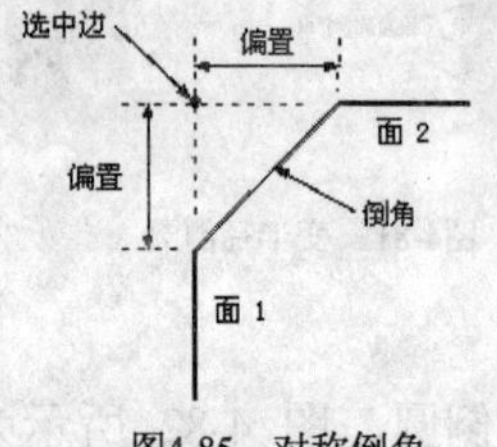


图4-85 对称倒角

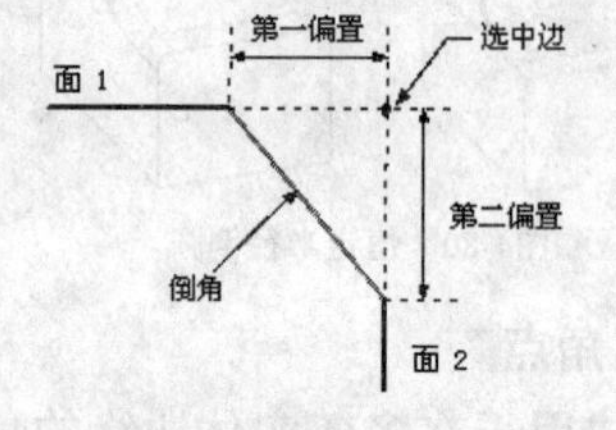


图4-86 非对称倒角

如果当创建的倒角方向不是预期的方向时，用户可以单击按钮，来改变系统原来的倒角方向。

### 三、 偏置和角度

该方式是由一个偏置值和一个角度来定义倒角的形式，图 4-87 所示为该倒角方式下各参数的示意图。偏置值是在一个面上的偏置距离，角度值是从另一个面进行测量的。

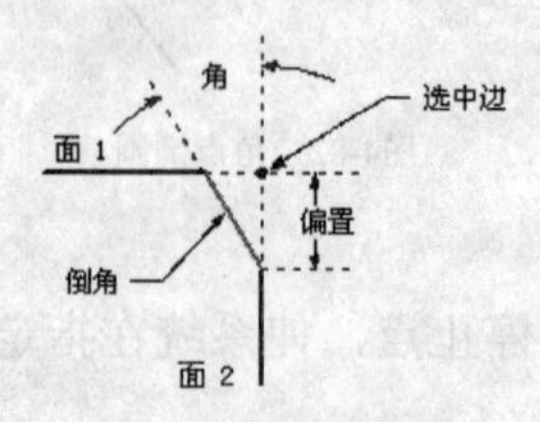


图4-87 偏置和角度倒角

## 4.5.4 抽壳

抽壳操作功能是按照用户指定的厚度对一个实体进行挖空操作，使其形成一个薄壁壳体。

在【特征操作】工具栏中单击按钮，或选择【插入】/【偏置/缩放】/【抽壳】命令，系统会弹出如图 4-88 所示的【抽壳】对话框，其中包括了两种抽壳类型。

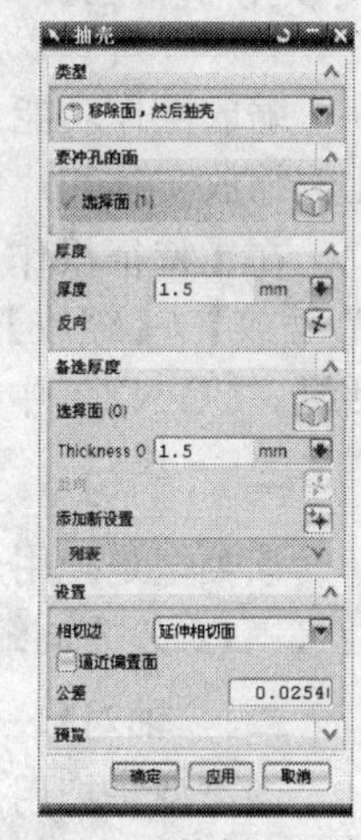

图4-88 【抽壳】对话框

**一、 移除面、然后抽壳**

该抽壳类型将移除用户选取的实体表面，并按指定的厚度对实体进行抽壳操作。图 4-89 所示为应用这种方式进行抽壳操作的示意图。

**二、 抽壳所有面**

该抽壳类型不穿透实体表面，而是按指定的厚度对实体进行抽壳，形成中空实体，抽壳操作时可以为各表面指定不同的壁厚。图 4-90 所示为应用这种方式进行抽壳操作的示意图。

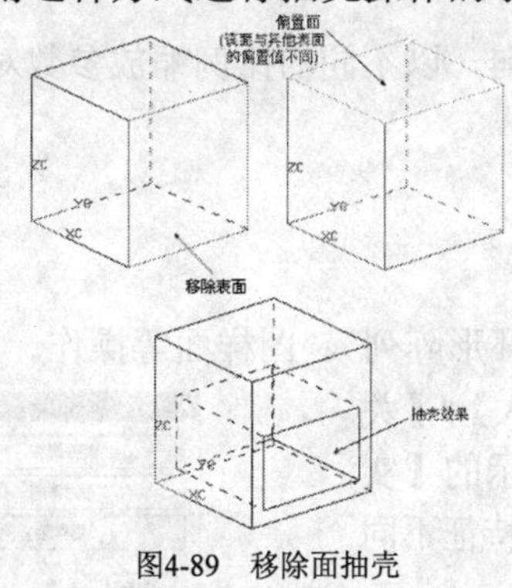


图4-89 移除面抽壳

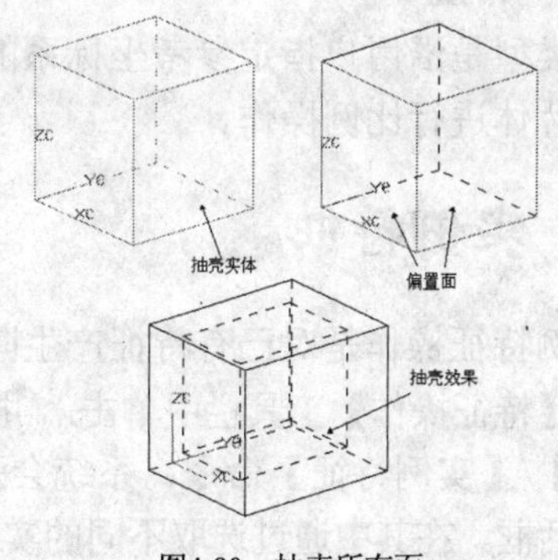


图4-90 抽壳所有面

## 4.5.5 偏置面

偏置面操作可以沿面的法向偏置一个体的一个或多个表面，从而改变实体特征形状。

在【特征操作】工具栏中单击按钮，或选择【插入】/【偏置/缩放】/【偏置面】命令，系统会弹出如图 4-91 所示的【偏置面】对话框。用户在该对话框中输入偏置距离参数，并在绘图工作区中选取要进行偏置操作的实体表面，系统即可完成偏置面的操作。图 4-92 所示为偏置面操作的示意图。

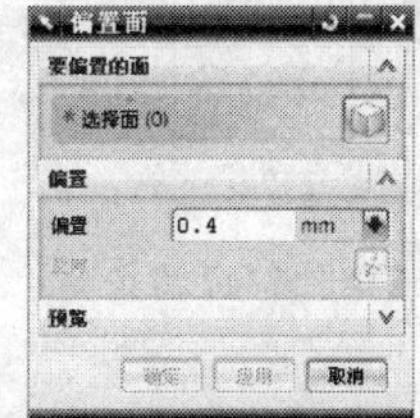

图4-91 【偏置面】对话框

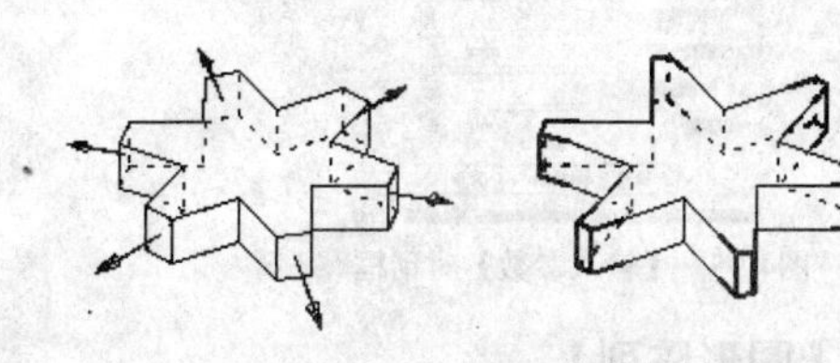

图4-92 偏置面操作

在偏置面操作时，偏置距离值可正可负，正的偏置值是沿实体表面法向偏置指定的距离，负的偏置值则是沿实体表面法向的反向偏置指定的距离。

## 4.5.6 缩放

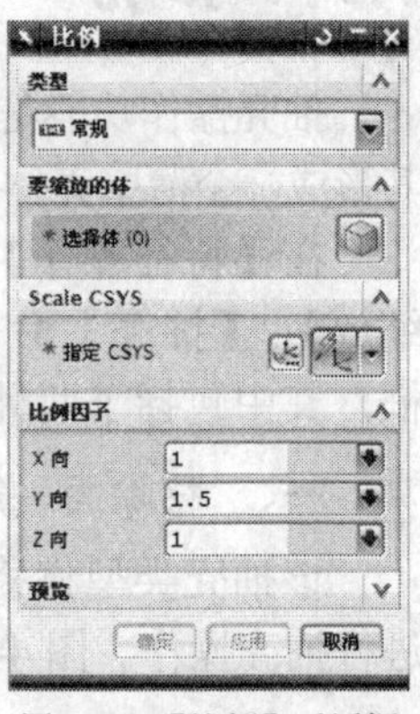

图4-93 【比例】对话框

缩放操作功能允许用户按设定比例缩放实体和片体，产生关联比例缩放实体和片体。

在【特征操作】工具栏中单击按钮，或选择【插入】/【偏置/缩放】/【缩放】命令，系统会弹出如图 4-93 所示的【比例】对话框。UG NX 5 中提供了 3 种缩放操作类型。

### 一、 均匀

该类型是把用户指定的参考点作为比例缩放中心，用同一比例沿 X、Y、Z 方向缩放选取的实体或片体。

### 二、 轴对称

该类型是把用户指定的参考点作为比例缩放中心，用沿对称轴方向与其他方向不同的比例缩放选择的实体或片体。

### 三、 常规

该类型是沿用户指定参考坐标系的 X、Y、Z 轴方向，以不同的比例缩放参数对选取的实体或片体进行比例操作。

## 4.5.7 实例特征

实例特征操作是对已有特征产生阵列（矩形阵列或环形阵列）、图样面等操作。

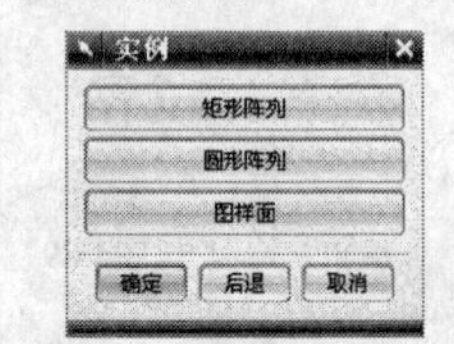

图4-94 【实例】对话框

在【特征操作】工具栏中单击按钮，或选择【插入】/【关联复制】/【实例特征】命令，系统会弹出图如 4-94 所示的【实例】对话框。在其中通过选取不同的实例方式，可以完成特征不同的实例操作。

### 一、 【矩形阵列】

该方式用于以矩形阵列的形式来复制所选的实体特征，该阵列方式使阵列后的特征成矩形（行数×列数）排列。图 4-95 所示为矩形阵列【输入参数】对话框，其中包含矩形阵列操作的相关参数选项。图 4-96 所示为该方式操作的示意图。

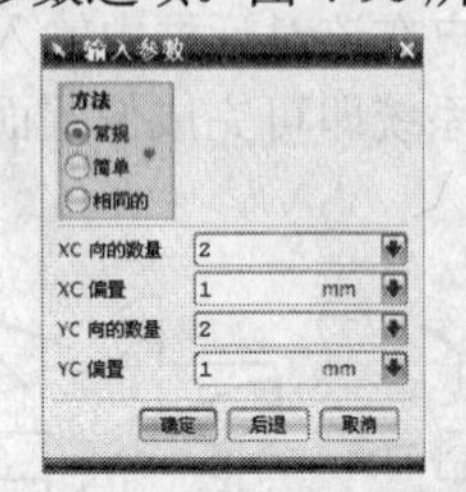

图4-95 【输入参数】对话框

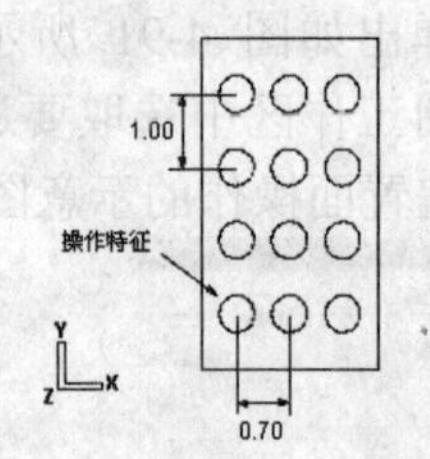

图4-96 【矩形阵列】方式

### 二、 【圆形阵列】

该方式用于以环形阵列的形式来复制所选的实体特征，该阵列方式使阵列后的特征成圆周排列。图 4-97 所示为环形阵列【实例】对话框，其中包含圆形阵列操作的相关参数选项。图 4-98 所示为圆形阵列方式操作的示意图。

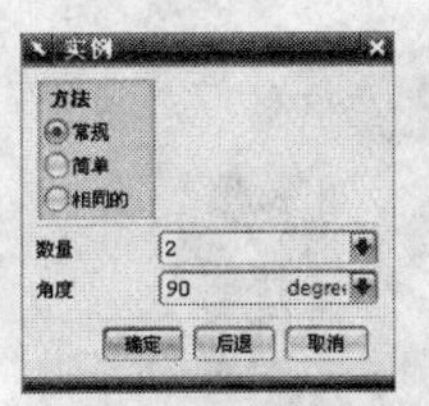


图4-97 【实例】对话框

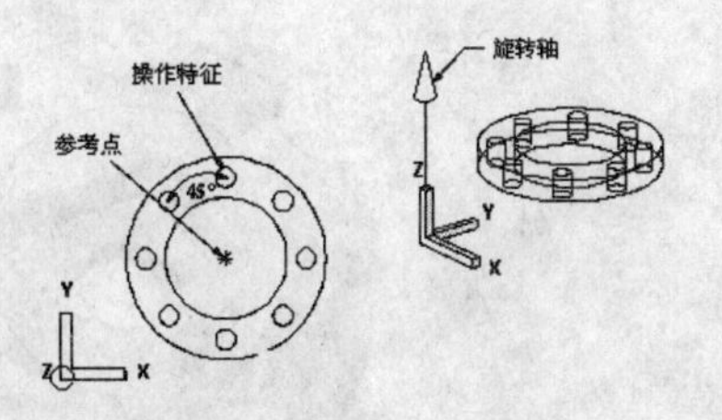


图4-98 【环形阵列】方式

## 4.5.8 镜像体

该功能用于以用户选取的基准平面来镜像所选的实体特征，其镜像后的实体或片体和原实体或片体相关联，但其本身没有可编辑的特征参数。

在【特征操作】工具栏中单击按钮，或选择【插入】/【关联复制】/【镜像体】命令，系统会进入该功能。图 4-99 所示为【镜像体】方式操作的示意图。

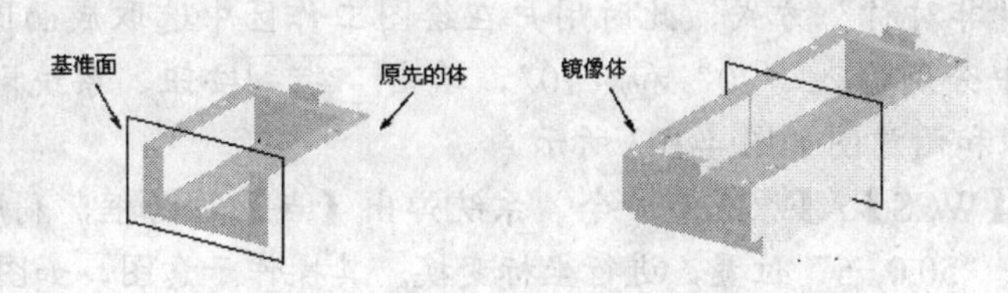


图4-99 【镜像体】方式

## 4.5.9 镜像特征

该功能用于以用户选取的基准平面来镜像所选的特征。

在【特征操作】工具栏中单击按钮，或选择【插入】/【关联复制】/【镜像特征】命令，系统会弹出如图 4-100 所示的【镜像特征】对话框。

图 4-101 所示为镜像特征操作的示意图。

图4-100 【镜像特征】对话框

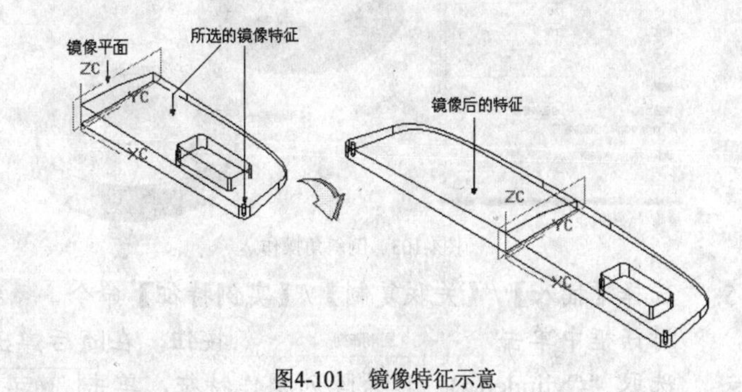


图4-101 镜像特征示意

## 4.5.10 实例——创建旋轮实体特征

【案例4-5】 打开教学资源文件“第 4 章\素材\4.5.prt”，利用拔锥、边倒圆、倒角、引用、抽壳等特征详细设计功能，创建如图 4-102 所示的旋轮实体特征。

图4-102　旋轮

动画参照

—— 本实例动画演示见教学资源的“第 4 章\操作视频\4.5.avi”文件。

【操作步骤】

1. 打开教学资源文件“第 4 章\素材\4.5.prt”，进入建模功能。
2. 选择【插入】/【细节特征】/【倒斜角】命令，系统弹出【倒斜角】对话框，在弹出的对话框中选择“非对称”方式，此时用户在绘图工作区中选取底面圆边作为倒角边，在距离文本框中分别输入“20”和“10”，单击 确定 按钮，系统即可完成倒斜角操作。其操作步骤和示意图如图 4-103 所示。
3. 选择【格式】/【WCS】/【原点】命令，系统弹出【点】对话框，利用【点】对话框将坐标系移动到点“50,0,-5”位置，进行坐标变换。其操作示意图，如图 4-104 所示。
4. 选择【插入】/【设计特征】/【圆柱体】命令，系统弹出【圆柱体】对话框，在该对话框中选择“轴、直径和高度”方式，选择 ZC 轴正向作为方向，然后在【直径】和【高度】文本框中分别输入“20”和“30”，设置点“0,0,0”为圆柱创建原点，最后在【布尔】对话框中选择“求差”方式，系统即可创建圆柱体特征。其操作示意图如图 4-104 所示。

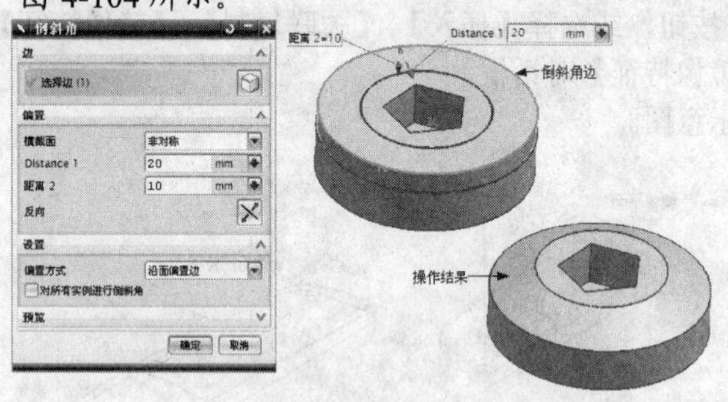


图4-103　倒斜角操作

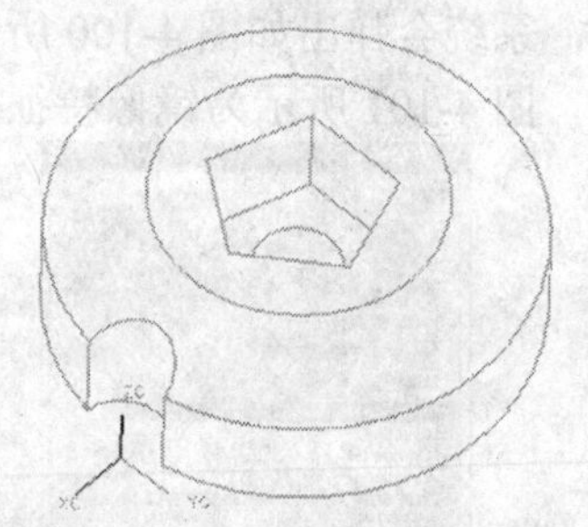

图4-104　坐标变换与创建圆柱体

5. 选择【插入】/【关联复制】/【实例特征】命令，系统弹出【实例】对话框，在【实例】对话框中单击 圆形阵列 按钮，在随后弹出的特征选取对话框中，从列表框中选取“Cylinder(5)”作为阵列操作特征，单击 确定 按钮。接着在【实例】对话框中的【方法】选项中选择【常规】单选钮，在【数量】和【角度】文本框中分别输入“8”和“45”，单击 确定 按钮。系统会弹出【实例】对话框，单击 点和方向 按钮，在随后弹出的【矢量】对话框中，单击 ZC 按钮，单击 确定 按钮。再利用【点】对话框选取圆边中心作为阵列参考点，最后再在【创建实例】对话框中单击 是 按钮，系统即可完成操作。其操作步骤和示意图如图 4-105 所示。

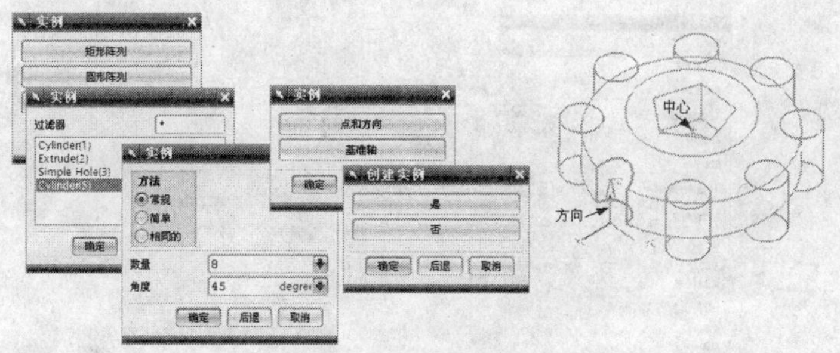


图4-105　圆形阵列操作

6. 选择【插入】/【细节特征】/【边倒圆】命令，系统弹出【边倒圆】对话框，在绘图工作区中选取外圆表面倒角后的边作为倒圆边，再在浮动文本框中输入倒圆半径为“5”，最后单击 确定 按钮，系统即可完成边倒圆操作。其操作步骤和示意图如图 4-106 所示。

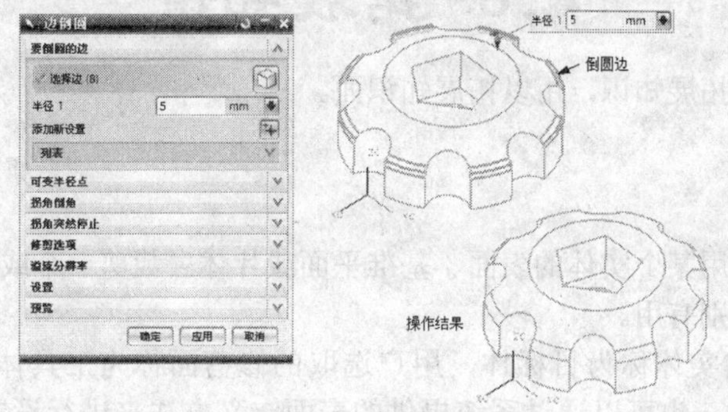


图4-106　边倒圆操作

7. 选择【插入】/【偏置/比例】/【抽壳】命令，系统弹出【边倒圆】对话框，在该对话框中选择“移除面，然后抽壳”方式，并选取实体的侧面作为抽壳穿透表面，然后在【厚度】文本框中输入“5”，最后连续单击 确定 按钮，系统即可完成抽壳操作。其操作步骤和示意图如图 4-107 所示。

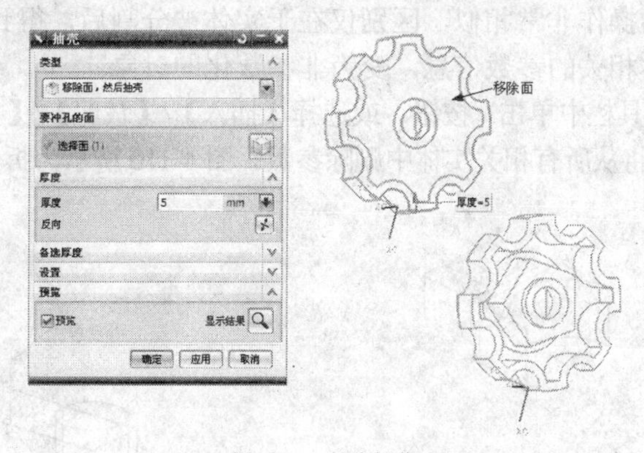


图4-107　抽壳操作

8. 选择【插入】/【细节特征】/【拔模】命令，系统弹出【草图】对话框，选择拔模类型为“从平面”，设置 ZC 轴负向为拔模方向，设置五边形特征的角点作为参考点，选取五边形特征的 5 个侧面作为操作表面，最后在【角度】文本框中输入“10”，单击 确定 按钮，系统即可完成拔模操作。其操作步骤和示意图如图 4-108 所示。

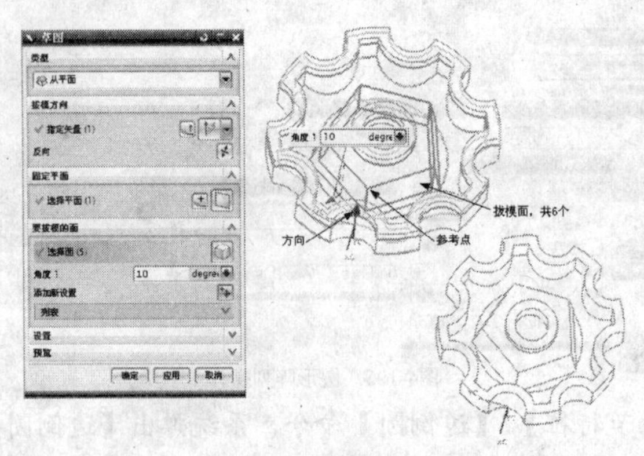


图4-108 拔模操作

# 4.6 拓展知识

本节将介绍一些拓展知识，用以拓展知识面。

## 4.6.1 修剪体

修剪特征功能是用某个实体的表面、基准平面或片体去裁剪一个或多个目标实体。它在复杂零件的设计中特别有用。

这里将被修剪的实体称为目标体，用户选取的修剪面称为工具体（刀具）。工具体可以选择已存在的对象，也可以通过系统提供的表面定义方法来进行设置。

在【特征操作】工具栏中单击按钮，或选择【插入】/【裁剪】/【修剪体】命令，系统会进入修剪体功能。图4-109所示为不同修剪面法向的操作结果。

## 4.6.2 拆分体

拆分体与修剪体的操作非常相似，区别仅在于实体被分割后，得到的是两个实体特征，并因此丢失所有原实体相关的参数信息，变为非参数化的对象。

在【特征操作】工具栏中单击按钮，或选择【插入】/【裁剪】/【拆分】命令，系统会弹出提示框，提示该操作将从所有相关实体中删除参数。图4-110所示为拆分体操作的示意图。

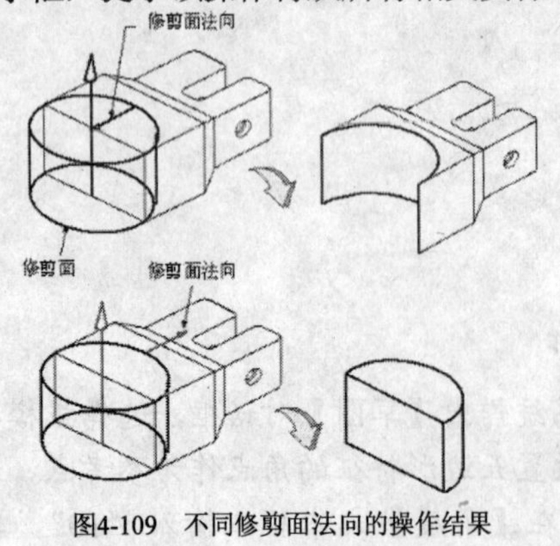


图4-109 不同修剪面法向的操作结果

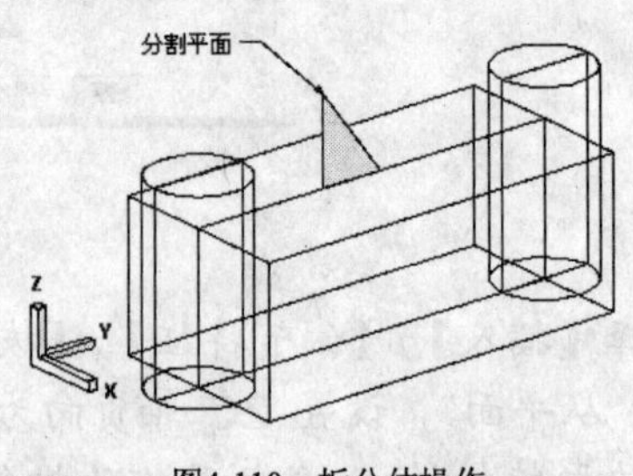


图4-110 拆分体操作

# 4.7 综合实例——创建球形滑槽连杆实体模型

如图 4-111 所示，创建球形滑槽连杆实体模型。

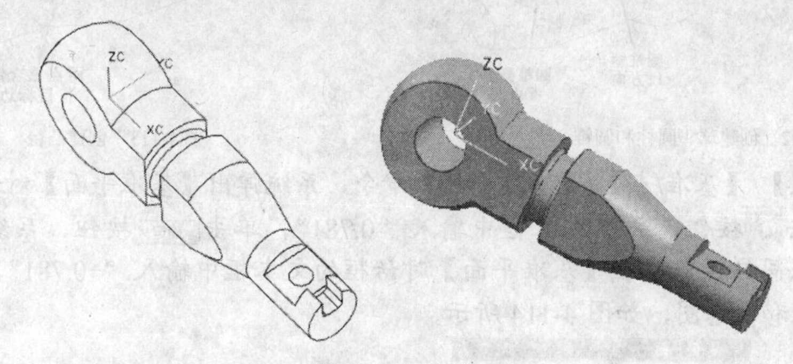


图4-111 球形滑槽连杆

动画参照 —— 本实例动画演示见教学资源的“第 4 章\操作视频\4.6.avi”文件。

【操作步骤】

1. 创建一个新文件，进入建模功能。
2. 选择【插入】/【设计特征】/【球】命令，系统弹出【球】对话框，在该对话框中单击 直径，圆心 按钮，在随后弹出对话框的【直径】文本框中输入“3”，然后利用【点】对话框设置点“0,0,0”为球的中心点，单击 确定 按钮，系统即可创建球体特征。其操作示意图如图 4-112 所示。
3. 选择【插入】/【设计特征】/【圆柱体】命令，系统弹出【圆柱体】对话框，在该对话框中选择“轴、直径和高度”方式，并在【矢量】对话框中设置 为圆柱轴线的矢量方向，然后在【圆柱体】对话框的【直径】和【高度】文本框中分别输入“2.125”和“3.5”，单击 确定 按钮。再利用【点】对话框设置点“0,0,0”为圆柱创建参考点，单击 确定 按钮。最后在【布尔】选项中设置【求和】，系统即可创建圆柱体特征。其操作示意图如图 4-112 所示。
4. 选择【插入】/【设计特征】/【圆锥】命令，系统弹出【圆锥】对话框，在该对话框中单击 直径，高度 按钮，并在【矢量】对话框中设置 为圆锥轴线的矢量方向，然后在【圆锥】参数对话框的【底部直径】、【顶部直径】和【高度】文本框中分别输入“2.125”、“1.25”和“1.625”，单击 确定 按钮。再利用【点】对话框设置圆柱前端面圆心为圆锥创建参考点，最后在【布尔操作】对话框中单击 求和 按钮，系统即可创建圆锥体特征。其操作示意图如图 4-112 所示。
5. 选择【插入】/【设计特征】/【凸台】命令，系统会弹出【凸台】对话框，此时用户在绘图工作区中选取圆锥的前端面作为圆台的放置面，再在对话框的【直径】、【高度】和【拔锥角】文本框中分别输入“1.25”、“2”和“0”。单击 确定 按钮，系统会弹出【定位】对话框，单击 按钮，随后选取前端面的圆边作为定位目标边，在最后弹出的【设置圆弧的位置】对话框中单击 圆弧中心 按钮，系统即可创建圆台特征。其操作示意图如图 4-113 所示。

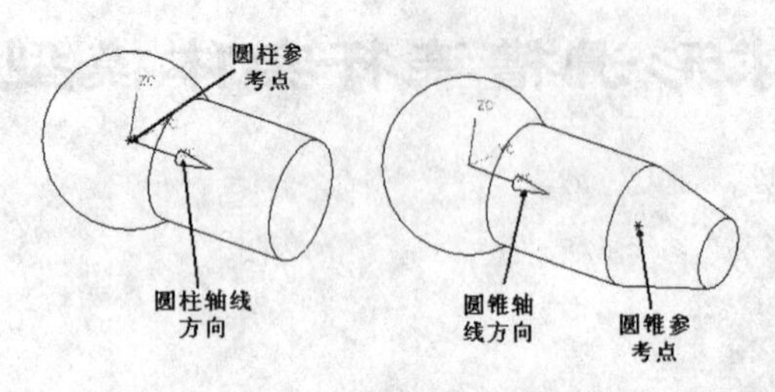


图4-112 创建球、圆柱和圆锥

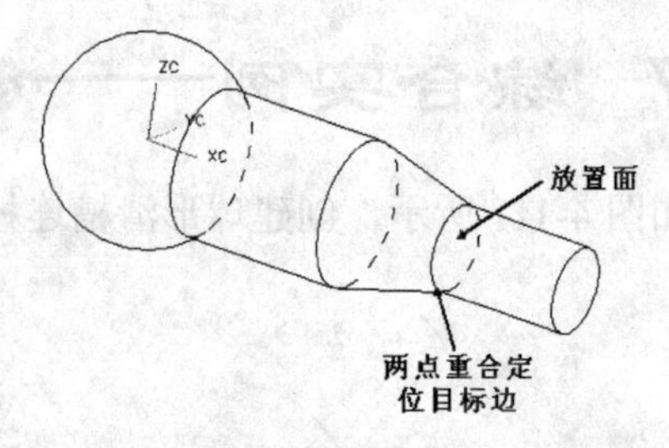


图4-113 创建凸台

6. 选择【插入】/【基准/点】/【基准平面】命令，系统弹出【基准平面】对话框，在该对话框中单击按钮，并在文本框中输入“0.781”，单击确定按钮，系统即可创建平面。再按照同样操作，在【基准平面】对话框的文本框中输入“-0.781”，创建平面。其操作步骤和示意图，如图 4-114 所示。

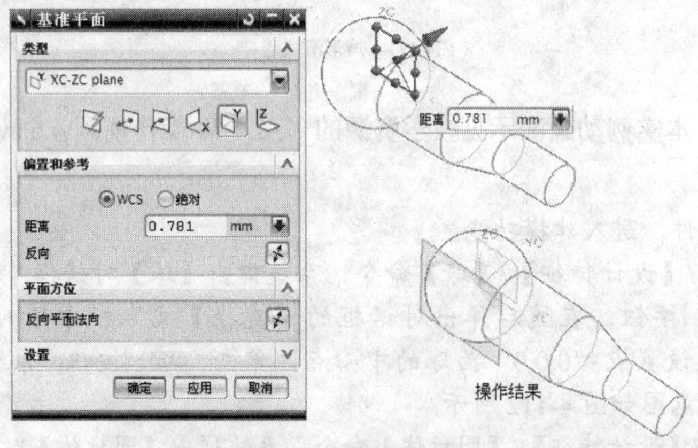


图4-114 创建基准平面

7. 选择【插入】/【修剪】/【修剪体】命令，系统弹出【修剪体】对话框，先选取整个实体作为修剪目标体，再选取左侧平面作为修剪刀具体，系统会在屏幕上预先显示修剪结果，如果方向不对，单击按钮修改方向，最后在对话框中单击确定按钮，系统即可完成修剪操作。按照同样的过程，利用另一个平面修剪实体。其操作步骤和示意图如图 4-115 所示。

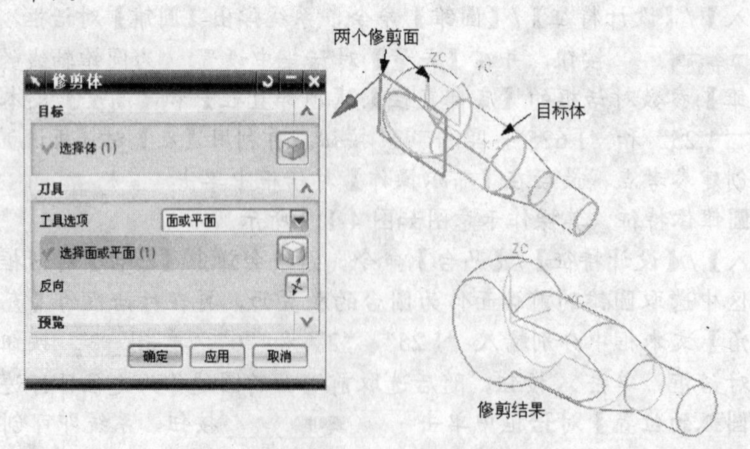


图4-115 修剪实体

8. 选择【插入】/【基准/点】/【基准平面】命令，系统弹出【基准平面】对话框，创建一个过 XC-YC 平面的基准面，作与该基准面平行且与圆台顶部相切的基准面。其操作示意图如图 4-116 所示。

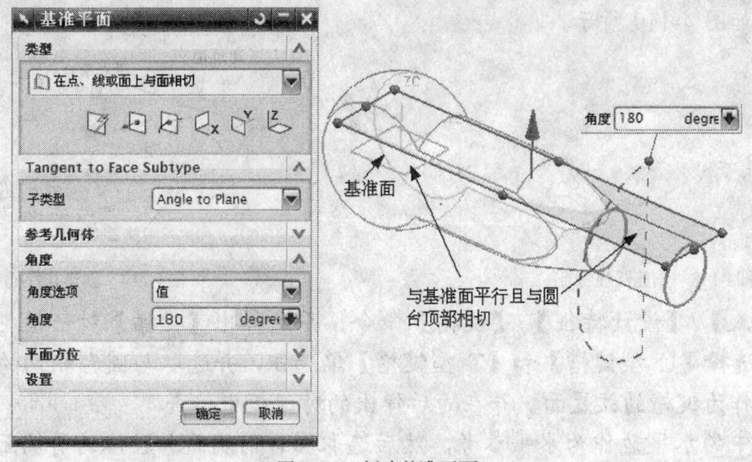


图4-116 创建基准平面

9. 选择【插入】/【设计特征】/【腔体】命令，系统弹出【腔体】对话框，在弹出的对话框中单击 矩形 按钮，并选取与圆台相切的基准面为腔体的放置面，再单击 接受默认边 按钮。选取实体上的一条水平边为水平参考对象，接着在【矩形腔体】对话框的【长度】、【宽度】和【深度】文本框中分别输入“1”、“1.25”和“0.344”，其余设置为“0”，利用水平定位功能，定位圆台端面圆弧边缘中心点与矩形腔体的中心线距离为 1，最后连续单击 确定 按钮，系统即可创建腔体。其操作步骤和示意图如图 4-117 所示。

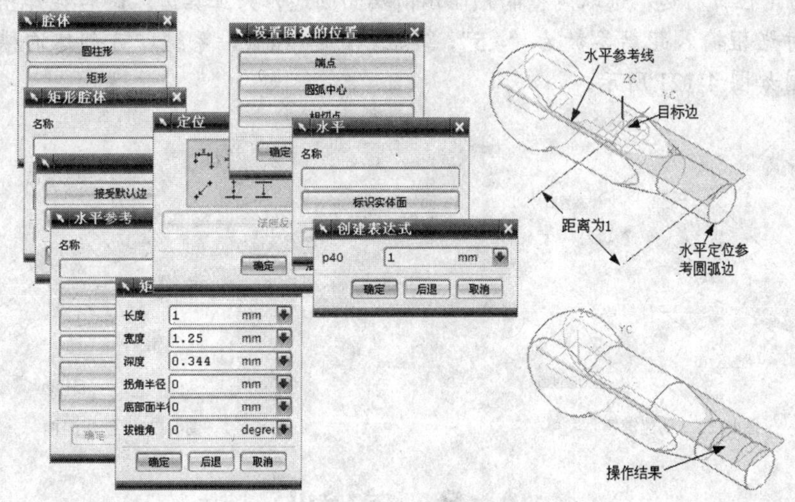


图4-117 创建腔体

10. 按照第 3 步的操作过程，设置“+ZC”轴为圆柱的轴线方向，设置圆柱体的直径和高度分别为“0.5”和“1.5”，再设置点“6.125,0,−1”为创建参考点，然后利用“求差”布尔操作方式创建圆柱体。其操作示意图，如图 4-118 所示。

11. 选择【插入】/【设计特征】/【孔】命令，系统弹出【孔】对话框，在系统弹出的对话框中单击 按钮，选取实体的左侧面作为孔的放置平面，选取实体的右侧面作为孔的通过面，再在对话框的【直径】文本框中输入“1.125”。单击 确定 按钮，系统会弹出【定位】对话框，单击 按钮，随后选取右侧面的圆边作为定位目标边，在最后弹出的【设置弧的位置】对话框中单击 圆弧中心 按钮，系统即可创建孔特征。其操作示意图，如图 4-119 所示。

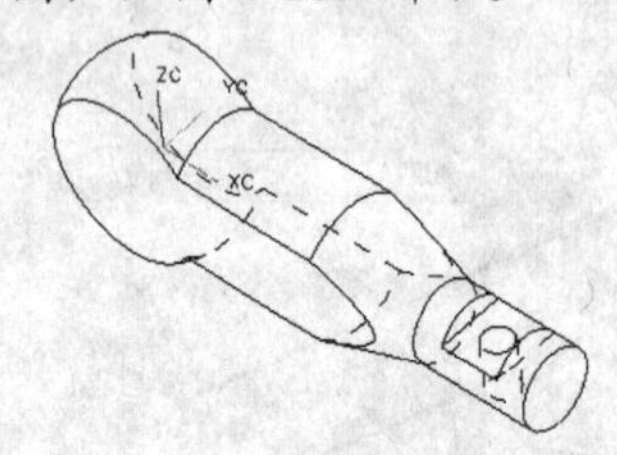

图4-118　创建圆柱特征

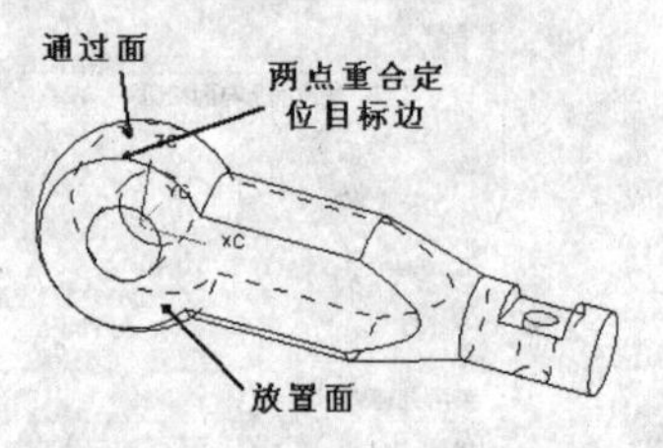

图4-119　创建孔特征

12. 选择【插入】/【设计特征】/【键槽】命令，系统弹出【键槽】对话框，在弹出的对话框中分别选择【U 型键槽】和【T 型键槽】单选钮，并选取与圆台相切的基准面为腔体的放置面作为键槽的放置面，并在随后弹出的对话框中单击 接受默认边 按钮。接着选取实体中的水平边作为水平参考，然后选取圆台前端面和腔体的前端面作为键槽的起始通过面和终止通过面，再在【U 型键槽】对话框的【宽度】、【深度】和【拐角半径】文本框中分别输入“0.5”、“0.5”和“0.1”，最后连续单击 确定 按钮，系统即可创建键槽特征。其操作示意图如图 4-120 所示。
13. 选择【插入】/【设计特征】/【坡口焊】命令，系统弹出【沟槽】对话框，在弹出的对话框中单击 U 型沟槽 按钮，并在绘图工作区中选取基本实体的前部圆柱面作为沟槽的放置面。接着在系统弹出的【U 型沟槽】对话框的【沟槽直径】、【宽度】和【拐角半径】文本框中分别输入“1.5”、“0.5”和“0.1”，单击 确定 按钮，随后选取圆台前端面圆边作为定位目标边，选取沟槽的预显示前端面圆边作为工具边。最后在弹出的【创建表达式】对话框输入距离参数为“4.5”，单击 确定 按钮，系统即可创建沟槽特征。其操作示意图如图 4-121 所示。

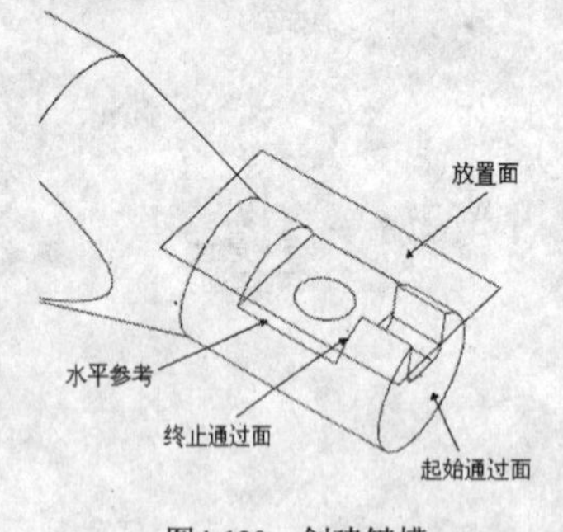

图4-120　创建键槽

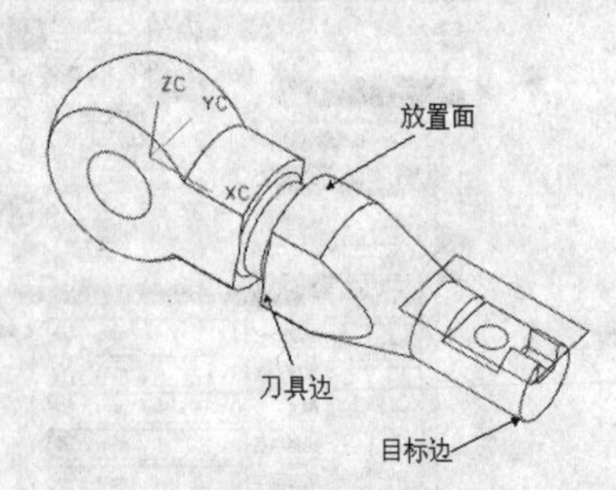

图4-121　创建沟槽

## 4.8 实训

请读者利用本章所学习的实体建模功能，创建如图 4-122 所示的实体。

操作提示如下。

(1) 创建长、宽、高分别为 80、80、60 的长方形实体。

(2) 在实体的上表面绘制矩形通槽。

(3) 在视图侧面创建草图平面，绘制倒梯形的草图曲线，利用草图曲线拉伸成实体，将倒梯形实体与长方形实体做布尔求差操作。

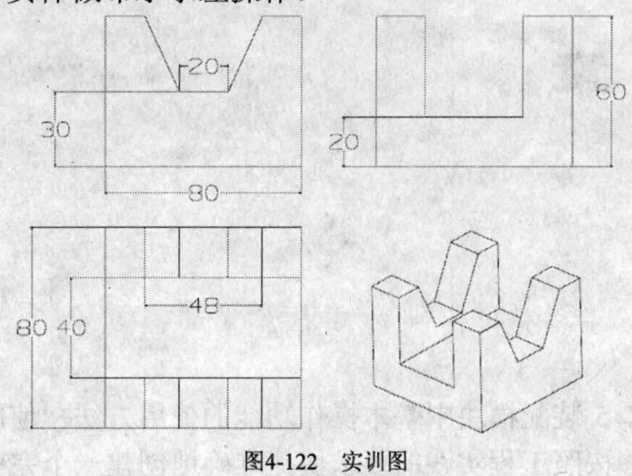


图4-122 实训图

## 小结

本章详细介绍了关于 UG NX 5 系统中三维实体建模的常用操作功能。本章先从基准特征讲起，随后介绍了长方体、圆柱体、圆锥等基本体素的创建方法，还介绍了一些如加工特征、扫描特征等复杂特征的创建过程。

本章内容是 UG NX 5 中 CAD 应用的核心功能，用户创建的产品实体特征将作为后续分析、仿真、加工等的操作对象，所以读者应该熟练掌握本章所涉及的实体建模相关操作功能。

## 思考与练习

1. 根据图 4-123 所示的图纸进行零件建模。
2. 根据图 4-124 所示的零件图进行零件建模。

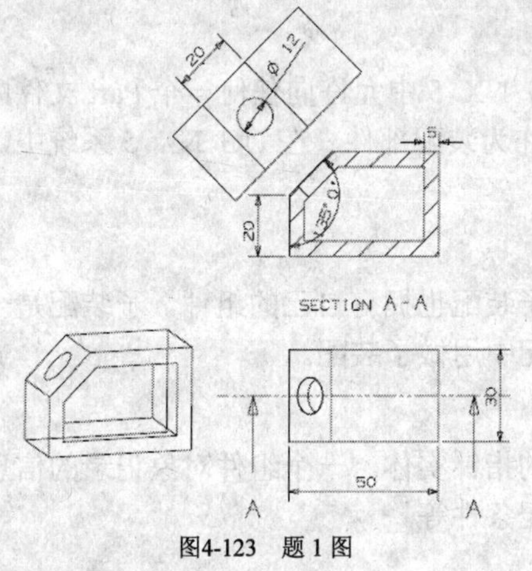


图4-123 题 1 图

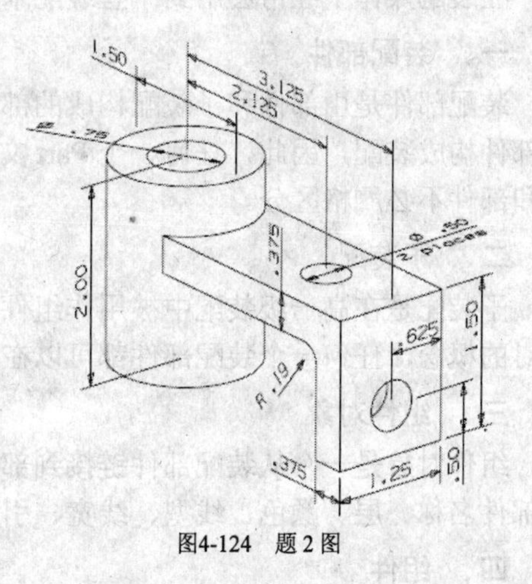


图4-124 题 2 图

# 第 5 章

# 装配功能

本章将介绍 UG NX 5 装配模块中基本操作功能的使用方法，使用户能够掌握装配操作的主要功能，同时还能够按照工程实践的要求快捷准确地创建一个完整的装配模型，实现实际装配部件的电子化。

学习目标

- 装配基本知识。
- 装配组件操作。

## 5.1 装配功能介绍与基本术语

装配过程是在装配中建立部件之间的配对关系。它是通过配对条件在部件之间建立约束关系，来确定部件在产品中的位置。

### 5.1.1 装配基本术语

在装配操作中经常会用到一些装配术语，下面介绍这些装配常用基本术语的意义。

**一、 装配部件**

装配部件是由部件和子装配构成的部件。在 UG NX 5 中允许向任何一个 Part 文件中添加部件构成装配，因此，任何一个 Part 文件都可以作为装配部件。在 UG NX 5 系统中，零件和部件不必严格区分。

**二、 子装配**

子装配是在高一级装配中被用作组件的装配，子装配也拥有自己的组件。子装配是一个相对的概念，任何一个装配部件都可以在更高级装配中用做子装配。

**三、 组件对象**

组件对象是一个从装配部件链接到部件主模型的指针实体。一个组件对象记录的信息包括部件名称、层、颜色、线型、线宽、引用集、装配条件等。

**四、 组件**

组件是装配中由组件对象所指的部件文件。组件可以是单个部件（即零件），也可以是一个子装配。组件是由装配部件引用的而不是复制到装配部件中。

五、 单个部件

单个部件是指在装配外存在的部件几何模型，它可以添加到一个装配中去，但它不能含有下级组件。

六、 自顶向下装配

自顶向下装配是指在装配级中创建与其他部件相关的部件模型，是在装配部件的顶级向下产生子装配和部件（即零件）的装配方法。

七、 自底向上装配

自底向上装配是先创建部件几何模型，再组合成子装配，最后生成装配部件的装配方法。

八、 混合装配

混合装配是将自顶向下装配和自底向上装配结合在一起的装配方法。例如，先创建几个主要的部件模型，再将其装配在一起，然后在装配中设计其他部件，即为混合装配。在实际设计中，可以根据需要在两种模式下切换。

九、 主模型

主模型是供 UG NX 5 各模块共同引用的部件模型。同一主模型，可以同时被工程图、装配、加工、机构分析、有限元分析等模块引用。当主模型修改时，有限元分析、工程图、装配、加工等应用都根据部件主模型的改变自动更新。

### 5.1.2 装配建模方法

在 UG NX 5 系统中，产品装配结构的常用创建方式有两种，一种是自底向上装配，另一种是自顶向下装配。

一、 自底向上装配

使用该装配建模方法时，用户可以通过装配组件的添加操作，将已经设计好的部件加入到当前装配模型中。再通过装配组件之间的配对约束操作，来确定这些组件之间的相互位置关系。这种装配建模方法在产品设计中使用得较为普遍，应用较广。

二、 自顶向下装配

自顶向下装配方法有两种方式：第 1 种是先在装配中建立一个几何模型，然后创建一个新组件，同时将该几何模型链接到新建组件中；第 2 种是先建立一个空的新组件，它不含任何几何对象，然后使其成为工作部件，再在其中建立几何模型。

### 5.1.3 装配引用集

在装配中，由于各部件含有草图、基准平面及其他辅助图形数据，如果要显示装配中各部件和子装配的所有数据，一方面容易混淆图形，另一方面由于引用零部件的所有数据需要占用大量内存，因此不利于装配工作的进行。通过引用集可以减少这类混淆，提高机器运行速度。

## 5.2 装配组件操作

部件设计好后必须装配才能形成产品，建立装配结构是将部件按一定的层次结构组织在一

起。组件添加到装配以后，可对装配结构中的组件进行删除、编辑、抑制、阵列、替换、重新定位等组件操作，这些操作功能主要是通过【装配】/【组件】级联菜单中相应的菜单命令，或【装配】工具栏中相应的按钮来实现。本节将对装配结构常用的组件操作功能加以介绍。

## 5.2.1 组件的创建

针对两种不同的装配建模方法，其装配结构中创建组件的操作过程也不相同，下面详细介绍应用不同装配建模方法时组件的创建方式。

### 一、 自底向上装配

自底向上装配就是先设计好装配中的部件，再将部件添加到装配中。该装配操作方法在实际应用中的使用范围较广，多数产品的装配设计均采用此装配建模方法。

在进行自底向上装配操作时，选择【装配】/【组件】/【添加组件】命令，或在【装配】工具栏中单击按钮，系统会弹出如图 5-1 所示的【添加组件】对话框。

若要将工作环境中的几何对象加入到当前的装配中，就必须用后面介绍的自顶向下装配建模方法中的组件操作进行创建。

用户选择了要载入的对象后，在【添加组件】对话框中的下部将显示与添加组件相关的设置信息，同时系统弹出小的【组件预览】窗口，用于预览要加载的组件。下面介绍相关的设置选项。

(1) 【多重添加】：该复选框用于设置是否进行添加多个部件。
(2) 【名称】：该文本框表示当前添加的组件名称，默认为部件的文件名，该名称可以重新设置。如果一个部件装配在同一个装配中的不同位置时，可以用该选项来区别不同位置的同一部件。
(3) 【引用集】：该选项用于改变部件的引用集设置，系统默认引用集是“整个部件”，表示加载整个部件的所有信息。
(4) 【定位】：该选项用于指定部件在装配中的定位方式，系统提供了 4 种方式。
(5) 【图层选项】：该选项用于指定部件放置的目标层，系统提供了 3 种层的类型，包括“工作”、“原先的”和“按指定的”。

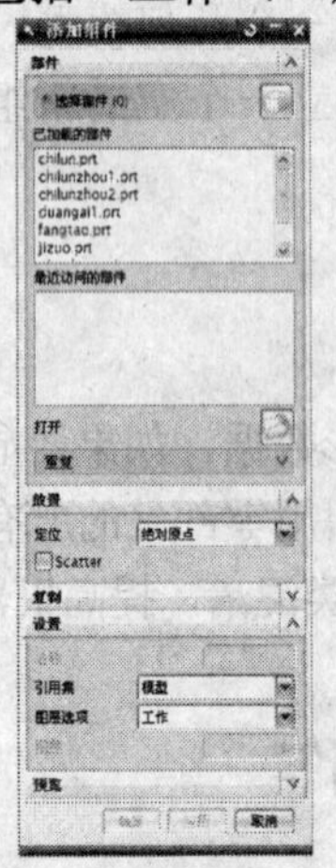


图5-1 【添加组件】对话框

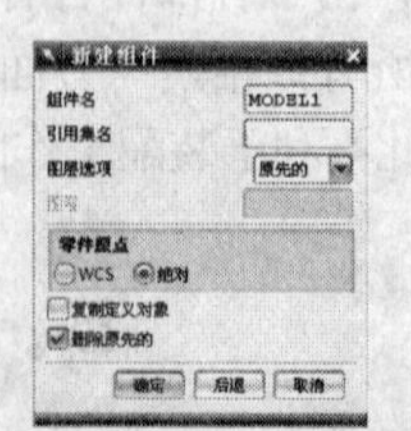


图5-2 【新建组件】对话框

### 二、 自顶向下装配

自顶向下装配方法有两种：第 1 种是先在装配中建立一个几何模型，然后创建一个新组件，同时将该几何模型链接到新建组件中；第 2 种是先建立一个空的新组件，它不含任何几何对象，然后使其成为工作部件，再在其中建立几何模型。

在进行自顶向下装配操作时，选择【装配】/【组件】/【新建】命令，或在【装配】工具栏中单击按钮，系统将提示用户选取需要进行操作的几何模型，完成选取后，系统会弹出【新建组件】对话框，让用户设置新的部件名称和保存位置，随后又弹出如图 5-2 所示的【新建组件】对话框，让用户设置新组件的相关装配信息。

## 5.2.2 组件的配对

配对条件是指组件的装配关系，以确定组件在装配中的相对位置。在装配中，两个部件之间的位置关系分为关联和非关联关系。关联关系实现了装配级参数化，当一个部件移动时，有关联关系的所有部件随之移动，始终保持相对位置，关联的尺寸值还可以灵活修改，如修改两个面的装配距离。非关联关系仅仅是将部件放置在某个位置，当一个部件移动时，其他部件并不随之移动。

配对条件由一个或多个关联约束组成，关联约束限制组件在装配中的自由度。定义关联约束时，在图形窗口中系统会自动显示约束符号，如图 5-3 所示，该符号表示组件在装配中没有被限制的自由度。

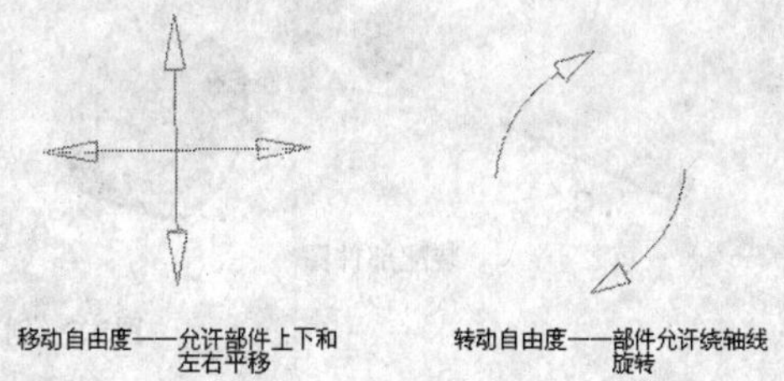


图5-3 自由度约束符号

如果组件的全部自由度被限制，称完全约束，在图形窗口中看不到约束符号。如果组件有自由度没被限制，则称欠约束，在装配中允许欠约束存在。

下面介绍创建配对的条件。

选择【装配】/【组件】/【配对组件】命令，或在【装配】工具栏中单击按钮，系统会弹出如图 5-4 所示的【配对条件】对话框。

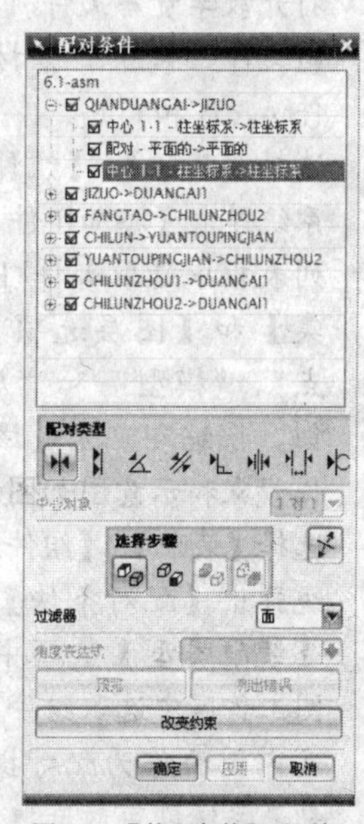


图5-4 【装配条件】对话框

在【配对条件】对话框上部显示的是当前装配中的配对条件树，它用图形表示装配中各组件的关联条件和约束关系。其中包含有 3 种类型的节点，分别是根节点、条件节点和约束节点，每类节点都有对应的弹出菜单，用于产生和编辑配对条件。

在【配对条件】对话框的【配对类型】选项中，系统提供了 8 种配对约束类型，选取某类约束形式，再在绘图工作区中选取相应的约束对象，系统即可完成配对操作。下面介绍这 8 种配对类型的操作方法。

- （配对）：此关联类型定位两个面的法向和矢量方向相反，使两个面完全重合。
- （对齐）：此关联类型是约束两个面的法向和矢量方向共方向，使两个面共面。

- （角度）：此关联类型是约束两个对象的旋转角，用于使选取组件约束到正确的方位上。
- （平行）：此关联类型是约束两个对象的方向矢量彼此平行。
- （垂直的）：此关联类型是约束两个对象的方向矢量彼此垂直。
- （中心）：此关联类型是约束两个对象的中心，使其中心对齐。
- （距离）：此关联类型是约束两个对象间的最小三维距离，距离可以是正值也可以是负值，正负号确定相关联对象是在目标对象的哪一边。
- （相切）：此关联类型是约束两个对象彼此相切。

### 5.2.3 实例——组件的创建与配对

**【案例5-1】** 打开教学资源文件“第 5 章\素材\5.1a.prt”，如图 5-5 所示，创建装配组件并进行组件间的配对操作。

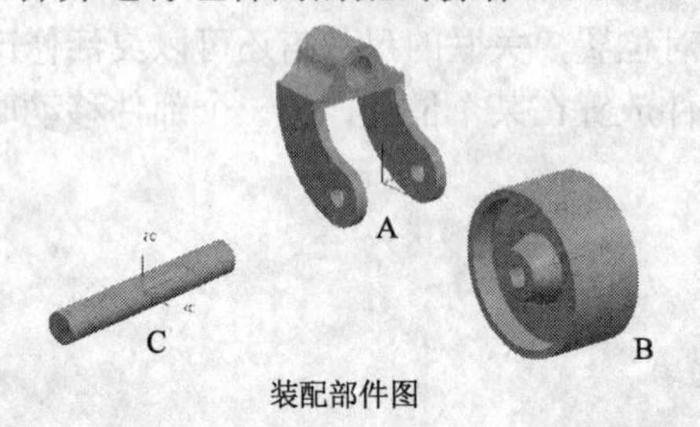


装配部件图　　　　装配效果

图5-5　创建装配组件和配对操作

**动画参照** —— 本实例动画演示见教学资源的“第 5 章\操作视频\5.1.avi”文件。

**【操作步骤】**

1. 打开教学资源文件“第 5 章\素材\5.1a.prt”，并进入装配功能模块（此前先分别打开素材文件“第 5 章\素材\5.1b.prt”和教学资源文件“第 5 章\素材\5.1c.prt”，此后简称为部件 A、B 和 C）。
2. 选择【装配】/【组件】/【添加组件】命令，系统弹出【添加组件】对话框，在该对话框的列表框中选取部件 B，设置【定位】、【引用集】和【图层选项】参数分别为“绝对原点”、“模型”和“原先的”，单击 确定 按钮，系统即可完成该部件的添加操作。其操作步骤和示意图如图 5-6 所示。

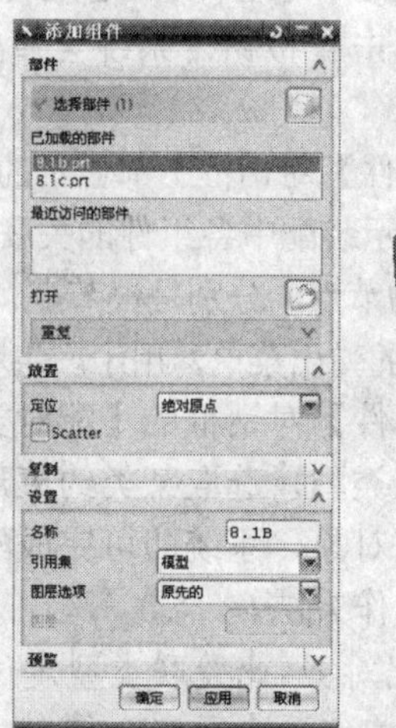


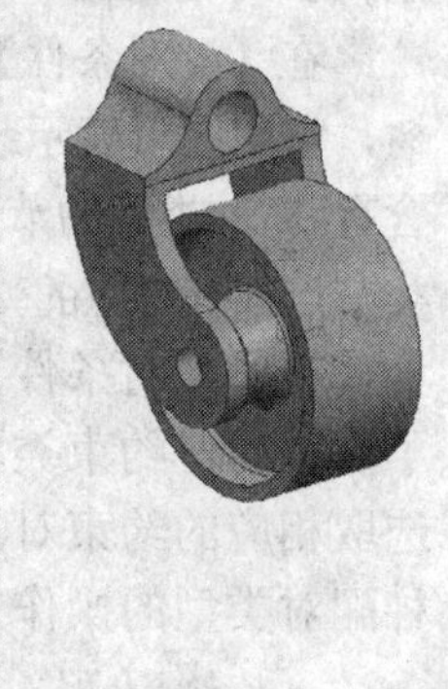

图5-6　添加组件B

3. 选择【装配】/【组件】/【配对组件】命令，系统弹出【配对条件】对话框，在该对话框的【装配类型】选项中单击按钮，然后在绘图工作区中选取组件 B 的外圆面和组件 A 的孔内圆面作为配对操作表面，单击 应用 按钮，系统即可对选取对象完成配对操作。其操作步骤和示意图如图 5-7 所示。

4. 在【装配条件】对话框的【装配类型】选项中单击按钮，然后在绘图工作区中选取组件 B 外圆的左端面和组件 A 的右侧内壁表面作为配对操作表面，再设置【距离表达式】文本框的值为“1.9”，最后单击 应用 按钮，系统即可对选取对象完成配对操作。其操作步骤和示意图如图 5-8 所示。

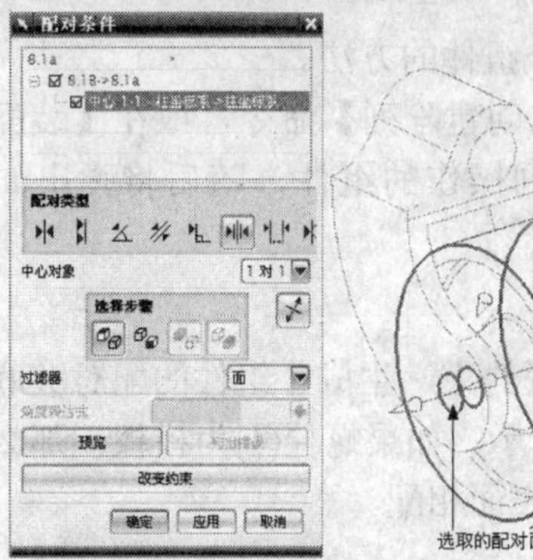

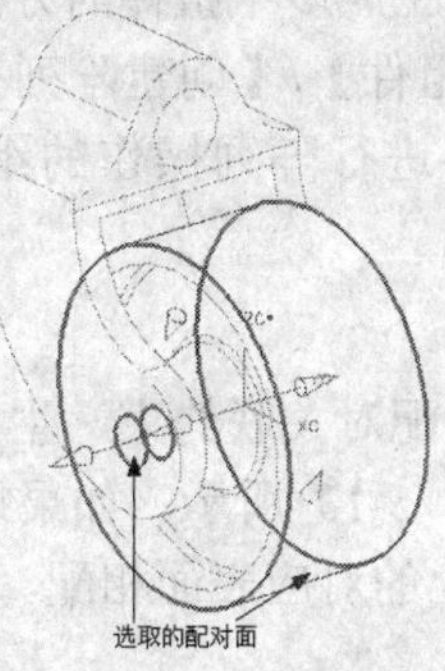


图5-7 进行中心约束

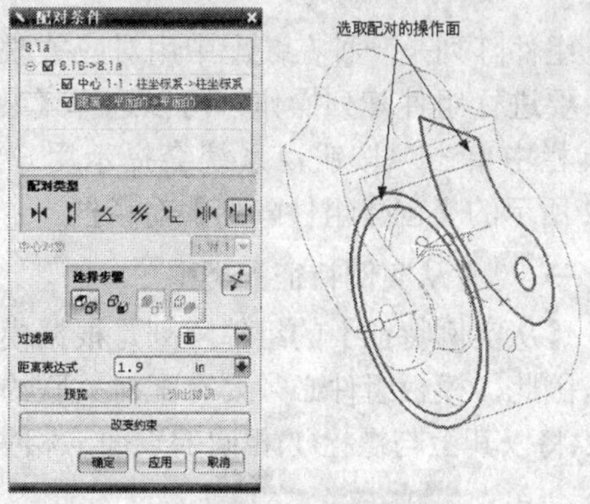


图5-8 进行距离约束

5. 按照第 2 步的操作过程再导入部件 C，只是此时用户可以指定绘图工作区中的任意位置作为导入位置，其效果如图 5-9 所示。
6. 按照第 3 步的操作过程，在【装配条件】对话框的【装配类型】选项中单击按钮，然后在绘图工作区中选取组件 C 的左端面和组件 A 的左端面作为配对操作表面，单击 应用 按钮，系统即可对选取对象完成配对操作。其操作步骤和示意图如图 5-10 所示。

图5-9 导入部件 C

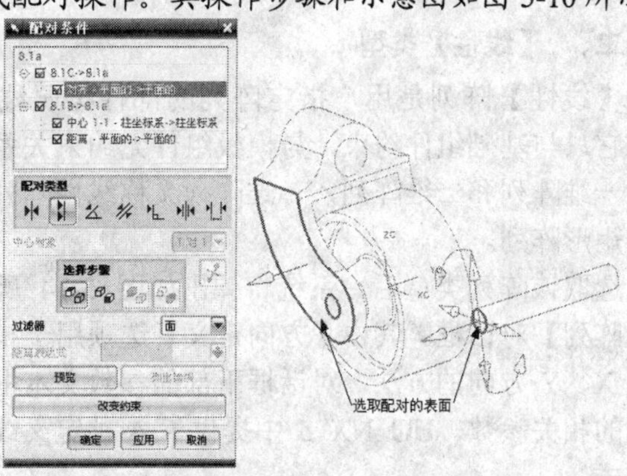


图5-10 进行对齐约束

7. 按照第 3 步的操作过程，在【装配条件】对话框的【装配类型】选项中单击按钮，然后在绘图工作区中选取组件 C 的圆柱面和组件 A 的孔内圆面作为配对操作表面，单击 应用 按钮，系统即可对选取对象完成配对操作。其操作步骤和示意图如图 5-11 所示。

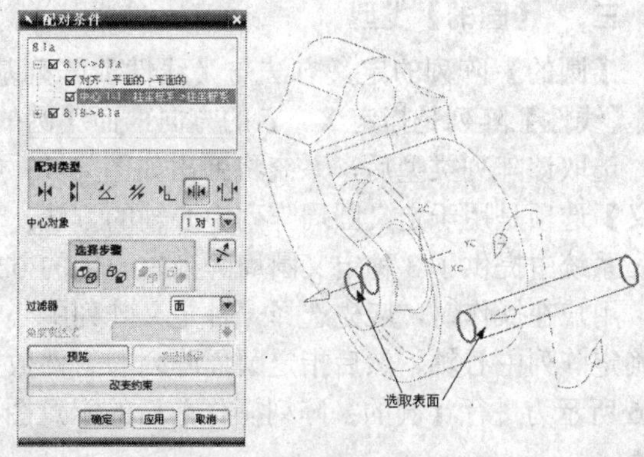


图5-11 进行中心约束

## 5.3 拓展知识——组件阵列

在 UG NX 5 装配模块中还可以进行创建装配阵列、克隆装配和装配工程图等相关操作。

组件阵列是一种在装配中用对应关联条件快速生成多个组件的方法。

要进行组件阵列操作，可以选择【装配】/【组件】/【创建阵列】命令，或在【装配】工具栏中单击按钮，系统会提示用户选取需要进行阵列操作的组件，随后将弹出如图 5-12 所示的【创建组件阵列】对话框。

### 一、【从实例特征】类型

【从实例特征】的组件阵列是根据模板组件的配对关联约束，生成各组件的配对关联约束，因此，模板组件必须要有配对关联约束。如图 5-13 所示，如果螺栓(1)为模板，那么螺栓(2)将以其上与螺栓(1)相同的表面与相关联组件上的对应表面相配。

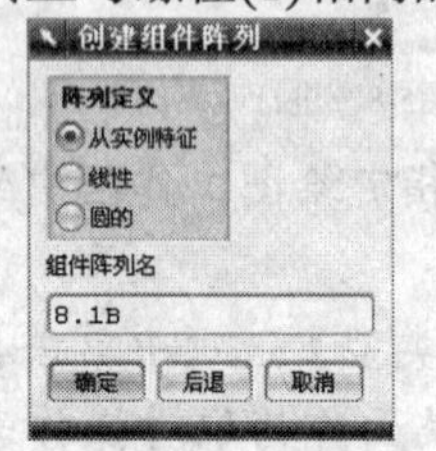


图5-12 【创建组件阵列】对话框

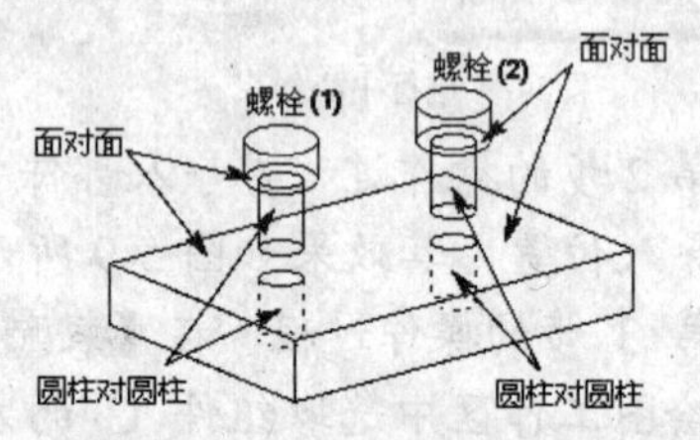


图5-13 【从实例特征】类型

### 二、【线性】类型

【线性】阵列是用户指定阵列的部件按照线性或矩形排列，它只与基础组件约束，与模板组件无约束关系。线性阵列分为一维阵列和二维阵列，一维阵列又称线性阵列，二维阵列又称矩形阵列。

选取该阵列类型后，系统将弹出如图 5-14 所示的【创建线性阵列】对话框。其中【方向定义】选项用于指定定义线性阵列 X、Y 方向的方法，对话框下部的参数文本框是指定线性阵列的相关参数。UG NX 5 中提供了 4 种定义线性阵列方向的方式。

图5-14 【创建线性阵列】对话框

### 三、【圆的】类型

【圆的】阵列的定义方法与【线性】阵列基本相同。唯一的差别是指定阵列的方向不同，【线性】阵列是指定 X、Y 的方向，而【圆的】阵列是设置阵列的中心轴。

选取该阵列类型后，系统将弹出如图 5-15 所示的【创建圆周阵列】对话框。其中【轴定义】选项是用于定义圆周阵列中心轴的方法，下部的参数文本框中指定圆周阵列的相关参数。系统中提供了 3 种定义圆周阵列中心轴的方式。

用户在操作时，应先选择一种定义阵列中心轴的方法，再在绘图工作区中选择相应的对象确定阵列中心轴，然后指定圆周阵列的组件数量和角度参数，系统即可产生圆周阵列。图 5-16 所示为进行【圆的】阵列操作前后的示意图。

图5-15 【创建圆周阵列】对话框

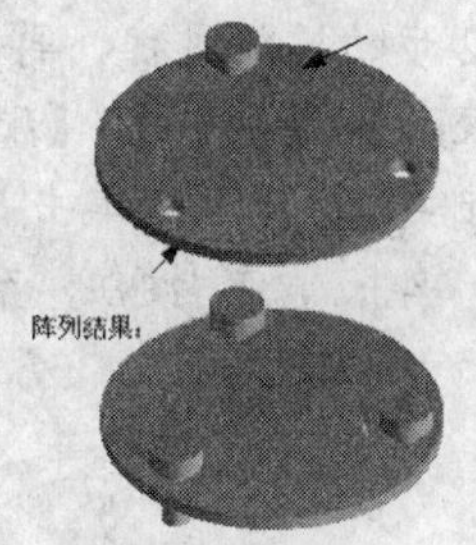


图5-16 【圆的】阵列

## 5.4 综合实例——创建手表装配模型

本节将利用前面介绍过的装配模块各种操作功能，来创建一个完整的手表产品装配结构，这里采用的是自底向上的装配设计模式。装配中各零部件的具体形状已设计完成，在本书教学资源文件中为 UG NX 5 文件“第 5 章\素材\watch\8.3a.prt”到“第 5 章\素材\watch\8.3h.prt”，在后面的操作中将简称为部件 A 到部件 H。图 5-17 所示为完成装配后的实际效果图和装配爆炸图。

要点提示 本例中，在添加各个装配部件时，其导入位置都是任意的，因此读者在自己操作时可能会有与图示不太一致的情况，这时只要选取的操作对象和操作过程与图示一致即可。

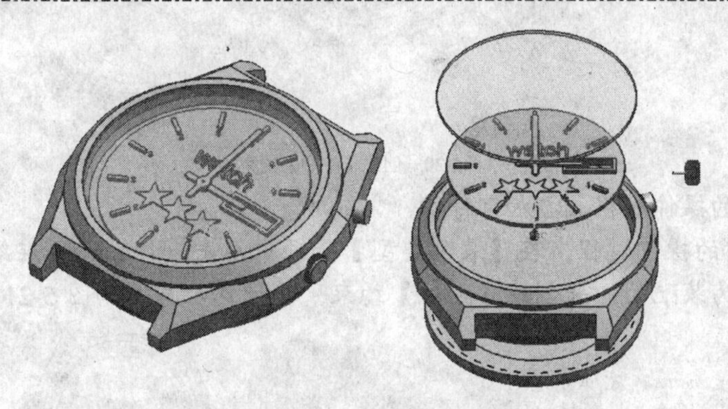

图5-17 创建手表装配模型和爆炸图

动画参照 —— 本实例动画演示见教学资源的“第 5 章\操作视频\5.2.avi”文件。

【操作步骤】

1. 在 UG NX 5 中打开部件 A 到部件 H。再新建一个 UG NX 文件，进入装配功能模块。
2. 选择【装配】/【组件】/【添加组件】命令，系统弹出【添加组件】对话框。在【已加载的组件】对话框的列表框中选取部件 A，将【定位】、【引用集】和【图层选项】参数分别设置为“绝对原点”、“模型”和“工作”，再单击 确定 按钮，其设置示意图如图 5-18 所示。

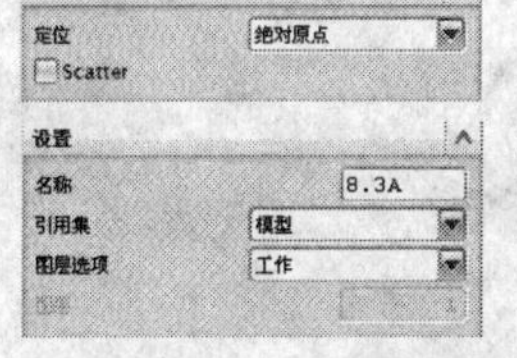


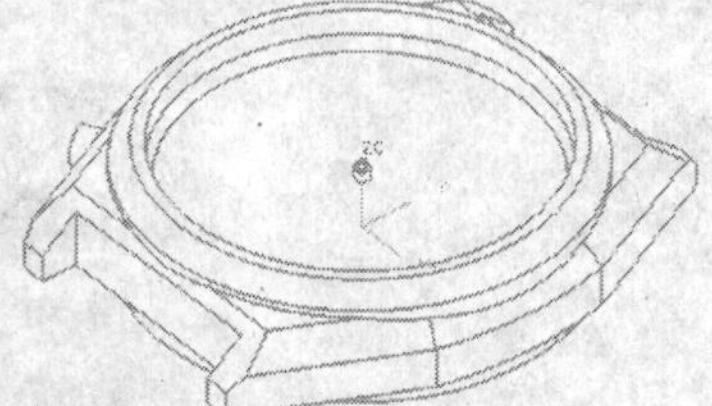

图5-18 添加部件 A

3. 按照第 2 步的操作过程，再次添加部件 B。
4. 选择【装配】/【组件】/【配对组件】命令，系统弹出【配对条件】对话框，在该对话框的【装配类型】选项中单击按钮，并在绘图工作区中选取图示的第一表面和第二表面为装配面，单击 应用 按钮，系统即可创建【配对】约束。其操作示意图如图 5-19 所示。

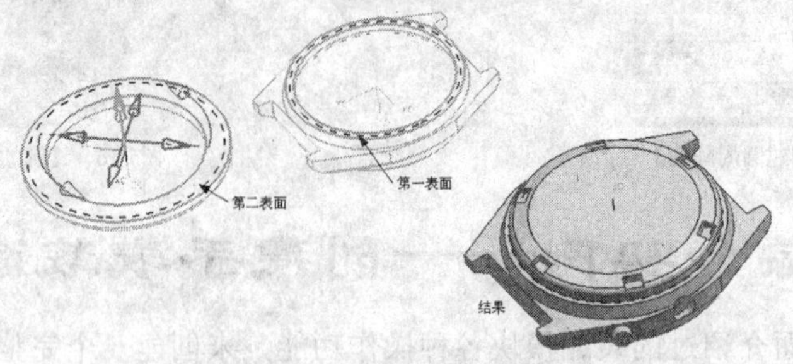


图5-19 创建【配对】约束

5. 按照第 4 步的操作过程，在【装配类型】选项中单击按钮，并在绘图工作区中选取图示的第一圆柱和第二圆柱表面为装配面，单击 应用 按钮，系统即可创建【中心】约束。其操作示意图如图 5-20 所示。

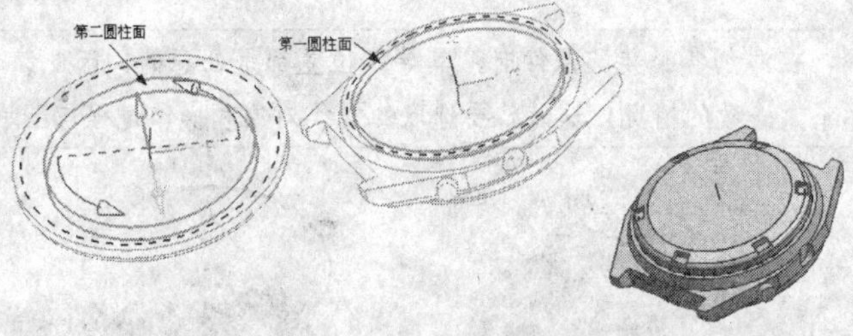


图5-20 创建【中心】约束

6. 按照第 2 步的操作过程，添加部件 C。
7. 按照第 4 步的操作过程，在【装配类型】选项中单击按钮，并在绘图工作区中选取图示的表面为装配面，来创建【配对】约束。其操作示意图如图 5-21 所示。

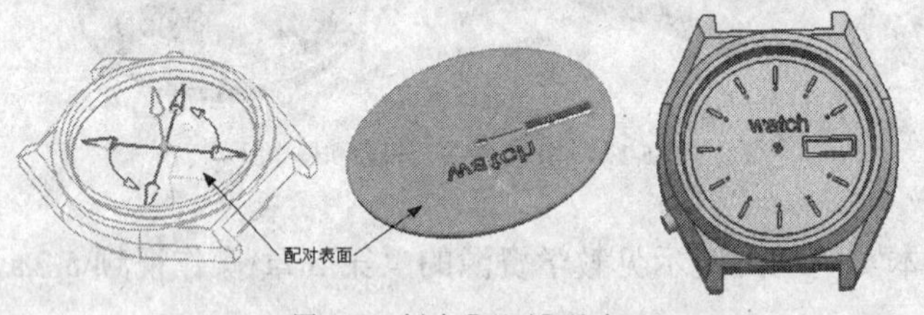


图5-21 创建【配对】约束

8. 按照第 4 步的操作过程，在【装配类型】选项中单击按钮，并在绘图工作区中选取图示的圆柱面为装配面，来创建【中心】约束。其操作示意图如图 5-22 所示。

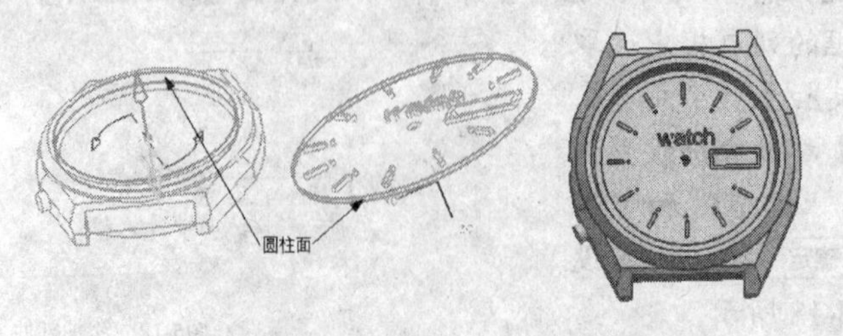


图5-22 创建【中心】约束

9. 按照第 4 步的操作过程，在【装配类型】选项中单击按钮，并在绘图工作区中选取图示的表面为装配面，来创建【平行】约束。如果方向不对，则单击按钮调整。其操作示意图如图 5-23 所示。

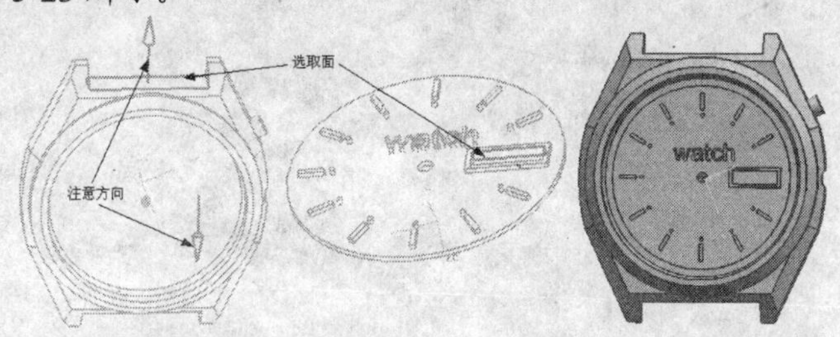


图5-23 创建【平行】约束

10. 按照第 2 步的操作过程，添加部件 D。
11. 按照第 4 步的操作过程，在【装配类型】选项中单击按钮，并在绘图工作区中选取图示的表面为装配面，【距离表达式】设置为 0.2，来创建【距离】约束。其操作示意图如图 5-24 所示。

图5-24 创建【距离】约束

12. 按照第 4 步的操作过程，在【装配类型】选项中单击按钮，并在绘图工作区中选取图示的表面为装配面，来创建【中心】约束。其操作示意图如图 5-25 所示。

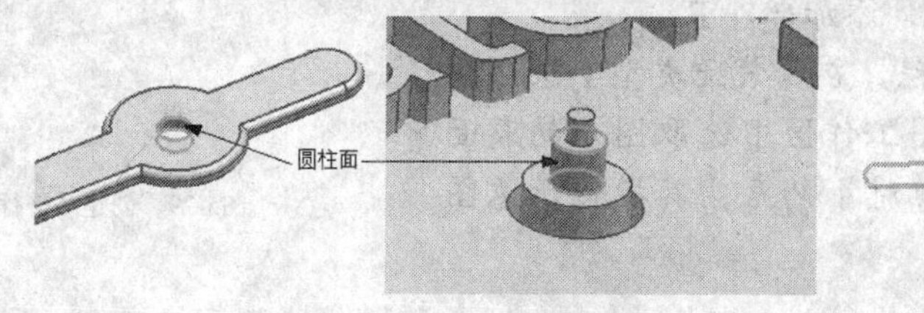


图5-25 创建【中心】约束

13. 按照第 4 步的操作过程，在【装配类型】选项中单击按钮，并在绘图工作区中选取图示的表面为装配面，来创建【平行】约束。如果方向不对，则单击按钮调整。其操作结果如图 5-26 所示。

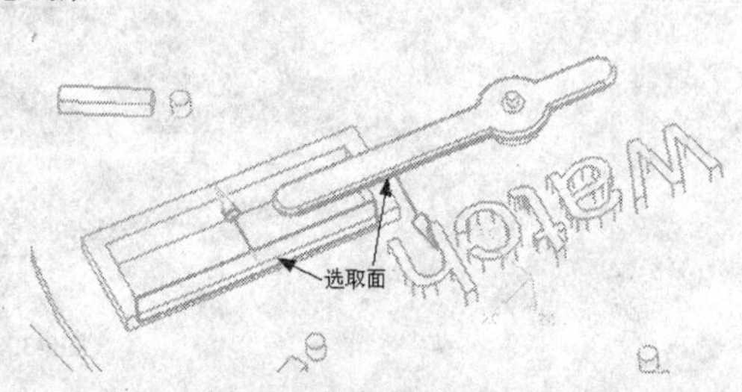


图5-26 创建【平行】约束

14. 按照第 2 步的操作过程，添加部件 E。
15. 按照第 4 步的操作过程，在【装配类型】选项中单击按钮，并在绘图工作区中选取图示的表面为装配面，【距离表达式】设置为 0.0，如果方向不对，则单击按钮调整，创建【距离】约束。其操作示意图如图 5-27 所示。

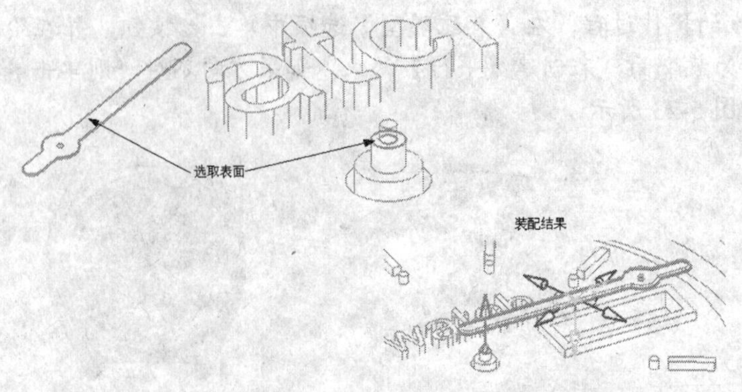


图5-27 创建【距离】约束

16. 按照第 4 步的操作过程，在【装配类型】选项中单击按钮，并在绘图工作区中选取图示的圆柱面为装配面，来创建【中心】约束。其操作示意图如图 5-28 所示。

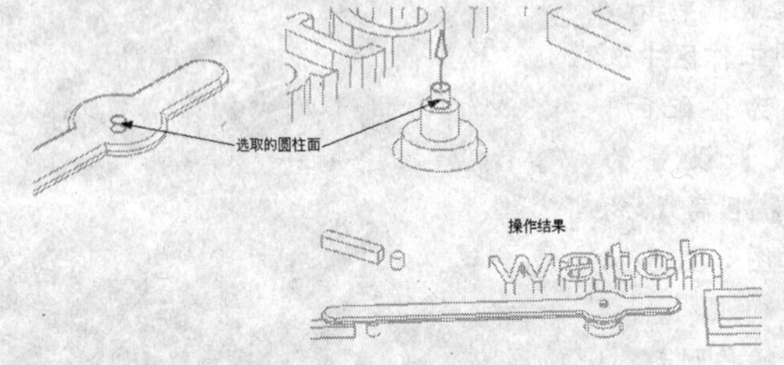


图5-28 创建【中心】约束

17. 按照第 4 步的操作过程，在【装配类型】选项中单击按钮，并在绘图工作区中选取装配面，来创建【平行】约束。如果方向不对，则单击按钮调整。其操作结果如图 5-29 所示。

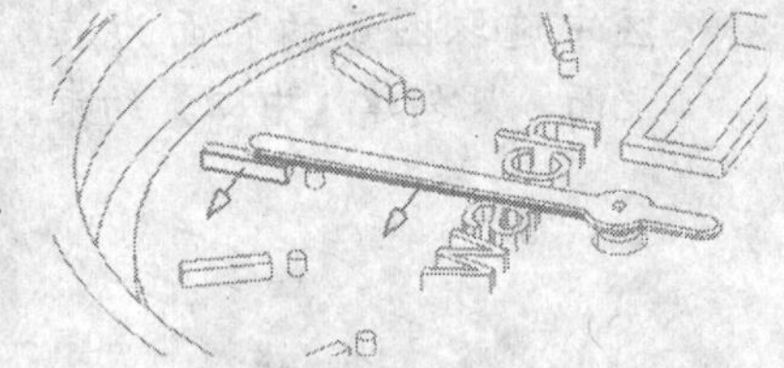

图5-29 创建【平行】约束

18. 按照第 2 步的操作过程，添加部件 F。
19. 按照第 4 步的操作过程，在【装配类型】选项中单击按钮，并在绘图工作区中选取图示的表面为装配面，来创建【配对】约束。其操作示意图如图 5-30 所示。

图5-30 创建【配对】约束

20. 按照第 4 步的操作过程，在【装配类型】选项中单击按钮，并在绘图工作区中选取图示的点和面，【距离表达式】设置为 4，如果方向不对，则单击按钮调整，创建【距离】约束。其操作示意图如图 5-31 所示。

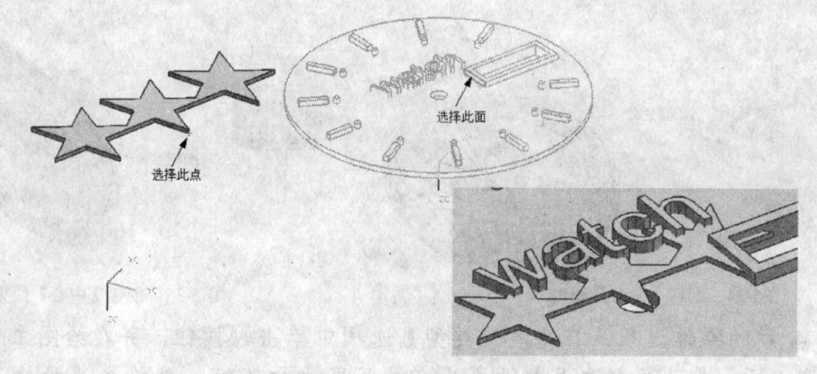


图5-31 点和面【距离】约束

21. 按照第 4 步的操作过程，在【装配类型】选项中单击按钮，并在绘图工作区中选取图示的点和面，【距离表达式】设置为 6，如果方向不对，则单击按钮调整，创建【距离】约束。其操作示意图如图 5-32 所示。

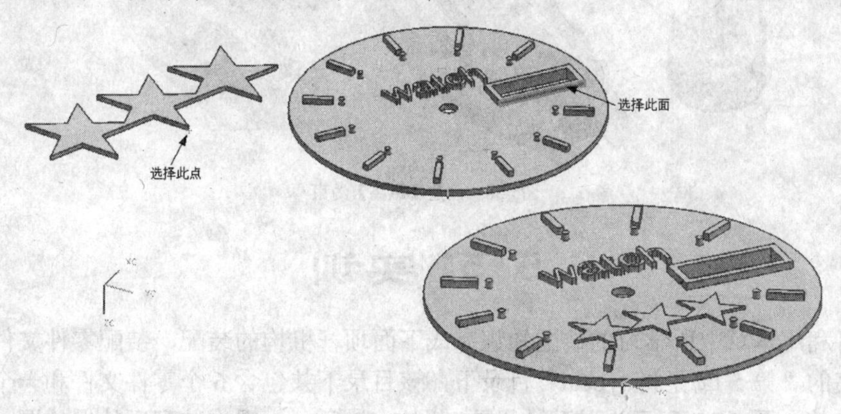


图5-32 点和面【距离】约束

22. 按照第 2 步的操作过程，添加部件 G。
23. 按照第 4 步的操作过程，在【装配类型】选项中单击按钮，并在绘图工作区中选取图示的装配面，单击 应用 按钮，系统即可创建【配对】约束。其操作示意图如图 5-33 所示。

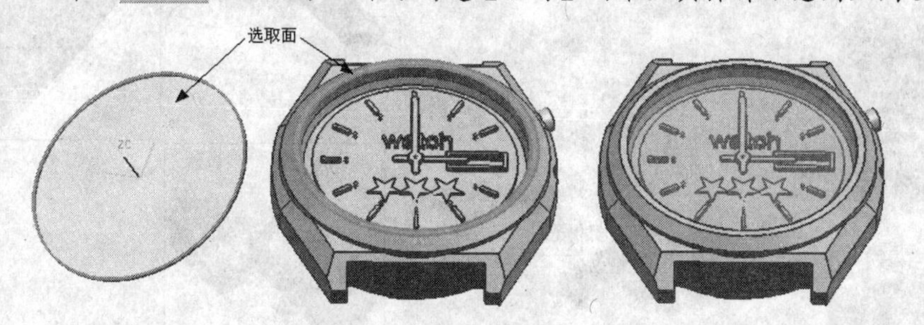


图5-33 创建【配对】约束

24. 按照第 4 步的操作过程，在【装配类型】选项中单击按钮，并在绘图工作区中选取图示的面为装配面，来创建【中心】约束。其操作示意图如图 5-34 所示。
25. 按照第 2 步的操作过程，添加部件 H。
26. 按照第 4 步的操作过程，在【装配类型】选项中单击按钮，并在绘图工作区中选取图示的面为装配面，来创建【中心】约束。其操作示意图如图 5-35 所示。

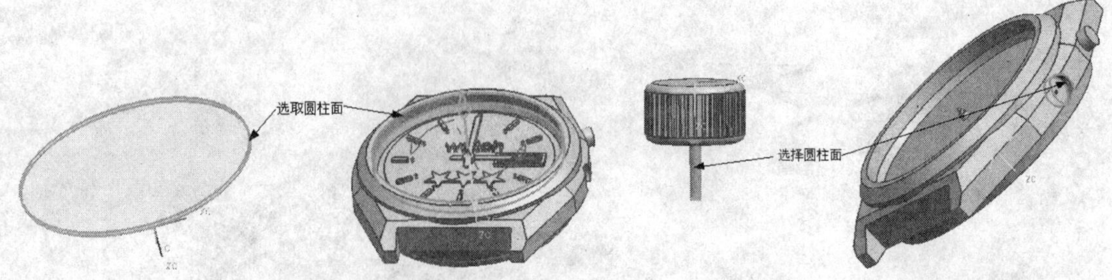

图5-34　创建【中心】约束　　图5-35　创建【中心】约束

27. 按照第 4 步的操作过程，在【装配类型】选项中单击按钮，并在绘图工作区中选取图示的点和面，【距离表达式】设置为 0，如果方向不对，则单击按钮调整，创建【距离】约束。其操作示意图如图 5-36 所示。

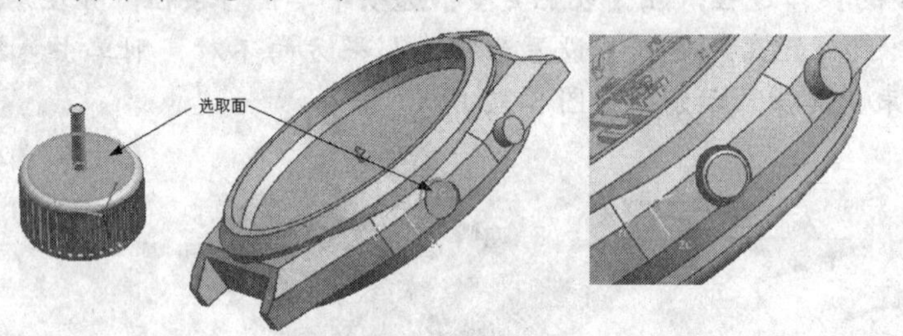

图5-36　创建【距离】约束

## 5.5 实训

请读者利用本章中所学习的装配知识完成下面顶杆机构的装配，装配零件文件位于教学资源文件夹的“第 5 章\素材\typcal”目录下，该目录下共包含 6 个零件文件和一个装配完毕后的装配文件。图 5-37 所示为装配结果图，图 5-38 所示为零件装配后的爆炸图，读者也可以参考装配完毕后的文件。

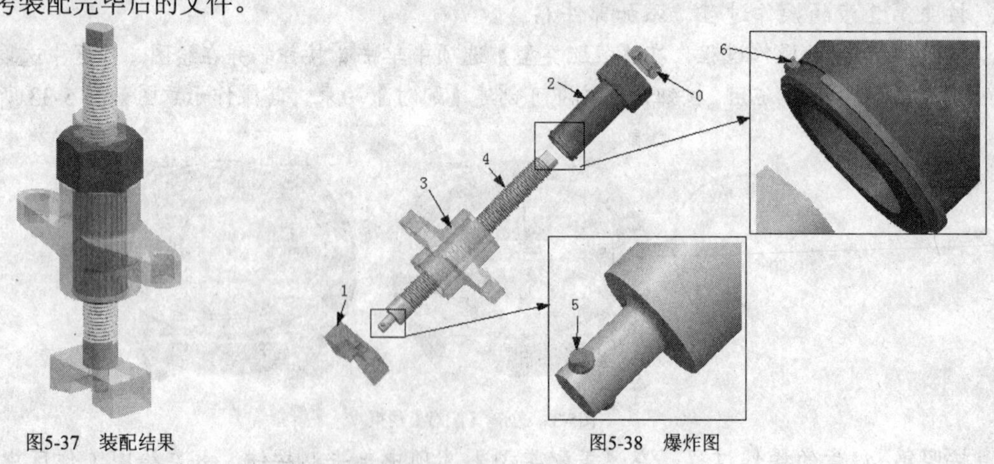

图5-37　装配结果　　图5-38　爆炸图

操作提示如下。

(1) 新建一个 UG 部件文件，进入装配功能。

(2) 采用绝对定位法装入零件 3。

(3) 装配零件 2，与零件 3 采用中心对齐和面面距离配对方法。

(4) 装配零件 4，与零件 3 采用中心对齐和面面距离配对方法。

(5) 装配零件 0，与零件 2 采用中心对齐和面面距离配对方法。

(6) 装配零件 1，与零件 4 采用中心对齐和面面距离配对方法。

(7) 参考爆炸视图装配其他零件。

## 小结

本章详细介绍了 UG NX 5 中装配功能模块的使用。通过本章的学习，读者应该了解装配的概念和分类以及如何实现零部件的装配。应该说用户使用 UG NX 5 的最终目的都是利用它完成一个复杂机构的设计，所以在应用实体建模功能建立了零部件模型后，需要对其进行装配，这样才能进行后续的仿真和分析优化等功能操作。

## 思考与练习

根据图 5-39 所示的油滤装配结果图，利用本章所学的装配知识，完成装配操作。本题的输入文件位于教学资源文件夹的“第 5 章\素材\practice”目录下。

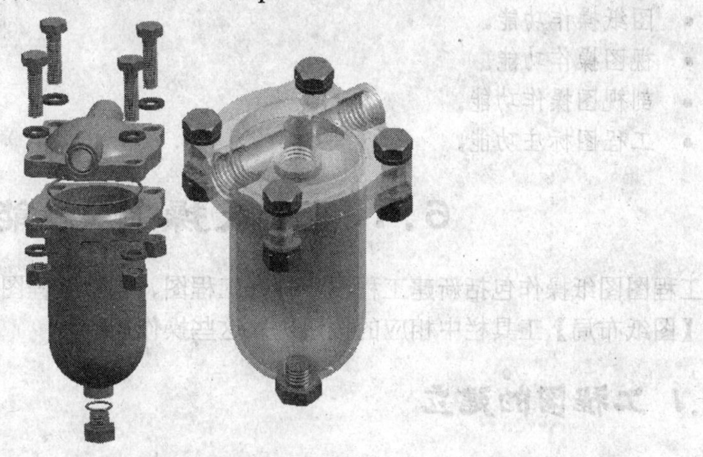

图5-39 装配结果

# 第 6 章

# 工程图功能

利用 UG NX 5 的实体建模功能创建零件和装配模型后，用户可以将其引入到工程制图模块环境，创建产品的二维工程图纸。UG NX 5 系统的工程制图模块功能是基于三维实体模型的二维投影来创建相关的二维工程图，本章将对工程图的基本绘制方法进行介绍。

**学习目标**

- 图纸操作功能。
- 视图操作功能。
- 剖视图操作功能。
- 工程图标注功能。

## 6.1 图纸操作功能

工程图图纸操作包括新建工程图、打开工程图、删除工程图、编辑工程图等。用户可以通过【图纸布局】工具栏中相应的按钮进入这些操作功能。

### 6.1.1 工程图的建立

用户进入工程图应用模块后，系统会自动弹出如图 6-1 所示的【图纸页】对话框，系统按默认设置自动新建一张工程图，图名为“SHT1”。

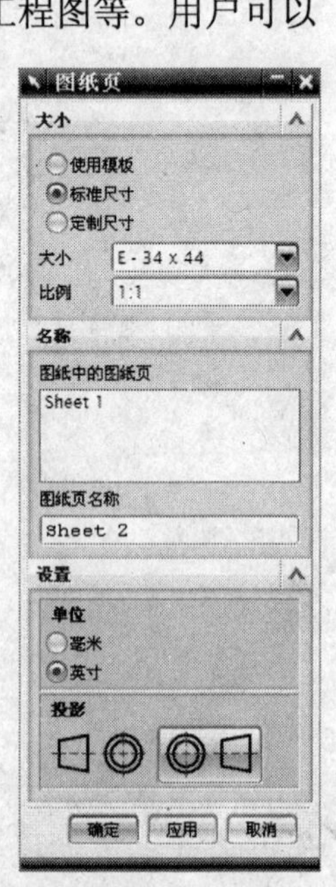


图6-1 【图纸页】对话框

在【图纸布局】工具栏中单击按钮，或选择【插入】/【图纸页】命令，系统也会弹出【图纸页】对话框，在其中可进行新图纸参数的设置。下面介绍该对话框中各参数选项的用法。

- 图纸页名称：该文本框用于输入新建工程图的名称。
- 大小：该下拉列表用于指定图纸的尺寸规格。
- 比例：该选项用于设置工程图中各类视图的比例大小。系统默认的比例是“1:1”。
- 投影：该选项用于设置视图的投影角度方式。系统提供的投影角度有两种，分别为按第一象限角投影和按第三象限角投影。

### 6.1.2 打开、删除和编辑工程图

当前模型文件中建立的工程图都被列在【部件导航器】的【Drawing】项目下，通过右击工程图名称可以完成对工程图的打开、删除和编辑操作，如图 6-2 所示。

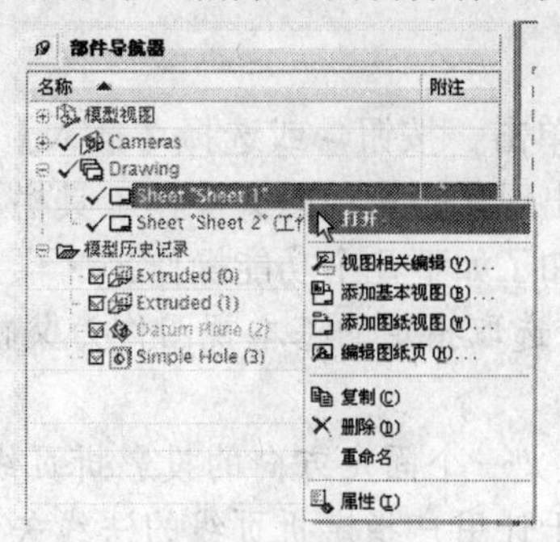


图6-2 工程图操作

## 6.2 视图操作功能

当工程图纸确定后，用户就可以在其中添加视图了，本节将介绍常用的视图操作。

### 6.2.1 添加基本视图

添加视图操作是一个生成模型视图的过程，即向图纸空间放置各种投影视图。

在【图纸布局】工具栏中单击图标，或选择【插入】/【视图】/【基本视图】命令，系统会在绘图工作区的左上角出现【基本视图】操作工具栏。其中各图标按钮的用法如下。

- ：用于选择要添加基本视图的零件。
- （样式）：用于弹出【视图样式】对话框，让用户进行相关的视图查看参数设置。
- 俯视图（视图）：用于让用户选取要进行添加视图的类型。可以从下拉列表中选取，系统提供了 8 种视图类型，包括俯视图、前视图、右视图、仰视图、后视图、左视图、正等测视图和正二测视图。
- 1:1（比例）：用于设置在向图纸添加视图时，该视图的显示比例。其默认比例值等于创建图纸时设置的比例。
- （视图定向工具）：用于让用户设置视图定向方式。
- （移动视图）：用于让用户移动当前视图至图纸的合适位置。

在操作时，用户只要在视图下拉列表中选取需要添加的视图类型，然后利用光标将系统预显示的视图定位在图纸的合适位置，即可完成基本视图的添加操作。图 6-3 所示为包含有 5 个基本视图的工程图纸示意图。

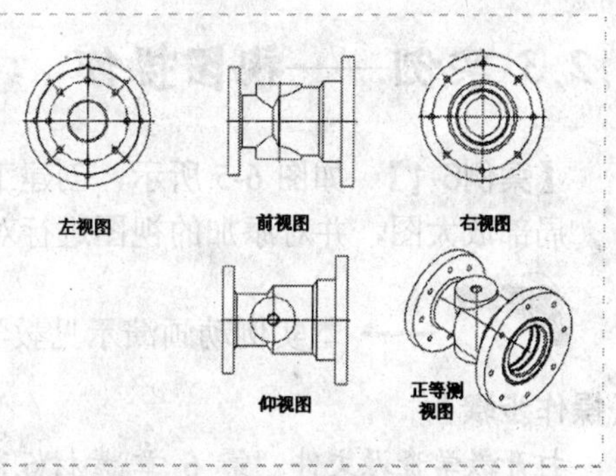


图6-3 基本视图

### 6.2.2 添加投影视图和局部视图

在向图纸中添加基本视图后，系统会自动进行添加投影视图操作，让用户利用该基本视图创建其投影视图。

**一、 添加投影视图**

在【图纸布局】工具栏中单击按钮，或选择【插入】/【视图】/【投影视图】命令，系统会在绘图工作区的左上角出现【投影视图】操作工具栏。其中大部分按钮的用法和创建基本视图的用法相同，只是增加了如下几个功能操作。

- （基本视图）：用于选取指定的基本视图作为父视图。此选项在图纸中有多个基本视图时可用。
- （折页线）：用于定义一个固定方向的投影折页线。
- （矢量选项）：用于让用户指定折页线的法线矢量方向。
- （反向）：用于使投影方向反向。

**二、 添加局部放大视图**

在【图纸布局】工具栏中单击按钮，或选择【插入】/【视图】/【局部放大图】命令，系统会在绘图工作区的左上角出现【局部放大图】操作工具栏。其中大部分按钮的用法也和创建基本视图的用法相同，只是增加了如下几个功能操作。

- （矩形边界）：用于创建矩形边界的局部放大图。
- （圆周边界）：用于创建圆周边界的局部放大图。
- （内嵌的）：用于设置在父视图的局部视图标签方式。

在操作时，用户先选取产生投影视图的父视图，再设置局部放大图的边界方式，并在父视图中确定放大区域，然后指定视图创建的位置，系统即可完成局部放大视图的创建操作。

图 6-4 所示为添加投影视图和局部放大图的示意图。

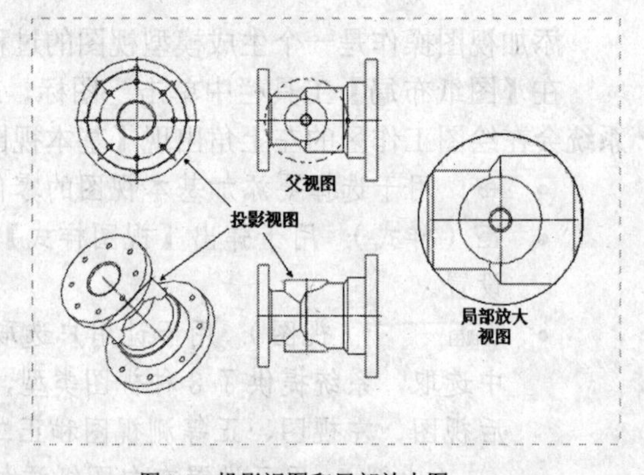


图6-4 投影视图和局部放大图

### 6.2.3 实例——视图操作

【案例6-1】 如图 6-5 所示，创建工程图，并在工程图纸中添加基本视图、投影视图和局部放大图，并对添加的视图进行对齐等相关视图操作。

动画参照 —— 本实例动画演示见教学资源的“第 6 章\操作视频\6.1.avi”文件。

【操作步骤】

1. 打开教学资源文件“第 6 章\素材\6.1.prt”，并进入制图功能模块。此时由于文件中部存在任何图纸，系统会自动打开【图纸页】对话框，要求自动建立新的图纸。

2. 按照图 6-6 所示的设置，建立新的图纸。

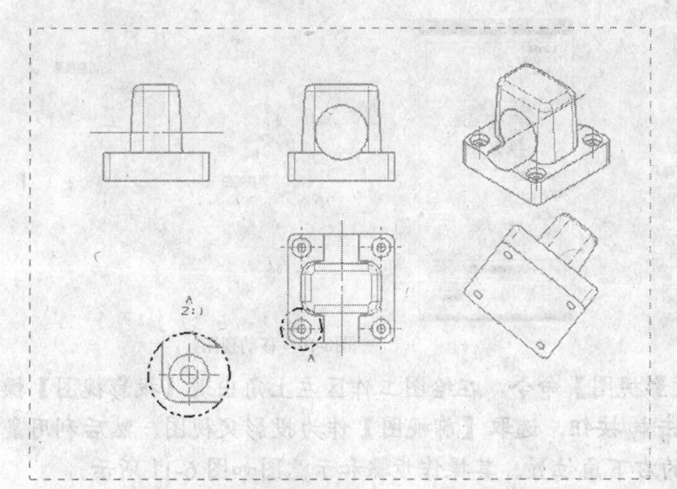

图6-5 添加视图

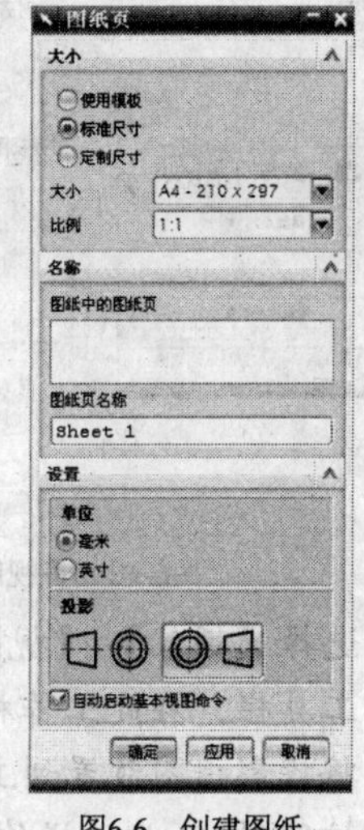


图6-6 创建图纸

3. 系统自动进入基本视图功能，在绘图工作区左上角出现的【基本视图】操作工具栏中，从【视图】下拉列表中选择“前视图”，并通过鼠标将视图放置到工程图纸的中上部。添加结果如图 6-7 所示。
4. 选择【首选项】/【工作平面】命令，系统弹出【工作平面首选项】对话框，取消选择的【显示排样】选项，去掉图纸中存在的栅格。
5. 选择【首选项】/【制图】命令，系统弹出【制图首选项】对话框，取消选择的【显示边界】选项，隐藏添加的基本视图边界。
6. 选择【插入】/【视图】/【基本视图】命令，利用弹出的【基本视图】操作工具栏添加俯视图和正等测视图。其创建后的示意图如图 6-8 所示。

图6-7 添加前视图　　　　图6-8 添加俯视图和正等测视图

7. 选择【编辑】/【视图】/【对齐视图】命令，系统弹出【对齐视图】对话框，此时选取前视图对象的右边上端点作为对齐基准点，然后再选取前视图和俯视图作为要进行对齐操作的视图，最后在【对齐视图】对话框中单击按钮，系统即可完成对齐操作。其操作步骤和示意图如图 6-9 所示。
8. 选择【编辑】/【视图】/【移动/复制视图】命令，系统弹出【移动/复制视图】对话框，此时选取正等侧视图作为要移动的视图，并单击按钮，利用鼠标将正等侧视图定位到图纸中新的位置上，系统即可完成移动视图操作。其操作步骤和示意图如图 6-10 所示。

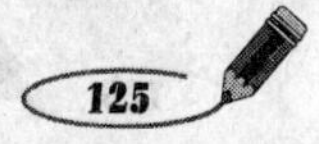

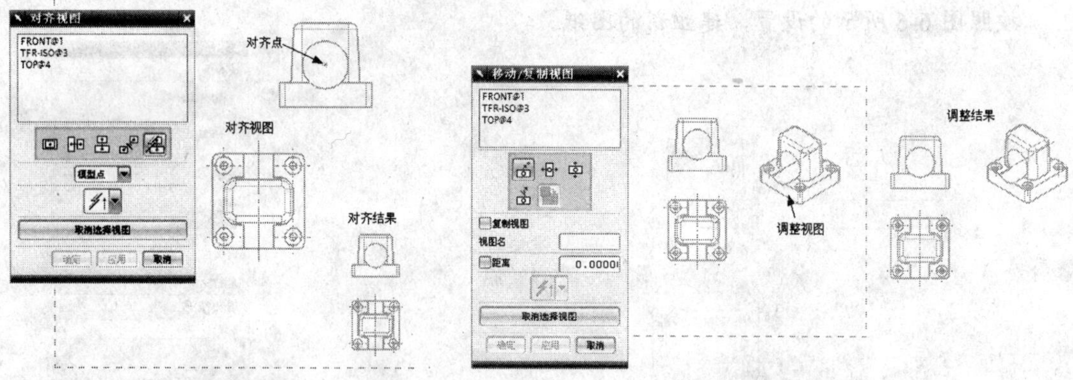


图6-9 对齐视图

图6-10 移动视图

9. 选择【插入】/【视图】/【投影视图】命令，在绘图工作区左上角出现【投影视图】操作工具栏。在此工作栏中，单击按钮，选取【前视图】作为投影父视图，然后利用鼠标将投影视图放置到工程图纸的右下角位置。其操作步骤和示意图如图 6-11 所示。
10. 按照第 9 步的操作过程，再创建前视图左侧正交投影视图。其操作步示意图如图 6-12 所示。

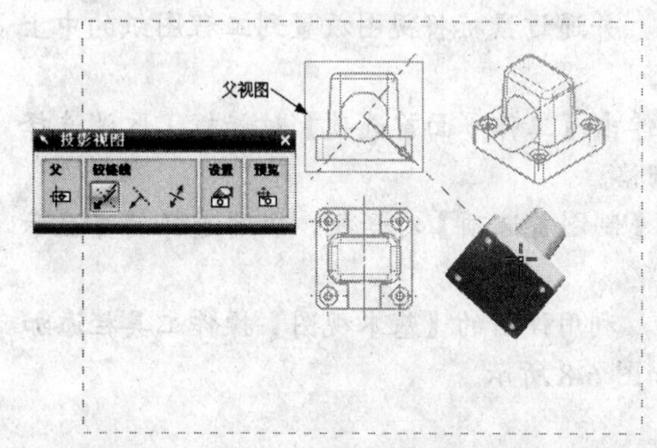


图6-11 添加投影视图

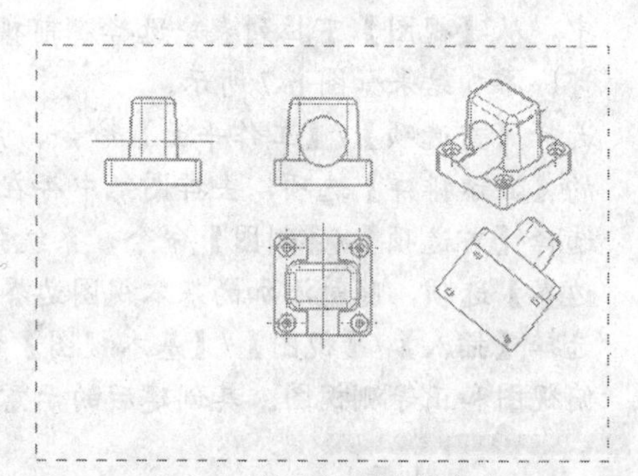

图6-12 添加右侧正交投影视图

11. 选择【插入】/【视图】/【局部放大图】命令，在绘图工作区左上角出现【局部放大图】操作工具栏。在此工具栏中，单击按钮，接着选取正交投影视图中孔的中心点作为局部视图的中心位置，然后再任意定义一点作为局部视图的边界位置，最后利用鼠标将投影视图放置到工程图纸的左下角位置。其操作步骤和示意图如图 6-13 所示。

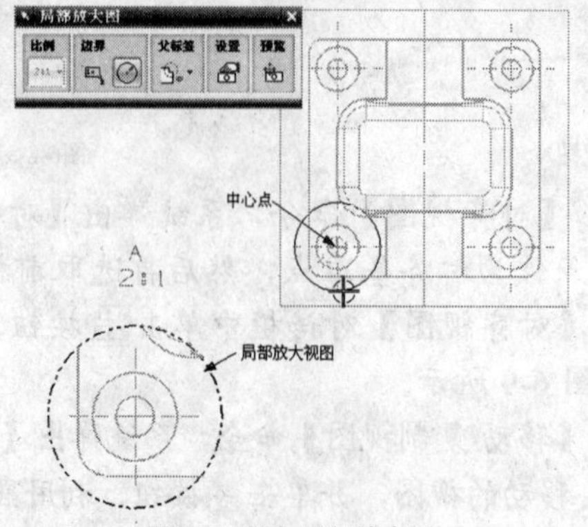


图6-13 添加局部放大图

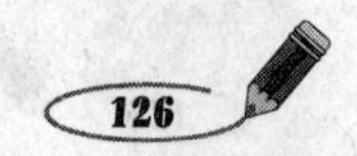

# 6.3 剖视图的应用

如果产品内部结构比较复杂，为了在工程图中清晰地描述产品零件的内部结构特点，需要采用剖视图，本节将介绍剖视图的应用。

## 6.3.1 剖视图基本概念

在介绍剖视图操作前，要向读者介绍一些剖视图操作的相关基本概念。图 6-14 所示为剖视图中剖面线的名称示意图。

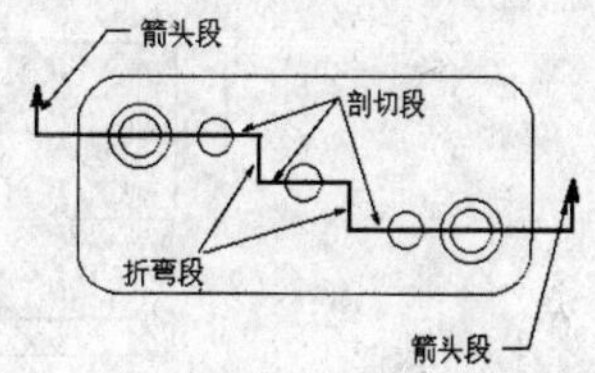

图6-14 剖面线名称

- 剖面线（剖切线）：用户定义的剖切平面和折弯线所组成的线段，由剖切段、折弯段和箭头段组成。
- 剖切段：剖面线的一部分，用来定义产生剖视图的剖切平面。
- 箭头段：包含剖切方向箭头所在的部分。

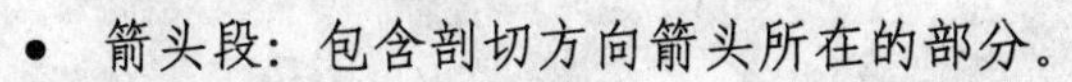

- 折弯段：是非剖切位置，主要用于连接多段剖切段。

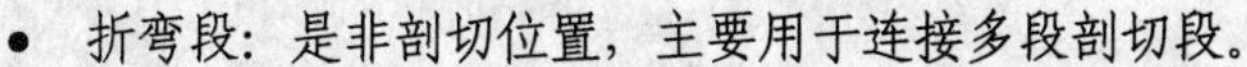

对于任意剖视图的剖面线来说，都包含有至少一个箭头段和一个剖切段，箭头段和剖切段总是垂直的。常用剖视图的剖面线所包含部分如下。

- 半剖视图：包含有一个箭头段和一个剖切段。
- 简单剖视图：包含有两个箭头段和一个剖切段。
- 阶梯剖视图：包含有两个箭头段和多个剖切段，且每两个剖切段之间有一个折弯段。
- 旋转剖视图：包含有两个箭头段和多个剖切段，且每两个剖切段之间有一个折弯段。

## 6.3.2 一般剖视图

一般剖视图是用一个或多个直的剖切平面通过整个零部件实体而得到的剖视图，利用该功能，用户可以创建简单剖视图和阶梯剖视图。在【图纸布局】工具栏中单击按钮，或选择【插入】/【视图】/【剖视图】命令，系统会在绘图工作区的左上角出现【剖视图】操作工具栏。其中各图标按钮的用法如下。

- （父视图）：用于选择剖视图的父视图。
- （自动判断铰链线）：由系统根据用户当前选择智能的推断剖面铰链线的位置和方向。
- （定义铰链线）：由用户手动创建铰链线，通过单击按钮手动设置剖切方向。
- （添加段）：用于创建阶梯剖视图，添加一个剖切线段，也就是添加了一个转弯段。
- （删除段）：用于删除一段已经存在的剖切线段。
- （移动段）：用于移动一个已经存在的剖切线段。
- （放置视图）：将剖视图放置到鼠标指定的位置。

### 一、 创建简单剖视图

如果用户要创建简单剖视图，则需要在出现【剖视图】操作工具栏后，在工程图纸中选取创建剖视图的父视图，再指定剖切位置和剖切方向，最后用户利用光标将剖视图放置到工程图纸中的合适位置即可完成操作。图 6-15 所示为简单剖视图的示意图。

**二、创建阶梯剖视图**

阶梯剖视图中会含有多个互相平行的剖切段，剖切段之间由折弯段连接。该功能常用于生成多个平行截面上的零件剖切结构。

操作时，基本可以按照创建简单剖视图的步骤来做，只是【剖视图】操作工具栏中的按钮激活后，可以通过单击该按钮，来添加多段剖切段。图 6-16 所示为阶梯剖视图的示意图。

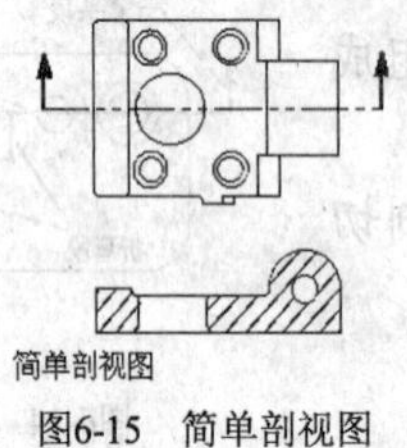


图6-15 简单剖视图

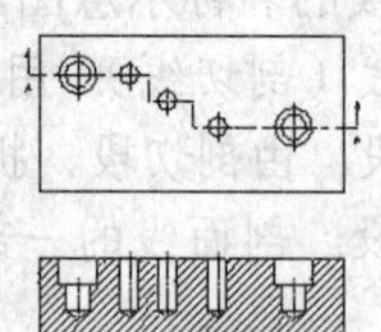


图6-16 阶梯剖视图

## 6.3.3 半剖视图

半剖操作在工程上常用于创建对称零件的剖视图，它由一个剖切段、一个箭头段和一个弯折段组成。

在【图纸布局】工具栏中单击按钮，或选择【插入】/【视图】/【半剖视图】命令，系统会在绘图工作区的左上角出现【半剖视图】操作工具栏，其中各按钮的用法和前面介绍的用法相同。

创建半剖视图的操作步骤和创建简单剖视图的操作步骤基本相同。用户首先在工程图纸中选择要剖切的父视图，再定义剖切方向和指定剖切位置，最后将其放置到工程图纸的合适位置即可完成操作。图 6-17 所示为半剖视图的示意图。

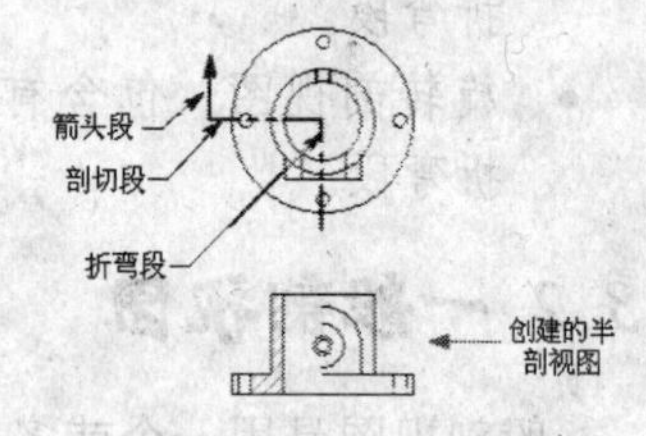


图6-17 半剖视图

## 6.3.4 旋转剖视图

旋转剖视图包含有 1~2 个支架，每个支架可由若干个剖切段、弯折段和箭头段组成，它们相交于一个旋转中心点，剖切线都绕同一个旋转中心旋转，而且所有的剖切面将展开在一个公共平面上。该功能常用于生成多个旋转截面上的零件剖切结构。

在【图纸布局】工具栏中单击按钮，或选择【插入】/【视图】/【旋转剖视图】命令，系统会在绘图工作区的左上角出现【旋转剖视图】操作工具栏，其中各按钮的用法和前面介绍的用法相同。

图 6-18 所示为旋转剖视图的示意图。

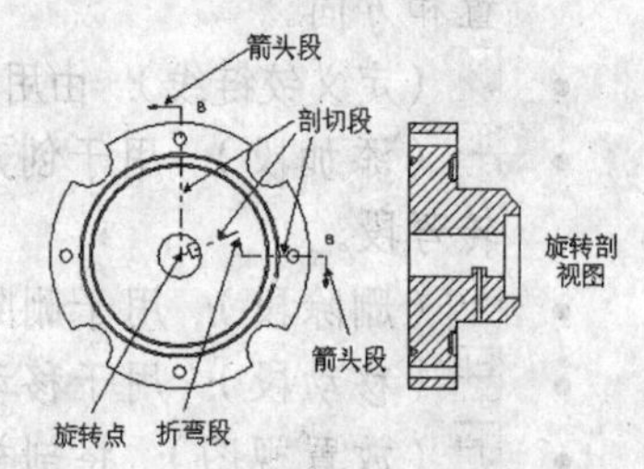


图6-18 旋转剖视图

## 6.3.5 局部剖视图

在绘制工程图时，经常需要将某些视图中某一部分结构进行放大显示，这时就可以采用局部剖视图操作，来放大显示某部分的结构。局部剖视图的边界可以定义为圆形，也可以定义为矩形。

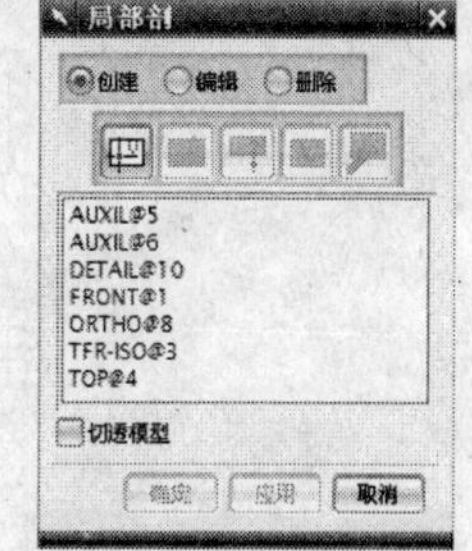

图6-19 【局部剖】对话框

在【图纸布局】工具栏中单击按钮，或选择【插入】/【视图】/【局部剖视图】命令，系统会弹出如图 6-19 所示的【局部剖】对话框。该对话框上部有 3 个单选钮，分别对应于局部剖的 3 种操作方式，利用该选项用户可以进行局部剖视图的创建、编辑和删除操作。下面对创建局部剖视图进行介绍。

创建局部剖视图包括了 5 个操作步骤，即选择视图、指出基点、指出拉伸矢量、选择曲线和修改边界点，它们分别与【局部剖】对话框中部的 5 个操作图标相对应。

- （选择视图）：当进行创建局部剖操作时，用于选择要创建剖视图的视图。
- （指出基点）：用户选取父视图后，该图标会自动激活，该操作是用于指定剖切位置的点。
- （指出拉伸方向）：用户可以利用它设置局部剖的拉伸方向。
- （选择曲线）：边界曲线用于定义局部剖视图的剖切范围。
- （修改边界曲线）：如果用户选取的边界曲线不理想，可以利用该操作功能对其进行编辑修改。当完成以上步骤的操作后，单击 应用 按钮，系统会在所选取的视图上生成新的局部剖视图。图 6-20 所示为局部剖视图的示意图。

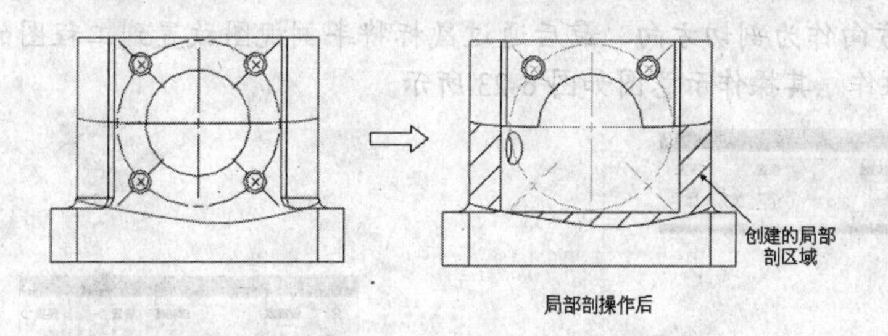

图6-20 局部剖操作

## 6.3.6 实例——添加剖视图

【案例6-2】 打开教学资源文件“第 6 章\素材\6.2.prt”，如图 6-21 所示，在工程图纸中添加简单剖视图、半剖视图和旋转剖视图。

动画参照 —— 本实例动画演示见教学资源的“第 6 章\操作视频\6.2.avi”文件。

【操作步骤】

1. 打开教学资源文件“第 6 章\素材\6.2.prt”，并进入制图功能模块。
2. 选择【插入】/【视图】/【剖视图】命令，在绘图工作区左上角会出现【剖视图】操作

工具栏，选取工程图纸中的“前视图”作为剖切父视图，再设置视图中的轴线中点作为剖切位置，并在【剖视图】工具栏中单击按钮，并从矢量功能选项中选取方向作为剖切方向，最后通过鼠标将简单剖视图放置到工程图的左下侧，系统即可完成操作。其操作示意图如图6-22所示。

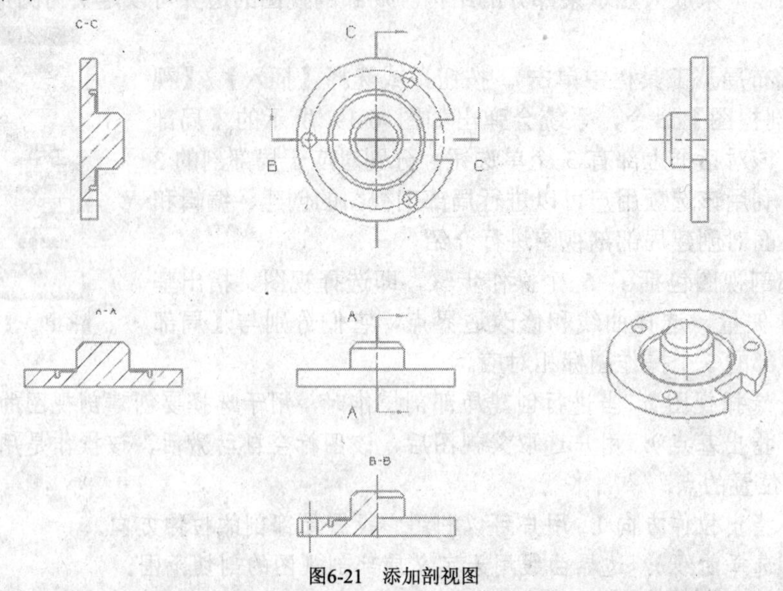


图6-21　添加剖视图

3. 选择【插入】/【视图】/【半剖视图】命令，在绘图工作区左上角会出现【半剖视图】操作工具栏，选取工程图纸中的“俯视图”作为剖切父视图，再设置视图中的中心点作为剖切位置和折弯位置，并在【剖视图】工具栏中单击按钮，并从矢量功能选项中选取方向作为剖切方向，最后通过鼠标将半剖视图放置到工程图的中下方，系统即可完成操作。其操作示意图如图6-23所示。

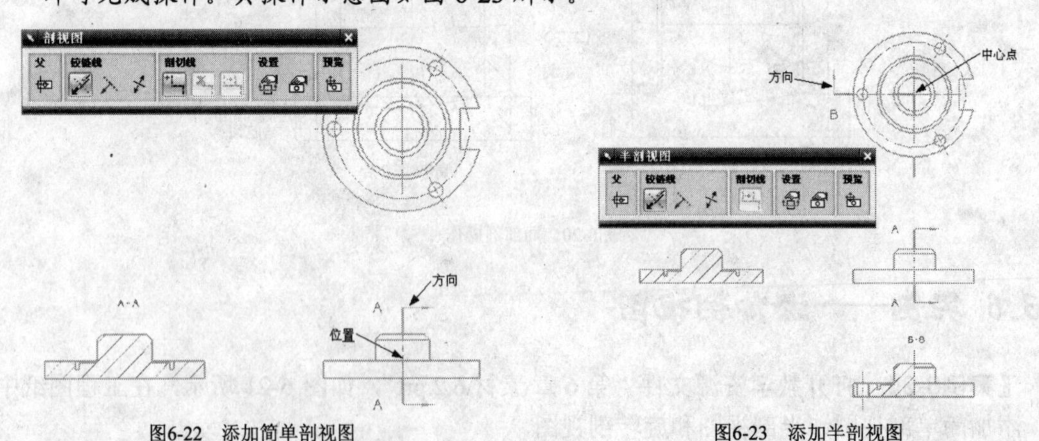


图6-22　添加简单剖视图　　　　图6-23　添加半剖视图

4. 选择【插入】/【视图】/【旋转剖视图】命令，在绘图工作区左上角会出现【旋转剖视图】操作工具栏，选取工程图纸中的“俯视图”作为剖切父视图，再设置视图中的中心点作为旋转中心点位置，接着设置上方圆形的中心点和右侧凹槽的中心点分别为第一剖切位置和第二剖切位置，最后通过鼠标将旋转剖视图放置到工程图的左侧，系统即可完成操作。其操作示意图如图6-24所示。

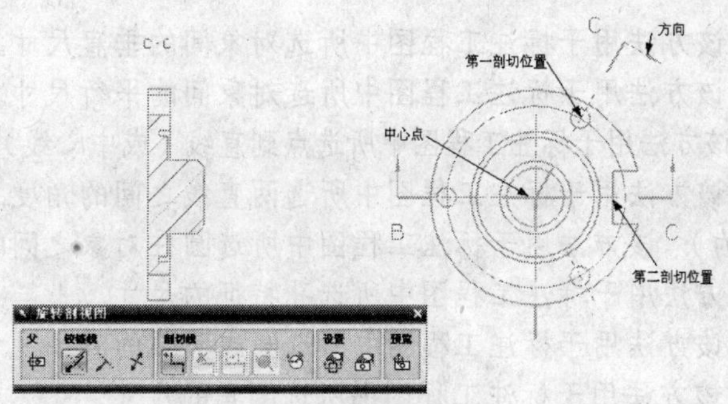

图6-24 添加旋转剖视图

5. 选择【编辑】/【视图】/【剖切线】命令，系统弹出【剖切线】对话框，单击 选择剖视图 按钮，并从列表框中选取“SX@7”视图进行【移动段】编辑操作。此时选取斜上方的剖切段作为要移动的对象，再在对话框的点功能选项中选取⊙方式，并设置圆形的上方四分点为新的剖切位置，最后单击 应用 按钮，系统即可完成编辑操作。再在旋转剖视图上单击鼠标右键，选择快捷菜单中的【更新】命令，则系统会更新剖视图的显示效果。其操作步骤和示意图如图 6-25 所示。

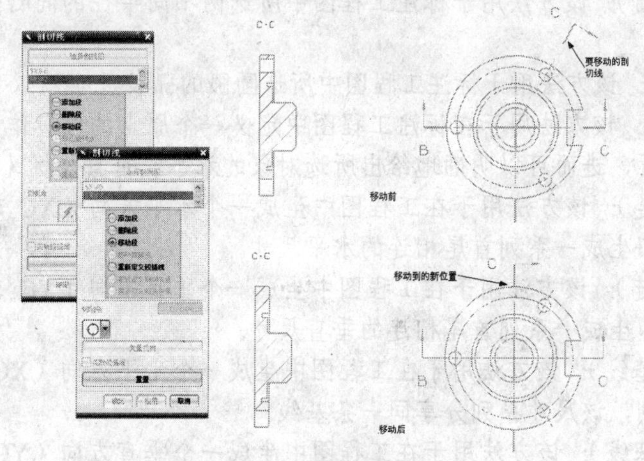

图6-25 编辑剖面线

## 6.4 工程图标注功能

工程图的标注是反应零件尺寸和公差信息的最重要的方式，利用标注功能，用户可以向工程图中添加尺寸、形位公差、实用符号、文本注释等内容。本节将介绍如何在工程图中使用基本制图对象的标注功能。

### 6.4.1 尺寸标注

尺寸标注功能用于标识对象的尺寸大小。由于 UG NX 5 中工程图模块和三维实体造型模块是完全关联的，因此，在工程图中进行标注尺寸就是直接引用三维模型真实的尺寸。

选择【插入】/【尺寸】级联菜单下的各种命令，或在【尺寸】工具栏中单击相应的按钮，系统会进入相应的尺寸方式标注功能。系统提供了如下 19 种尺寸标注方法。

- (水平的)：该方法用于标注工程图中所选对象间的水平尺寸。

- （竖直）：该方法用于标注工程图中所选对象间的垂直尺寸。
- （平行）：该方法用于标注工程图中所选对象间的平行尺寸。
- （垂直）：该方法用于标注工程图中所选点到直线（或中心线）的垂直尺寸。
- （角度）：该方法用于标注工程图中所选两直线之间的角度。
- （圆柱形的）：该方法用于标注工程图中所选圆柱对象之间的直径尺寸。
- （孔）：该方法用于标注工程图中所选孔特征的尺寸。
- （直径）：该方法用于标注工程图中所选圆或圆弧的直径尺寸。
- （倒角）：该方法用于标注工程图中所选倒角的尺寸。
- （半径）：该方法用于标注工程图中所选圆或圆弧的半径尺寸，但标注不过圆心。
- （到中心的半径）：该方法用于标注工程图中所选圆或圆弧的半径尺寸，但标注过圆心。
- （带折线的半径）：该方法用于标注工程图中所选大圆弧的半径尺寸，并用折线来缩短尺寸线的长度。
- （同心圆）：该方法用于标注工程图中所选两不同半径的同心圆弧之间的距离尺寸。
- （弧长）：该方法用于标注工程图中所选圆弧的弧长尺寸。
- （坐标）：该方法用于在标注工程图中定义一个原点的位置作为一个距离的参考点位置，进而可以明确地给出所选对象的水平或垂直坐标（距离）。
- （水平链）：该方法用于在工程图中生成一个水平方向（XC 轴方向）上的尺寸链，即生成一系列首尾相连的水平尺寸。
- （垂直链）：该方法用于在工程图中生成一个垂直方向（YC 轴方向）上的尺寸链，即生成一系列首尾相连的垂直尺寸。
- （水平基线）：该方法用于在工程图中生成一个水平方向（XC 轴方向）上的尺寸系列，该尺寸系列分享同一条基线。
- （垂直基线）：该方法用于在工程图中生成一个垂直方向（YC 轴方向）上的尺寸系列，该尺寸系列分享同一条基线。

在进行各种尺寸标注时，操作过程大致都相同，用户先选取一种尺寸标注的方法，再在工程图纸中选取相关的标注对象，系统则会自动将尺寸值标注到图纸上。图 6-26 所示为进行尺寸标注的工程图纸示意图。

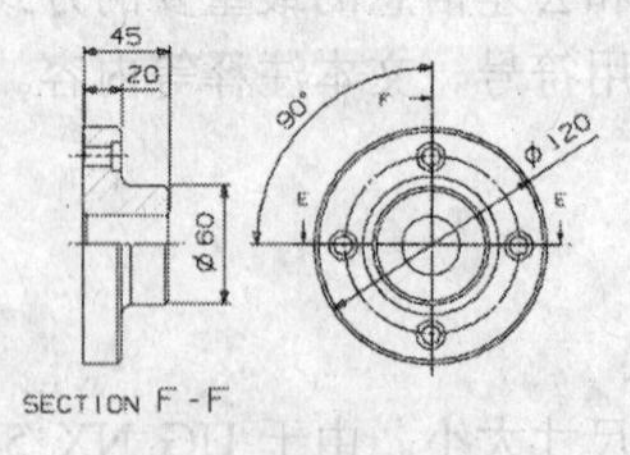


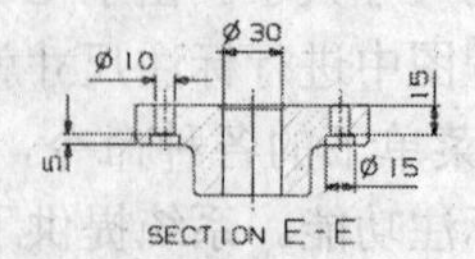


图6-26　尺寸标注

## 6.4.2 形位公差标注

形位公差是将几何尺寸和公差符号组合在一起形成的组合符号，它用于表示标注对象的形状参数或与参考基准之间的位置和形状关系。

在【制图注释】工具栏中单击按钮，或选择【插入】/【特征控制框】命令，系统弹出【特征控制框】对话框，如图 6-27 所示。用户可以通过该对话框对添加的形位公差进行设置。

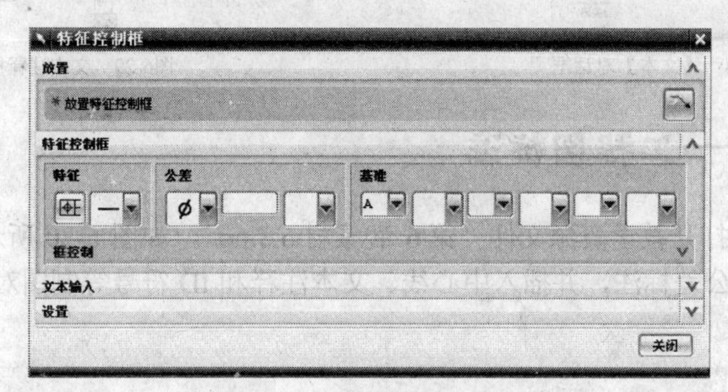


图6-27 【特征控制框】对话框

下面对其中的一些选项进行介绍。

一、【放置】

该选项用于指定形位公差框的放置位置。

二、【特征控制框】

该选项用于设置形位公差框，下面对其进行简单介绍。

(1) 【特征】：用于设置形位公差的类型，如直线度、平面度、同心度等。

(2) 【公差】：用于设置公差尺寸，可以设置圆或球符号前缀。

(3) 【基准】：用于设置形位公差的基准符号。

(4) 【框控制】：用于叠加放置多个形位公差框，一般不常用。

三、【文本输入】

用于在形位公差框前后添加额外的文本信息。

形位公差的添加方法一般为首选设置【特征控制框】，然后再单击要放置公差框的对象，并拖动屏幕上出现的公差框到指定位置。

## 6.4.3 文本注释标注

文本注释标注功能用于在工程图纸中标注用户创建的一些常规说明和备注信息。

在【制图注释】工具栏中单击按钮，或选择【插入】/【文本】命令，系统弹出【文本】对话框，如图 6-28 所示，用户可以直接输入要添加的文本，还可以通过【符号】选项添加特殊符号。

图 6-29 所示为文本注释标注的示意图。

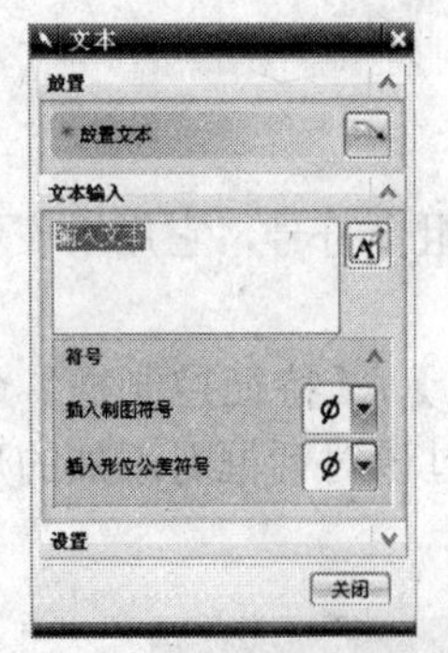

图6-28 【文本】对话框

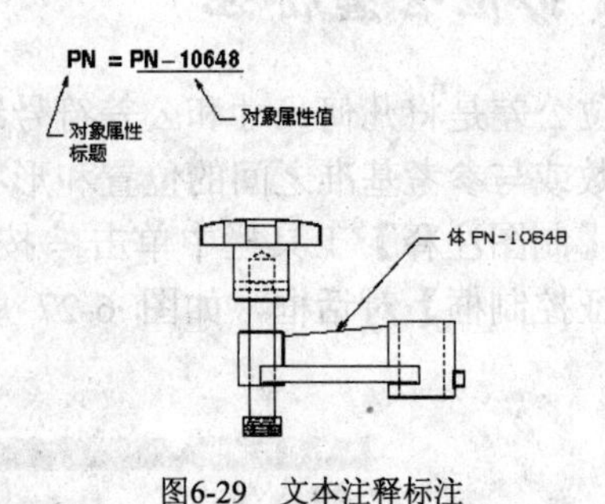

图6-29 文本注释标注

## 6.4.4 实例——工程图标注

【案例6-3】 打开教学资源文件“第 6 章\素材\6.3.prt”，如图 6-30 所示，在工程图中进行尺寸和形位公差标注，并插入中心线、文本注释和 ID 符号等制图对象。

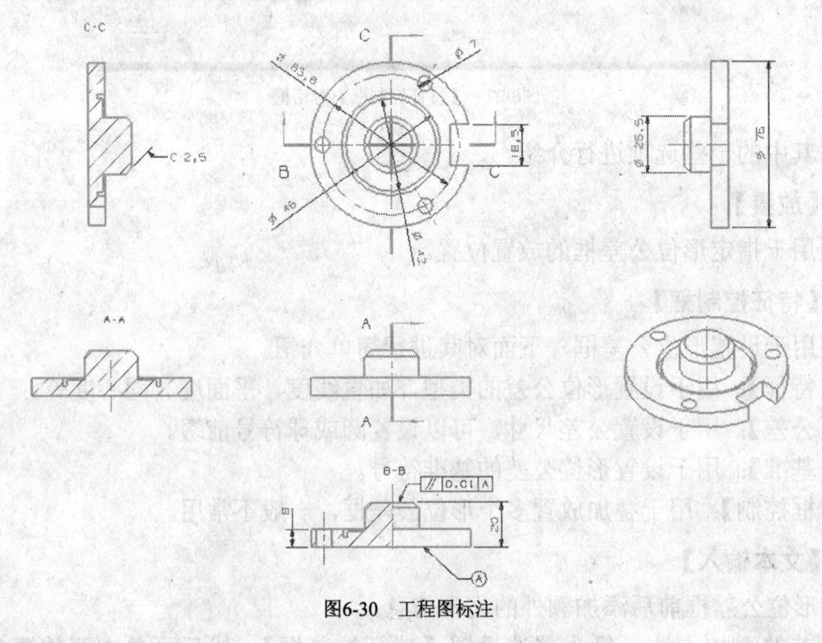

图6-30 工程图标注

动画参照 —— 本实例动画演示见教学资源的“第 6 章\操作视频\6.3avi”文件。

【操作步骤】

1. 打开教学资源文件“第 6 章\素材\6.3.prt”，并进入制图功能模块。
2. 选择【插入】/【符号】/【实用符号】命令，系统弹出【实用符号】对话框。在俯视图中添加中心线，先在【实用符号】对话框中单击按钮，选择 *A-A* 截面视图中两个边缘，如图 6-31 所示，单击应用按钮，系统即可创建中心线。其操作步骤和示意图如图 6-31 所示。
3. 选择【插入】/【符号】/【ID 符号】命令，系统弹出【ID 符号】对话框。在该对话框中单击按钮，并在【上部文本】和【符号大小】文本框中分别输入“A”和“7”，在

半剖视图中选取底边上的一点作为指引线端点，并利用鼠标将 ID 符号放置到合适的位置即可完成操作。其操作步骤和示意图如图 6-32 所示。

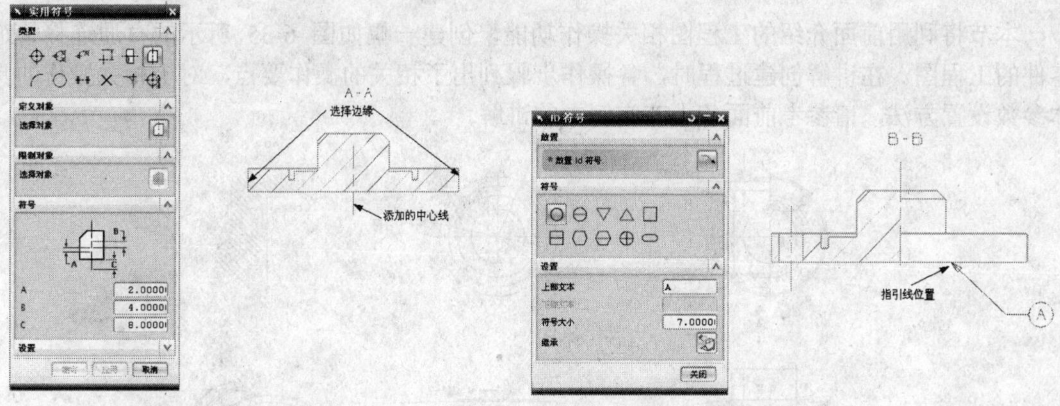


图6-31　添加中心线　　　　图6-32　插入 ID 符号

4. 选择【插入】/【特征控制框】命令，系统弹出【特征控制框】对话框，如图 6-33 所示，设置【特征控制框】选项，然后在半剖视图中选取顶边上的一点作为指引线端点，并利用鼠标将形位公差放置到合适的位置即可完成操作。其操作步骤和示意图如图 6-33 所示。

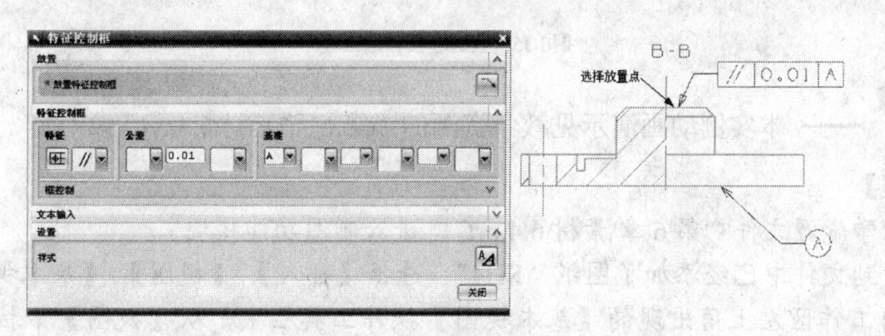


图6-33　添加形位公差

5. 利用【尺寸】工具栏中的相关尺寸标注功能，在工程图中标注高度、直径和倒角等尺寸参数。其操作示意图如图 6-34 所示。

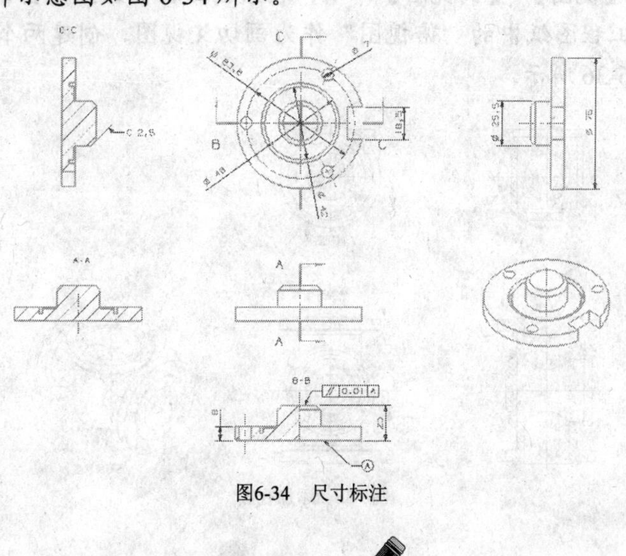

图6-34　尺寸标注

# 6.5 综合实例——创建直通连接管道工程图

本节将利用前面介绍的工程图相关操作功能，创建一幅如图 6-35 所示的直通连接管道零件的工程图。在讲解创建过程时，各操作步骤列出了相关的操作要点，对于相关操作的具体参数设置方法，请参考前面各小节实例中的讲解。

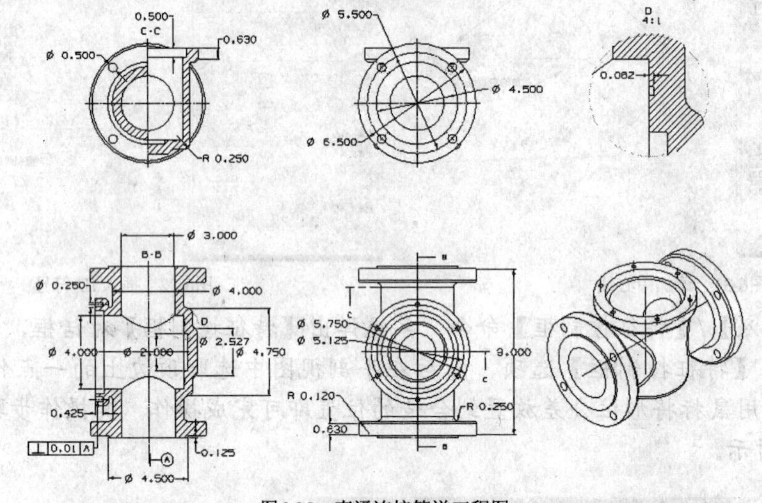


图6-35　直通连接管道工程图

**动画参照** —— 本实例动画演示见教学资源的“第 6 章\素材\6.4avi”文件。

【操作步骤】

1. 打开教学资源文件“第 6 章\素材\6.4.prt”，进入制图功能模块。
2. 可以看到文件中已经添加了图纸“SH1”。选择【插入】/【视图】/【基本视图】命令，在绘图工作区左上角出现的【基本视图】操作工具栏中，从【视图】下拉列表中分别选取“前视图”、“俯视图”和“正等侧视图”，并通过鼠标将视图放置到工程图纸的合适位置。其操作示意图如图 6-36 所示。
3. 选择【插入】/【视图】/【剖视图】命令，在绘图工作区左上角会出现【剖视图】操作工具栏，选取工程图纸中的“俯视图”作为剖切父视图，创建两个简单剖视图。其操作示意图如图 6-36 所示。

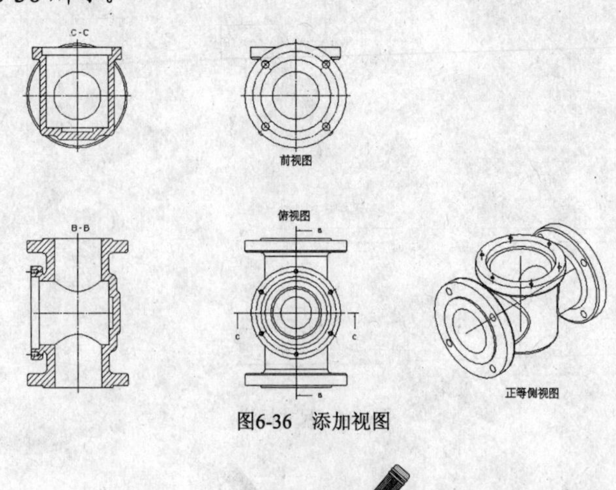


图6-36　添加视图

4. 下面为 C 剖面视图添加新的剖切段。选择【编辑】/【视图】/【剖切线】命令，系统弹出【剖切线】对话框，在该对话框中选择【添加段】单选钮，在屏幕上选择 C 截面剖切线，然后在图 6-37 所示位置单击鼠标添加新的剖切线。其操作示意图如图 6-37 所示。

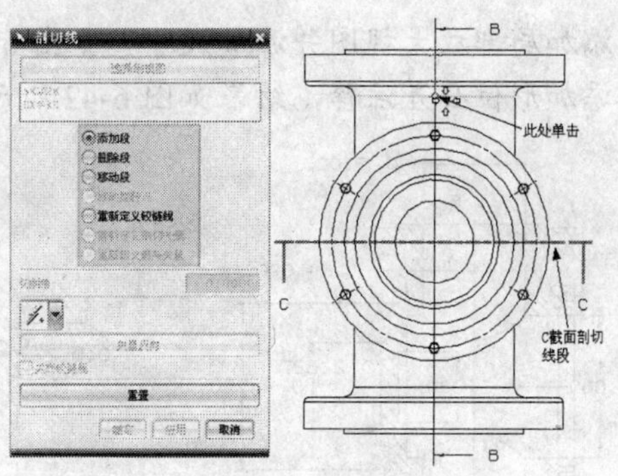


图6-37　添加剖切线段

5. 右击 C 截面剖视图，在弹出的快捷菜单中选择【更新】，系统完成添加剖切线后的视图更新操作，结果如图 6-38 所示。

6. 选择【插入】/【基准特征符号】命令，在 B－B 剖视图上的轴中心线上创建一个基准符号。其操作示意图如图 6-39 所示。

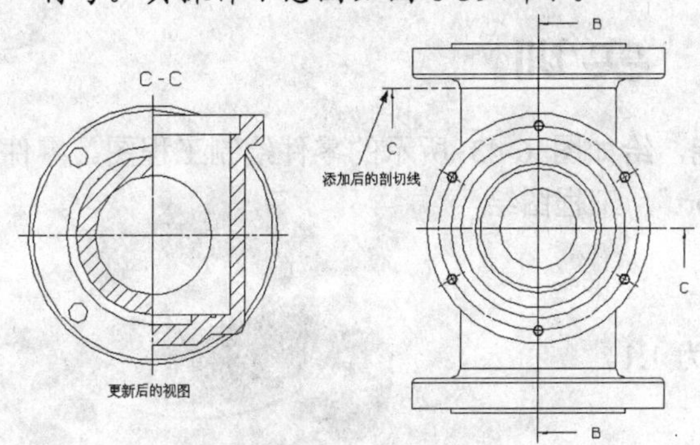


图6-38　添加结果

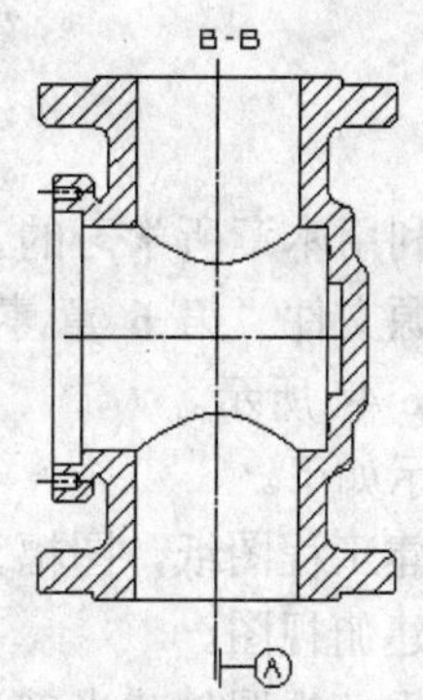


图6-39　插入基准符号

7. 利用【尺寸】工具栏中的相关尺寸标注功能，在工程图纸中标注高度、直径和倒角等尺寸参数。其操作示意图如图 6-40 所示。

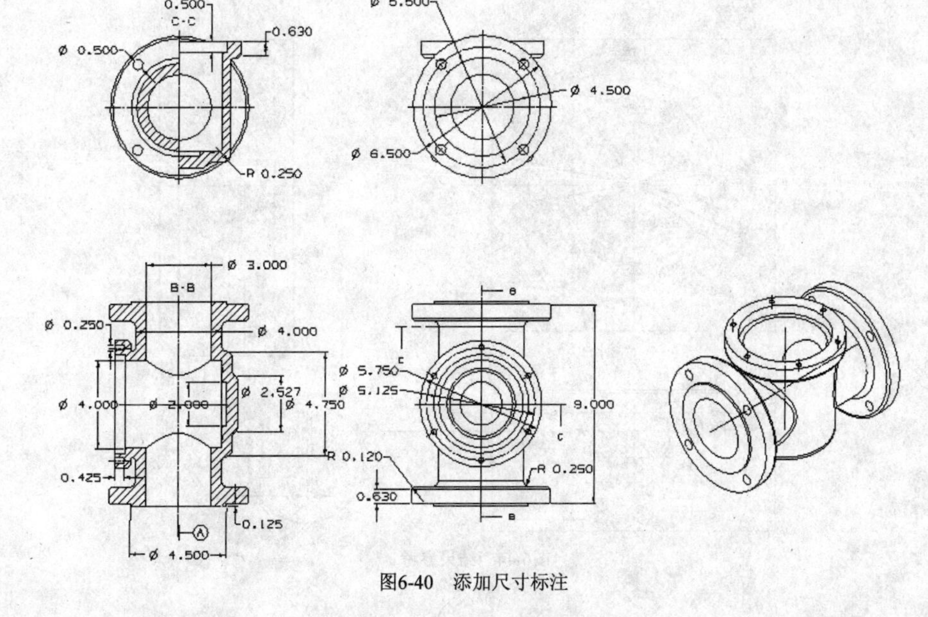


图6-40　添加尺寸标注

8. 添加局部放大视图并添加尺寸，如图 6-41 所示。
9. 添加形位公差注释，结果如图 6-42 所示。

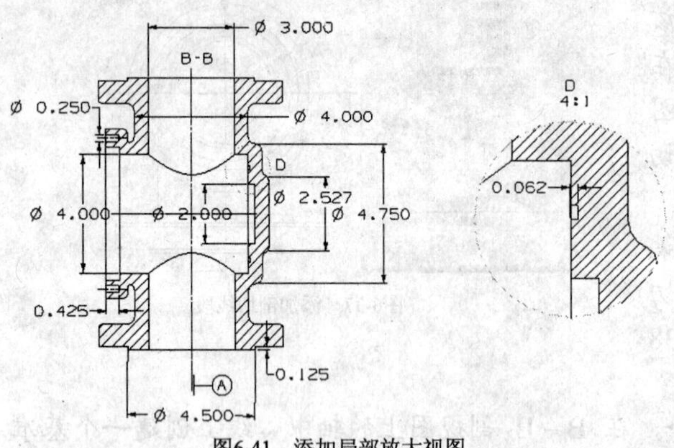


图6-41 添加局部放大视图

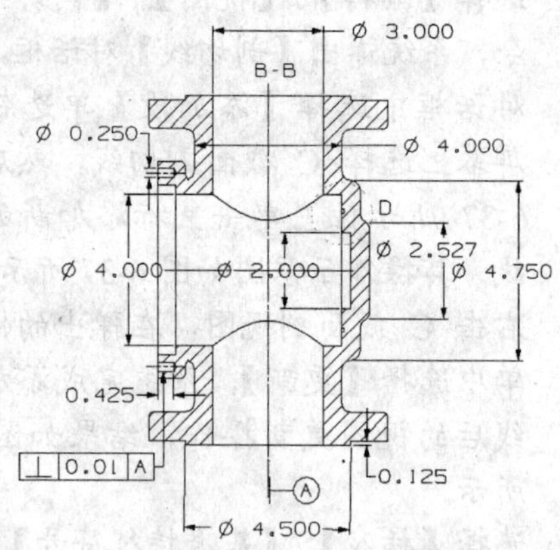


图6-42 添加形位公差注释

## 6.6 实训

请读者利用本章所学习的工程制图功能，给如图 6-43 所示的零件绘制工程图。零件文件为教学资源文件“第 6 章\素材\9_typcal.prt”，工程图绘制结果如图 6-44 所示。

图6-43 零件

操作提示如下。

(1) 新建工程图纸，图幅为 A4，比例为 1:1。
(2) 创建俯视图。
(3) 基于俯视图创建半剖视图。
(4) 基于俯视图创建全剖视图。
(5) 创建局部放大视图。
(6) 进行工程图标注。

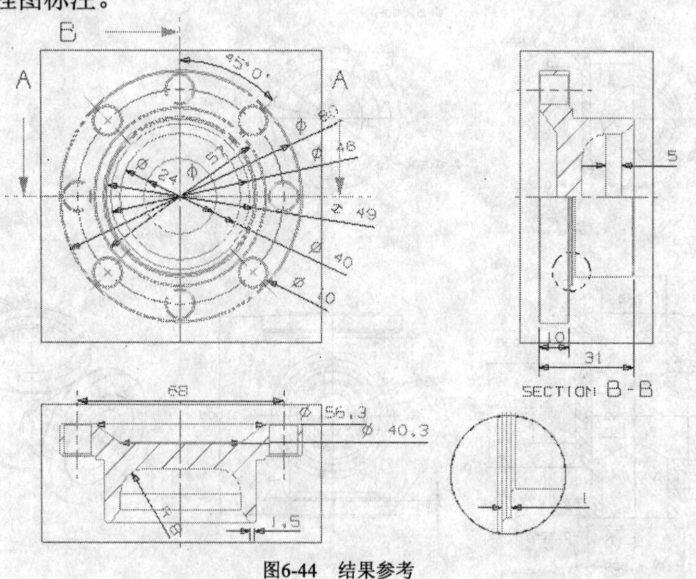


图6-44 结果参考

## 小结

本章讲述了 UG NX 5 工程图功能的常用操作，包括工程图图纸操作、视图操作、剖视图操作和图纸标注。利用这些操作功能，用户可以方便地创建、删除和编辑工程图纸。

## 思考与练习

利用本章所学到的制图知识，为图 6-45 所示的零件图绘制工程图。本题的输入文件为教学资源文件“第 6 章\素材\practice.prt”。

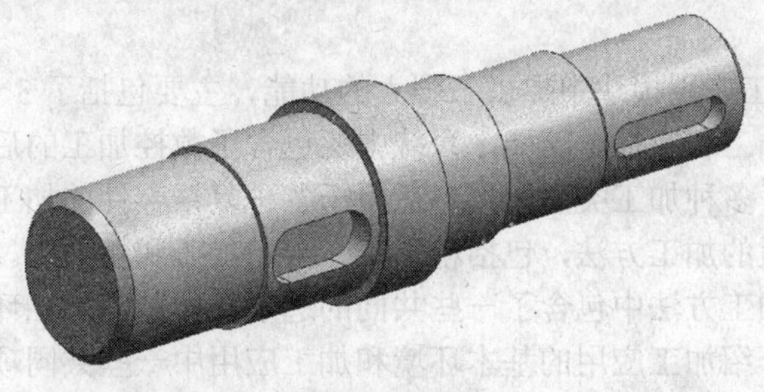

图6-45 零件图

# 第 7 章

# 数控加工基本应用及共同项

UG NX 5 数控加工应用模块中提供了强大的功能，主要包括了 3～5 轴数控铣加工、数控车削加工、线切割加工和孔加工功能，系统中还包含了数控加工的后置处理功能以及加工仿真功能。系统提供了多种加工类型模板，适用于各种复杂零件的加工，可以根据零件的结构和加工要求选择合适的加工方法，包括粗加工、半精加工和精加工。系统提供了多种切削加工的方法，在这些加工方法中包含了一些共同的选项，如基本加工环境的设置、加工程序的创建等。本章主要介绍加工应用的基本环境和加工应用中一些共同项的操作，并结合实例给出了典型的数控加工程序的创建过程。

**学习目标**

- 数控加工模块基本环境。
- 创建基本加工对象。
- 加工中的共同项。
- 典型加工过程。

## 7.1 加工模块基本环境

UG NX 5 系统提供了强大的数控加工模块，包括针对平面类零件的平面铣削加工、针对槽腔类零件的型腔铣加工，以及多轴数控加工等功能。下面将介绍数控加工模块的基本使用环境和常用的菜单项及工具条选项。

### 7.1.1 加工模块基本界面

UG NX 5 的界面风格是标准 Windows 图形用户界面，它的界面在设计上简单易懂，只要了解各部分的位置与用途，就可以充分运用系统的操作功能，给自己的工作带来方便。UG NX 5 的数控加工模块基本的工作界面如图 7-1 所示。

在数控加工模块的工作界面中主要包括菜单栏、信息栏、工具条、浮动工具条、资源条、图形工作区等。

菜单栏包含了 UG NX 5 的所有功能命令。系统将所有的命令或设置选项予以分类，分别放置在不同的菜单项中，以方便用户的查询及使用。

UG NX 5 中包含了工具条功能，工具条可以固定，也可以浮动。系统按照功能模块的

要求建立了各种工具条，在工具条的图标中几乎包含了 UG NX 5 的全部功能。每个工具图标栏中的图标按钮都对应着不同的命令，而且图标按钮都以图形的方式直观地表现了该命令的功能。用户可以根据使用需求定制工具条，如定制工具条的按钮功能、是否下方显示文本提示等。

信息栏主要用来提示用户如何操作。执行每个命令时，系统都会在提示栏中显示用户必须执行的动作，或者提示用户下一个动作。状态栏主要用来显示系统或图形的当前状态。

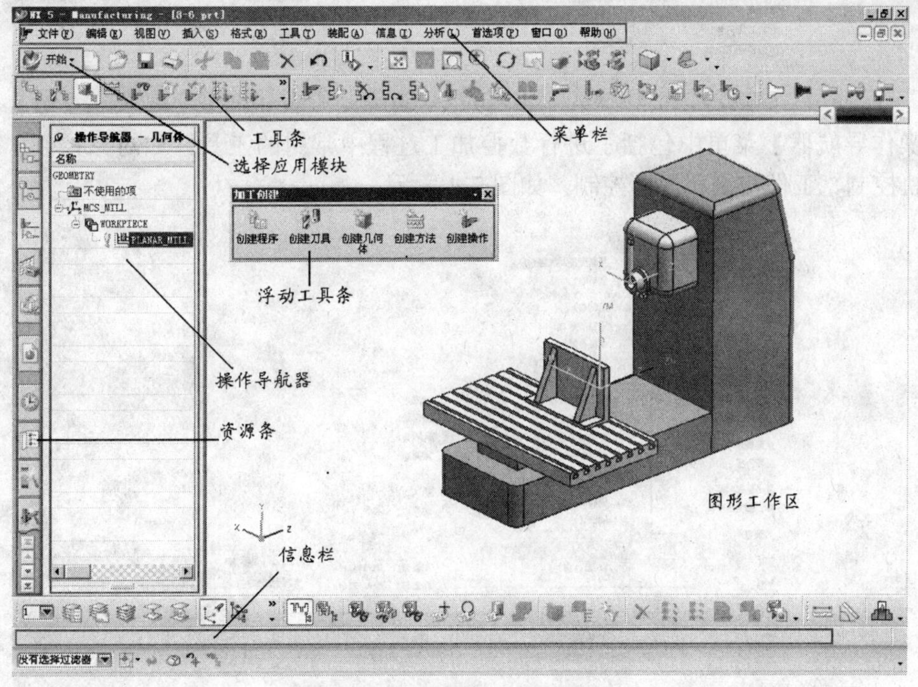


图7-1 数控加工模块基本的工作界面

资源条中包含了在具体的应用模块中系统可以提供的资源，如在加工模块中，资源条中可以调用装配导航器、部件导航器、操作导航器、加工特征导航器、机床导航器等多个资源条，方便用户使用。

图形工作区是用户使用的最大的工作窗口，在图形工作区中主要进行模型的显示、编辑等。

## 7.1.2 加工模块常用菜单项

UG NX 5 中常用的菜单主要包括【插入】菜单、【格式】菜单、【工具】菜单、【信息】菜单、【首选项】菜单等。

(1) 【插入】菜单。在【插入】菜单中，主要有加工过程中 5 个主要的加工创建功能，包括创建加工操作、程序组、刀具、几何体和加工方法。

(2) 【格式】菜单。在【格式】菜单中经常要使用的是坐标系控制功能，主要是工作坐标系和加工坐标系的控制功能。【插入】和【格式】菜单如图 7-2 所示。

(3) 【工具】菜单。在【工具】菜单中经常使用的是操作导航器功能、刀位轨迹控制功能、NC 后处理器管理、仿真控制、数据库控制等，如图 7-3 所示。

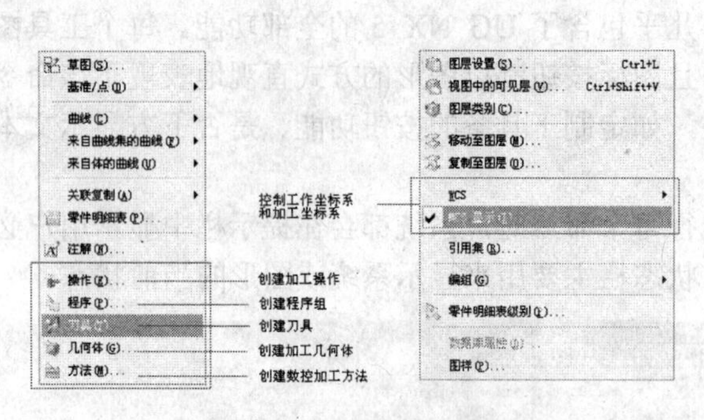


图7-2 【插入】和【格式】菜单

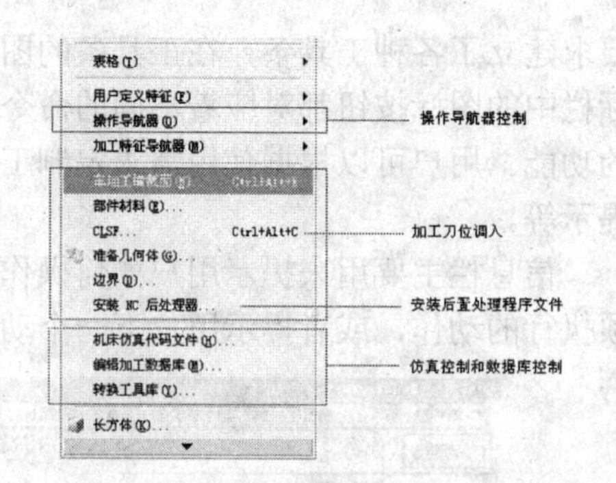


图7-3 【工具】菜单

【操作导航器】菜单中包括了进行数控加工过程中常用的工具，如对象控制、输出控制、刀轨控制、工件控制和视图控制，如图 7-4 所示。

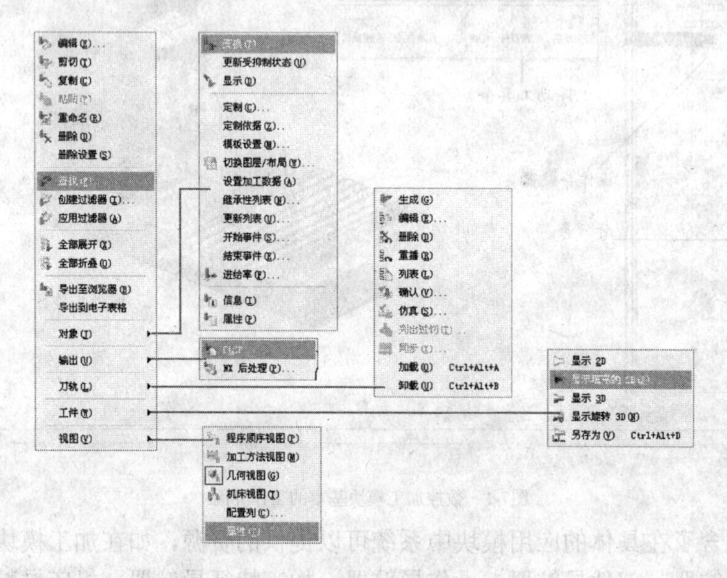

图7-4 【操作导航器】菜单

(4) 【信息】菜单。在【信息】菜单中经常使用的是车间文档功能。系统能够根据用户的需求输出相应的车间工艺文件，既可以是文本文件的形式，也可以是网页形式的超文本文件形式，能输出整个加工过程中全部的信息，如图 7-5 所示。

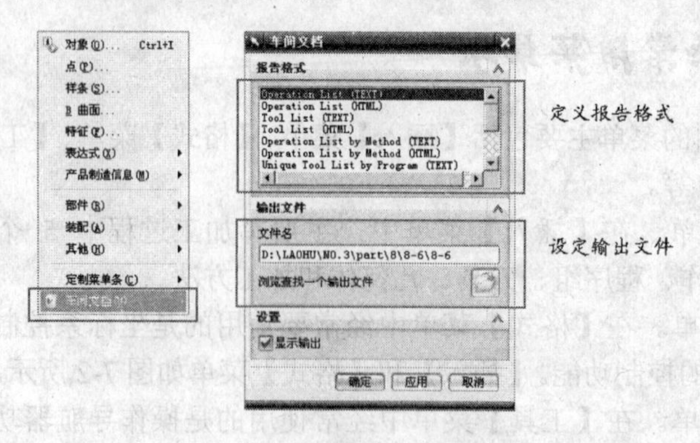


图7-5 【信息】菜单



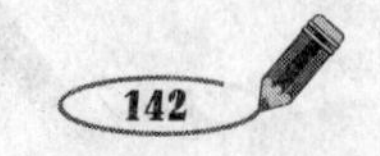

(5) 【首选项】菜单。在【首选项】菜单中，【加工】命令用于设置加工模块的预设置选项，控制整个加工过程的 5 个方面，如图 7-6 所示。

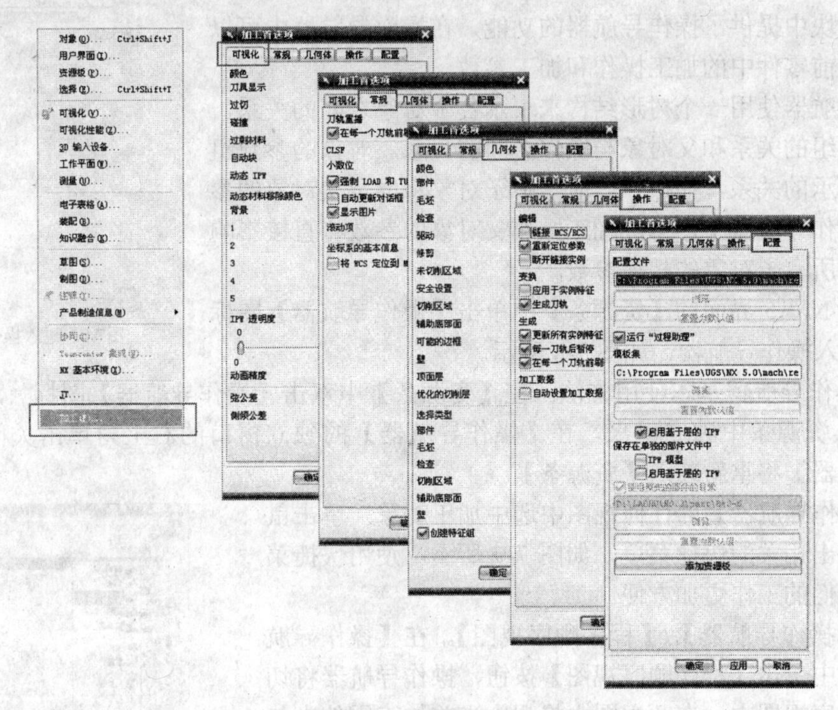


图7-6 【首选项】菜单

## 7.1.3 加工模块常用工具条

UG NX 5 提供了强大的工具条功能，包含了几乎全部的菜单功能选项。在数控加工模块中主要使用的是【加工创建】工具条、【加工对象】工具条、【操作导航器】工具条、【加工工件】工具条、【CAM 基本功能几何体】工具条、【加工操作】工具条和【加工特征导航器】工具条，如图 7-7 所示。各工具条的功能将在后续章节中介绍。

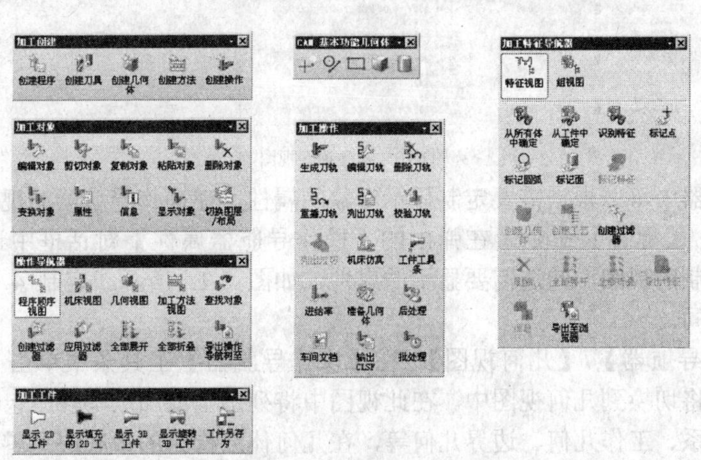


图7-7 加工模块常用工具条

### 7.1.4 加工操作导航器

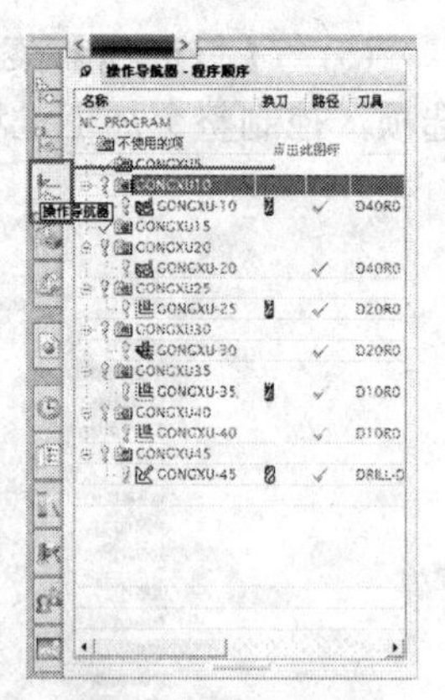

图7-8 进入操作导航器

加工模块中提供了操作导航器的功能，在操作导航器中可以允许管理当前零件中的加工操作和加工参数。

操作导航器使用一个树形结构来表示各个对象之间的关系，包括父对象组的关系和父对象与操作之间的关系。对象的参数组具有向下继承的关系，在操作导航器中子对象将继承父对象的参数值，在操作导航器中，修改加工操作父对象的参数将直接影响该父对象下所有子对象的相关参数。

在 UG NX 5 界面的【资源条】中单击【操作导航器】图标，即可进入操作导航器，如图 7-8 所示。

(1) 操作导航器基本使用方法。在【资源条】中双击【操作导航器】图标，【操作导航器】将从资源条中独立出来。在【操作导航器】的独立窗口的右上角单击关闭按钮，【操作导航器】将重新装入【资源条】。

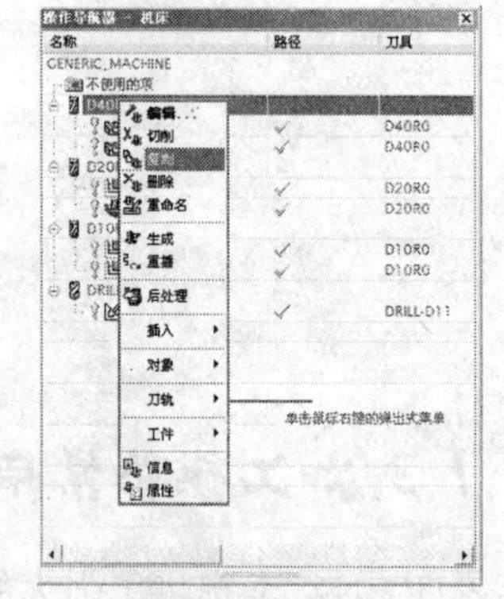

图7-9 操作导航器弹出式菜单

在【操作导航器】的任何视图中选中加工对象，单击鼠标右键将弹出相关的快捷菜单，如图 7-9 所示。使用快捷菜单可以使我们的工作更加方便。

(2) 【操作导航器】/【程序顺序视图】。在【操作导航器】工具条中单击【程序顺序视图】按钮，操作导航器将切换到程序顺序视图中。在此视图中将列出当前加工零件中包含的全部程序组对象，并且能够显示出每个程序组对象的子对象，以及每个对象的属性，如换刀、路径、刀具、时间、长度、几何体、方法等属性，如图 7-10 所示。

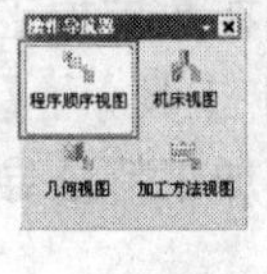


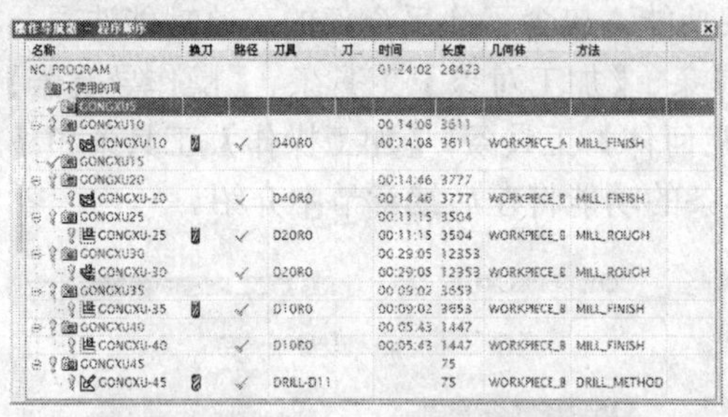

图7-10 程序顺序视图

在操作导航器中可以根据需要定制显示对象的属性，在操作导航器的视图中单击鼠标右键，选择【列】/【配置】命令，在弹出的【操作导航器属性】对话框中选择【列】选项卡，选择需要定制的视图，勾选需要显示的属性，如图 7-11 所示。定制 4 个操作导航器视图属性的方法相同。

(3) 【操作导航器】/【几何视图】。在【操作导航器】工具条中单击【几何视图】按钮，操作导航器将切换到几何视图中。在此视图中将列出当前加工零件中包含的全部几何体对象，包括坐标系、工作几何、边界几何等，在几何体结构树的最底层是零件的加工操作对象，如图 7-12 所示。

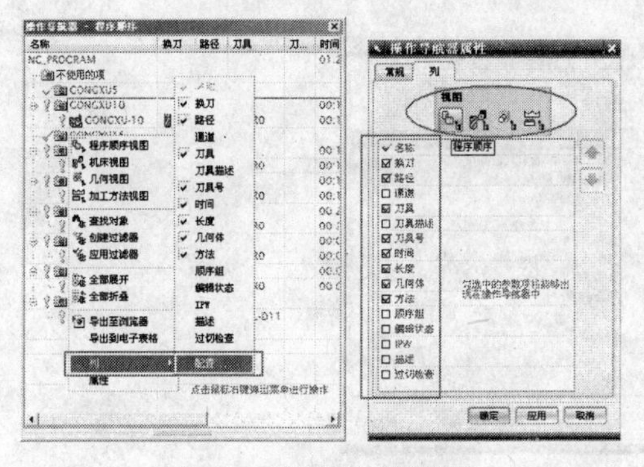

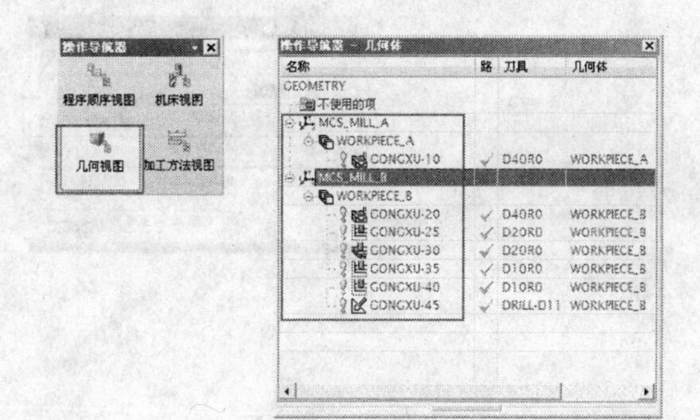


图7-11　定制操作导航器属性　　　　图7-12　几何体视图

(4)　【操作导航器】/【机床视图】。在【操作导航器】工具条中单击【机床视图】按钮，操作导航器将切换到机床视图中。在此视图中主要列出了加工刀具对象，在每个刀具对象下列出了使用此刀具的所有加工操作对象，如图 7-13 所示。

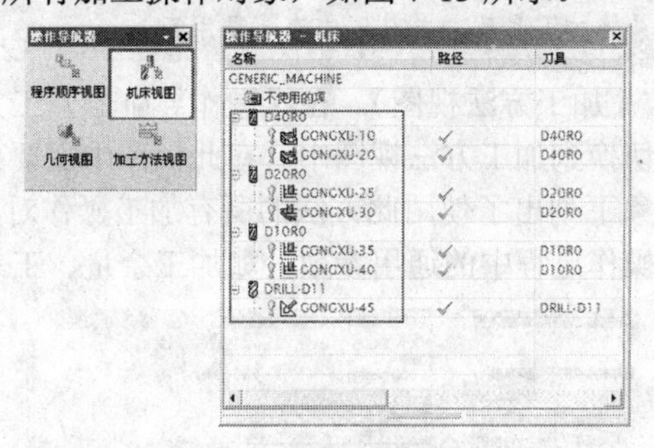


图7-13　机床视图

在机床导航器中，可以修改机床特性。双击机床视图的根节点【GENERIC_MACHINE】，将弹出【通用机床】对话框，选择【替换机床】，从【类库选择】对话框中选择相关的类库，并搜索到需要的机床，如图 7-14 所示。

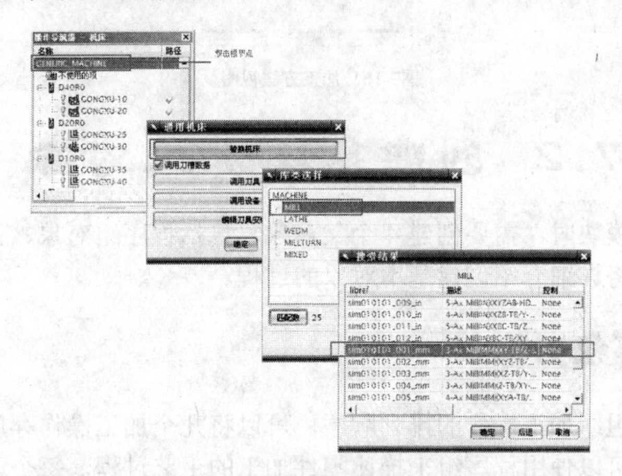

图7-14　替换机床

在机床导航器中，同样可以调用刀具。在弹出的【通用机床】对话框，单击【调用刀具】按钮，从【类库选择】对话框中选择相关的类库，单击【确定】按钮，调用需要的刀具，如图 7-15 所示。

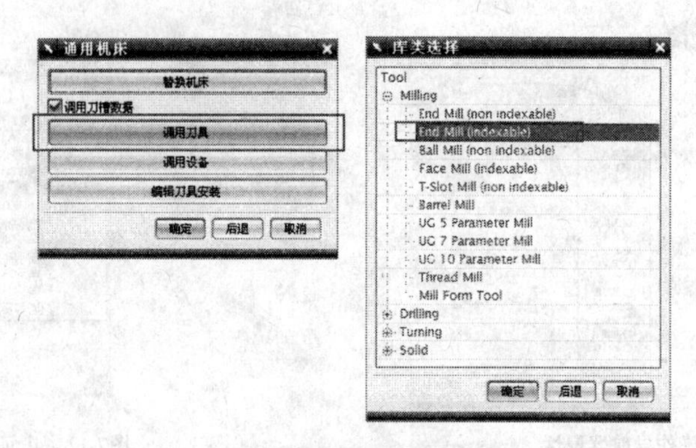


图7-15　从刀具库中调用刀具

UG NX 5的加工模块提供了扩展机床库的功能，可以把工作中经常使用的机床按照机床的实际参数创建到库中，有利于使用机床进行仿真切削，发现加工过程中的干涉碰撞。同样，可以扩充系统的刀具库，并从库中直接调用刀具。

(5)　【操作导航器】/【加工方法视图】。在【操作导航器】工具条中单击【加工方法视图】按钮，操作导航器将切换到加工方法视图中。在此视图中主要列出的所有的加工方法对象，并在每个加工方法对象下列出了使用此方法的所有加工操作对象，如图 7-16 所示。加工方法主要用来定义加工操作过程中的通用参数，如加工余量、工差、进给速度等。

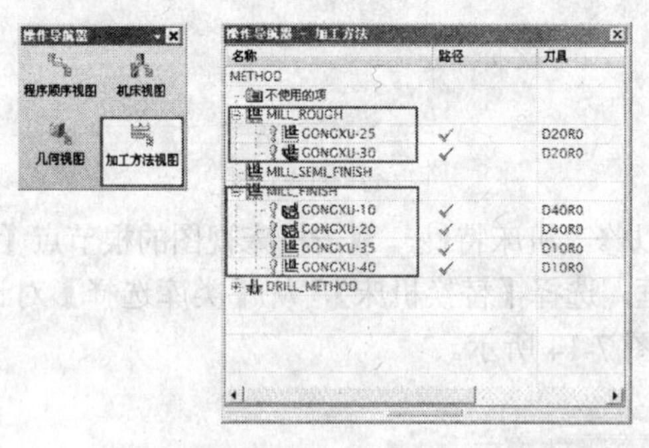


图7-16　加工方法视图

# 7.2 创建基本加工对象

在使用数控加工模块时，需要创建4个父对象，包括程序组对象、刀具对象、几何体对象和方法对象。本节将详细介绍创建基本对象的过程。

## 7.2.1 创建程序组对象

程序组对象用来组织加工操作的排列顺序，可以将几个加工操作存放在一个程序组对象中，利用这个特性，可以使用程序组来描述零件加工的工艺过程，每个程序组可以代表一个加工工序，每个程序组中可以包含若干个加工操作，也可以再包括几个程序组（此时程序组可以代表加工工部），利用程序组对象可以将所有的数控加工操作按照工艺规程进行组织。下面将结合实例来介绍程序组的各种使用方法，包括创建程序组对象、重组程序组和复制程序组对象。

【案例7-1】 创建程序组对象 GONGXU_5、GONGXU_10。

动画参照 —— 本案例动画演示见教学资源文件的“第 7 章\操作视频\7-1.avi”文件。

【操作步骤】

1. 打开教学资源文件“第 7 章\素材\7-1.prt”，选择【开始】/【加工】命令，进入加工模块。
2. 在加工创建工具条中选择【创建程序】。
3. 在【创建程序】对话框中设置【类型】、【位置】和【名称】，如图 7-17 所示。

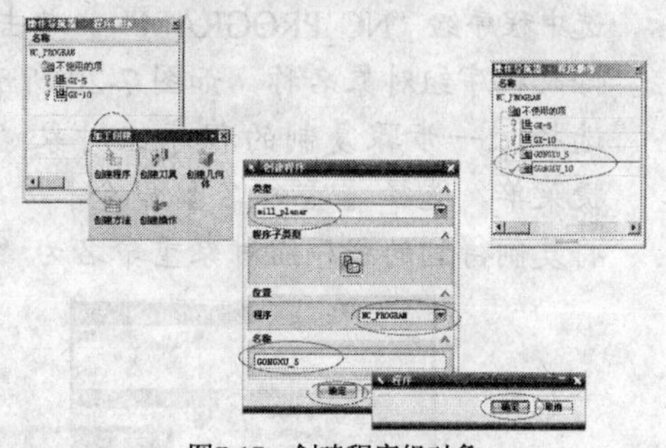

图7-17 创建程序组对象

【案例7-2】 在操作导航器的程序顺序视图中重新组织程序组对象的顺序。

动画参照 —— 本案例动画演示见教学资源文件的“第 7 章\操作视频\7-2.avi”文件。

【操作步骤】

1. 打开教学资源文件“第 7 章\素材\7-2.prt”，选择【开始】/【加工】命令，进入加工模块。
2. 在程序视图中选中操作“GX-5”，单击鼠标右键，弹出快捷菜单，选择【切削（剪切）】命令。
3. 选中程序组“GONGXU_5”，单击鼠标右键，弹出快捷菜单，选择【内部粘贴】命令。
4. 用同样的方法，将操作 GX-10 移动到程序组 GONGXU_10 中，如图 7-18 所示。

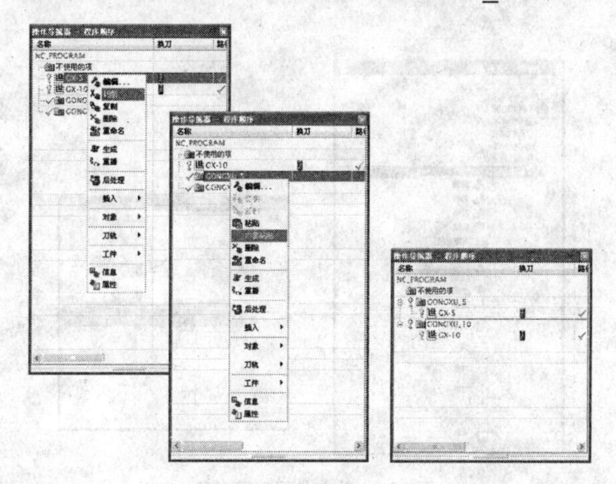

图7-18 重组程序组

【案例7-3】 复制程序组对象。

动画参照 —— 本案例动画演示见教学资源文件的“第 7 章\操作视频\7-3.avi”文件。

【操作步骤】

1. 打开教学资源文件“第 7 章\素材\7-3.prt”，选择【开始】/【加工】命令，进入加工模块。

2. 在操作导航器的程序顺序视图中复制对象，如图 7-19 所示。
3. 在程序视图中选中程序组“GONGXU_5”，单击鼠标右键，弹出快捷菜单，选择【复制】命令。
4. 选中程序组“NC_PROGRAM”，单击鼠标右键，弹出快捷菜单，选择【内部粘贴】命令。
5. 修改程序组对象名称，如图 7-20 所示。
6. 选择上一步骤复制的程序组对象“GONGXU_5_COPY”，单击鼠标右键，弹出快捷菜单，选择【重命名】命令。
7. 将复制得到的程序组对象重命名为“GONGXU_15”。

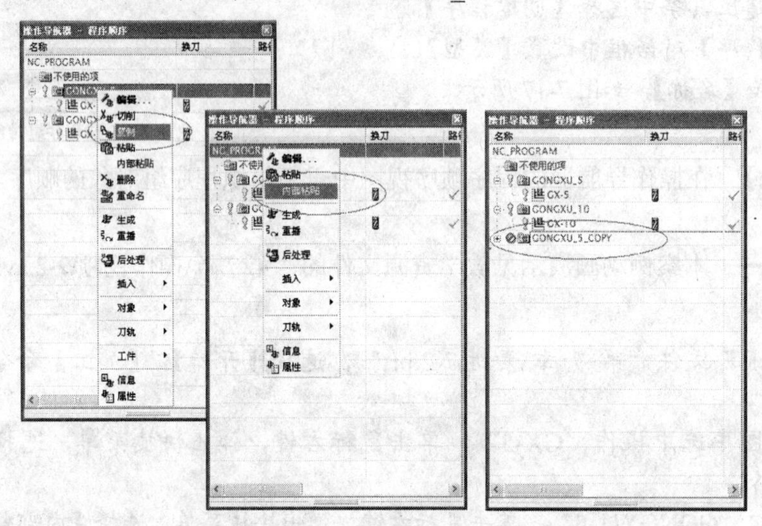

图7-19　复制程序组对象

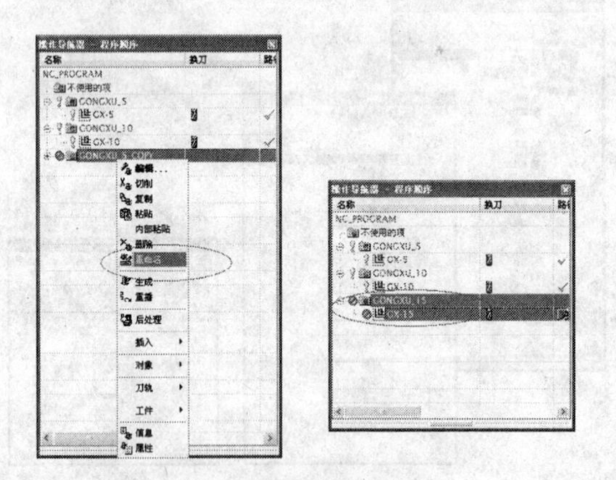

图7-20　重命名程序组对象

### 7.2.2 创建刀具对象

在操作导航器的机床视图中，可以创建数控加工刀具，也可以从系统的刀具库中选择合适的刀具。刀具对象是完成加工的必要因素，可以先创建刀具，再创建加工操作，也可以在创建加工操作的过程中创建刀具对象。

铣刀是比较复杂的刀具，UG NX 5 提供了多种类型的铣刀，包括立铣刀、球刀、面铣刀、T 型刀、桶型刀、自定义铣刀等，在创建铣刀时应遵循以下原则。

- 输入的直径、底角、长度、顶锥角和切削刃长度参数必须大于等于 0。
- 锥角必须大于-90°，小于 90°。
- 顶锥角必须小于 90°。
- 锥角和顶锥角相加必须小于 90°。
- 切削刃长度参数必须小于等于刀具长度。
- 刀具的切削刃数量必须大于 0。

下面将简单介绍创建刀具对象的使用方法，包括创建常用的铣刀对象、钻头对象和车刀对象。

**【案例7-4】** 创建立铣刀对象，直径为 32，底角为 3。

**动画参照** —— 本案例动画演示见教学资源文件的“第 7 章\操作视频\7-4.avi”文件。

**【操作步骤】**

1. 打开教学资源文件“第 7 章\素材\7-4.prt”，选择【开始】/【加工】命令，进入加工模块。
2. 在【加工创建】工具条中单击【创建刀具】按钮。

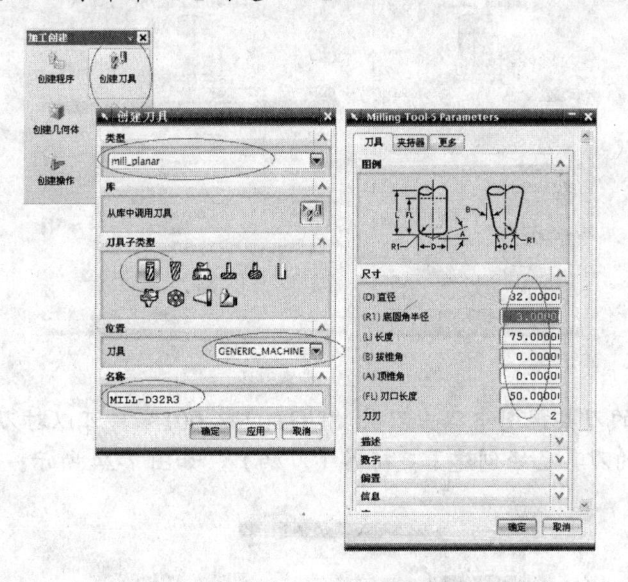


图7-21 创建立铣刀对象

3. 在【创建刀具】对话框中设置【类型】、【位置】和【名称】，如图 7-21 所示。
4. 在刀具参数对话框中设置刀具的尺寸参数，【直径】为 32，【底圆角半径】为 3。

**【案例7-5】** 从刀具库中调用刀具。

**动画参照** —— 本案例动画演示见教学资源文件的“第 7 章\操作视频\7-5.avi”文件。

**【操作步骤】**

1. 打开教学资源文件“第 7 章\素材\7-5.prt”，选择【开始】/【加工】命令，进入加工模块。
2. 在【加工创建】工具条中单击【创建刀具】按钮。

3. 在【创建刀具】对话框中，单击【从库中调用刀具】按钮，在【库类选择】对话框中选择带索引的端铣刀库，如图 7-22 所示。

图7-22　从刀库中调用刀具

4. 搜索刀具，从【搜索结果】对话框中选择直径 40 的镶齿刀具——UGT0202_001，如图 7-26 所示。

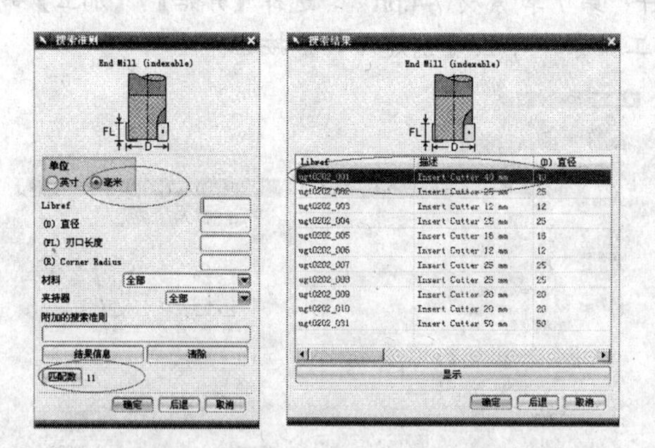


图7-23　搜索刀具

5. 在操作导航器的刀具视图中双击刀具“UGT0202_001”，可以对刀具参数进行编辑，在系统库调用的刀具已经创建了夹持器（刀柄），如图 7-24 所示。

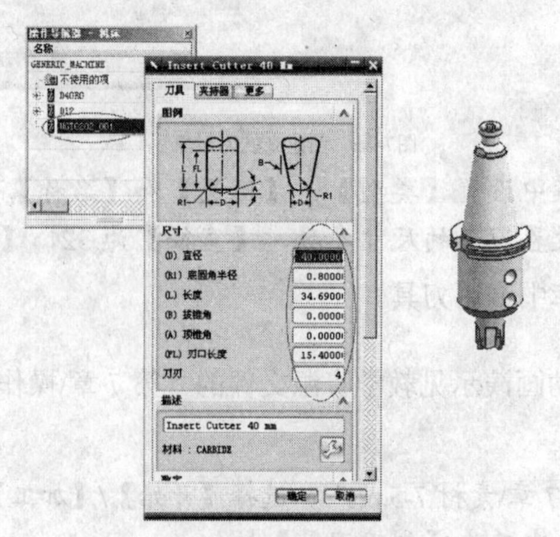


图7-24　设置刀具参数

【案例7-6】 创建外圆车刀。

动画参照 —— 本案例动画演示见教学资源文件的“第 7 章\操作视频\7-6.avi”文件。

【操作步骤】

1. 打开教学资源文件“第 7 章\素材\7-6.prt”，选择【开始】/【加工】命令，进入加工模块。
2. 在【加工创建】工具条中单击【创建刀具】按钮。
3. 在【创建刀具】对话框中设置【类型】为“turning”，【刀具子类型】为“OD_80_L”。
4. 设置【刀片形状】为“C（菱形 80）”，【刀片位置】为“顶侧”。
5. 设置使用夹持器（刀柄），选择“L 样式”。
6. 设置车刀跟踪点，如图 7-25 所示。

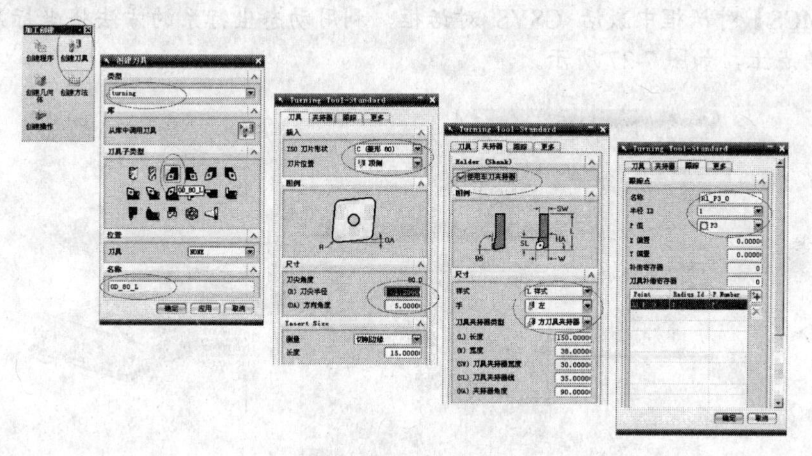

图7-25 创建外圆车刀

## 7.2.3 创建几何体对象

几何体对象定义了加工几何体和工件在机床上的放置方向。创建铣削几何体中包含了创建工件、毛坯、检查几何体、加工坐标系、安全平面等对象，创建车削几何体中包含了车削主轴对象、工件对象、车削工件、车削包容几何体等对象，在钻孔加工几何体中包含了加工坐标系、钻孔几何体、工件等对象，在线切割加工几何体中包含了线切割加工坐标系、内部线切割几何体、外部线切割几何体等对象。下面将简单介绍创建加工坐标系和创建工件对象的过程。

【案例7-7】 创建加工坐标系对象。

动画参照 —— 本案例动画演示见教学资源文件的“第 7 章\操作视频\7-7.avi”文件。

【操作步骤】

1. 打开教学资源文件“第 7 章\素材\7-7.prt”，选择【开始】/【加工】命令，进入加工模块。
2. 在【加工创建】工具条中单击【创建几何体】按钮。
3. 在【创建几何体】对话框中设置【类型】、【几何体子类型】等参数，如图 7-26 所示。

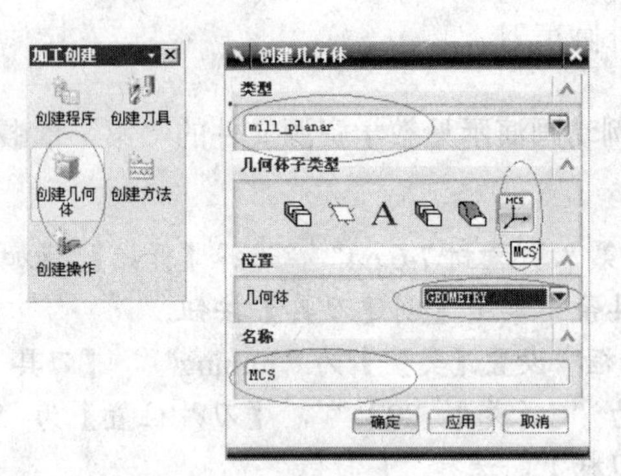

图7-26 创建几何体

4. 在【MCS】对话框中激活 CSYS 对话框，利用动态坐标系的方法将坐标系设置在工件顶面角点上，如图 7-27 所示。

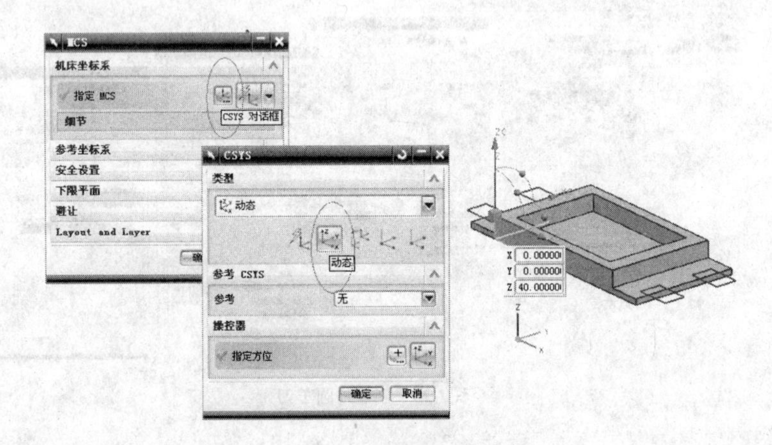

图7-27 创建 CSYS 对象

5. 在【MCS】对话框中设置【安全设置选项】为“平面”。
6. 在【平面构造器】对话框中选择工件顶面，设置【偏置】为“60”，如图 7-28 所示。

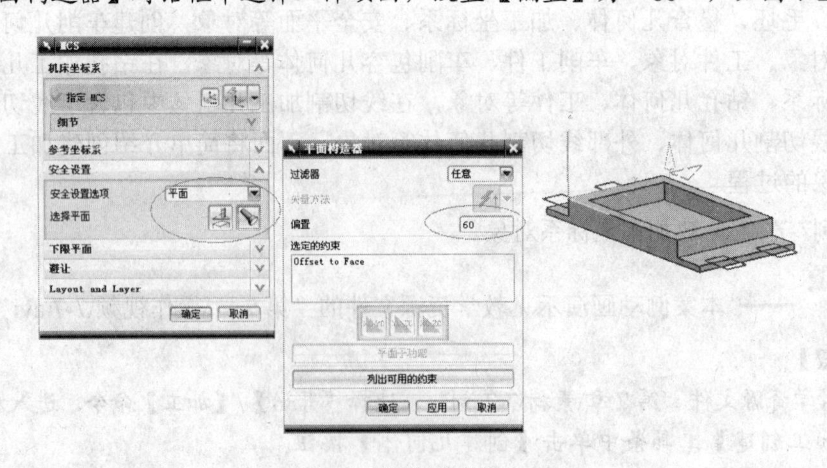

图7-28 设置安全平面

7. 在【MCS】对话框中设置【下限平面】。
8. 在【平面构造器】对话框中选择工件底面，最终效果如图 7-29 所示。

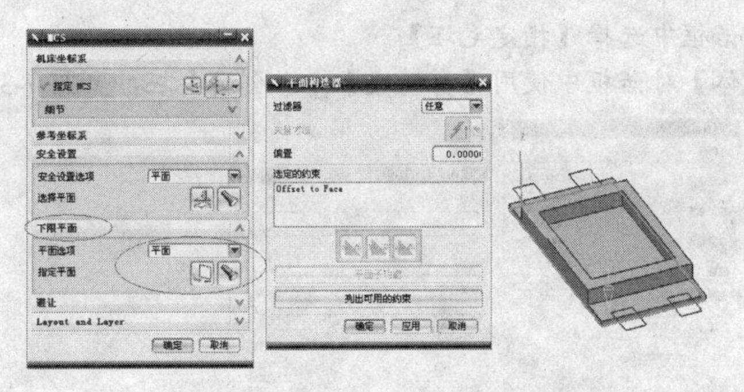

图7-29 设置下限平面

安全平面定义了一个加工操作中刀具运动的安全距离，下限平面定义了切削运动和非切削运动的运动最低限制值。

【案例7-8】 创建工件对象。

动画参照 —— 本案例动画演示见教学资源文件的“第 7 章\操作视频\7-8.avi”文件。

【操作步骤】

1. 打开教学资源文件“第 7 章\素材\7-8.prt”，选择【开始】/【加工】命令，进入加工模块。
2. 在【加工创建】工具条中单击【创建几何体】按钮。
3. 在【创建几何体】对话框中设置【类型】、【几何体子类型】的参数，如图 7-30 所示。

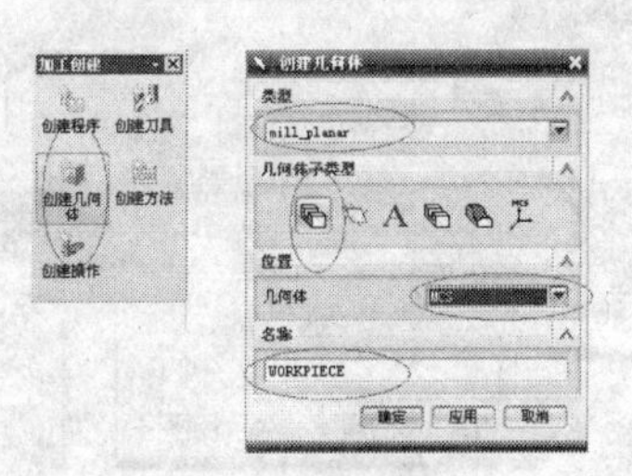

图7-30 创建工件对象

4. 在【工件】对话框中选择【指定部件】，在【部件几何体】对话框中选择工件模型，如图 7-31 所示。

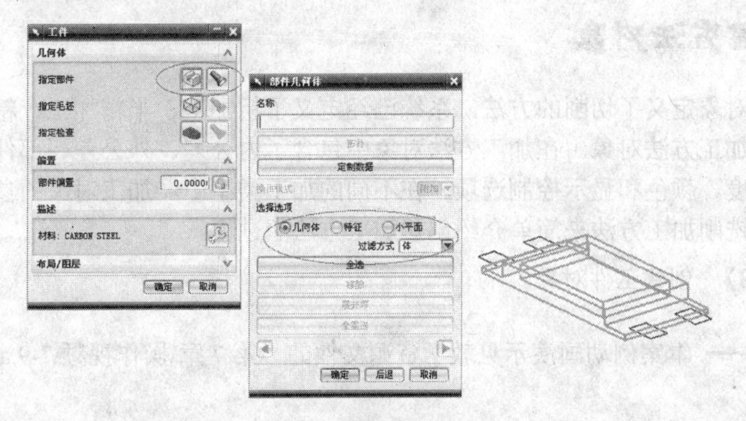

图7-31 设置部件几何体

5. 在【工件】对话框中选择【指定毛坯】。
6. 在【毛坯几何体】对话框中使用【自动块】方式创建毛坯，如图7-32所示。

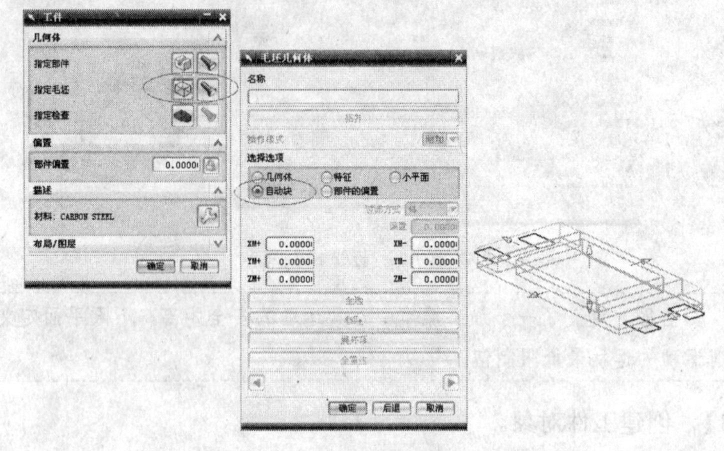

图7-32 设置毛坯几何体

7. 在【工件】对话框中选择【指定检查】，在【检查几何体】对话框中利用曲线过滤方式选择所有“曲线”作为检查几何体，如图7-33所示。

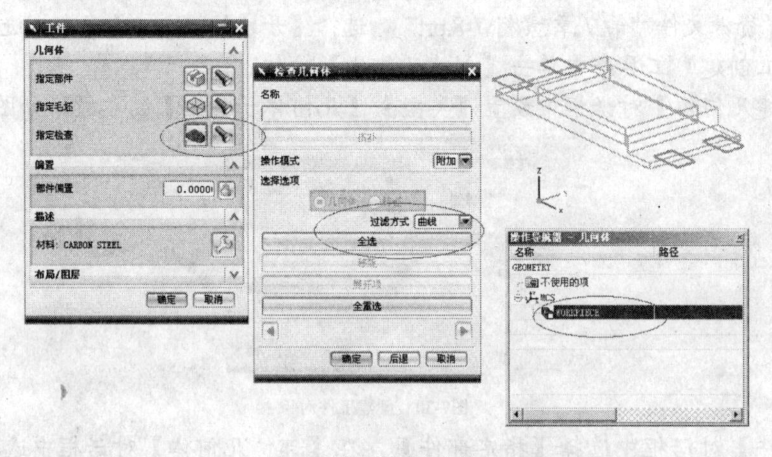

图7-33 设置检查几何体

## 7.2.4 创建方法对象

加工方法对象定义了切削的方法，系统已经定义了粗加工、半精加工、精加工方法，用户可以自定义加工方法对象。在加工方法对象中包含了内公差、外公差、部件余量、切削方式、进给和速度、颜色和显示控制选项。在不同的加工类型中，加工对象的参数也会有所不同。下面利用铣削加工方法来简单介绍创建加工方法的过程。

【案例7-9】 创建工件对象。

动画参照 —— 本案例动画演示见教学资源文件的“第7章\操作视频\7-9.avi”文件。

【操作步骤】

1. 打开教学资源文件“第7章\素材\7-9.prt”，选择【开始】/【加工】命令，进入加工模块。

2. 在【加工创建】工具条中单击【创建方法】按钮。
3. 在【创建方法】对话框中设置【类型】、【方法子类型】、【方法】、【名称】，如图 7-34 所示。
4. 在【Mill Method】对话框中指定【余量】和【公差】，如图 7-35 所示。

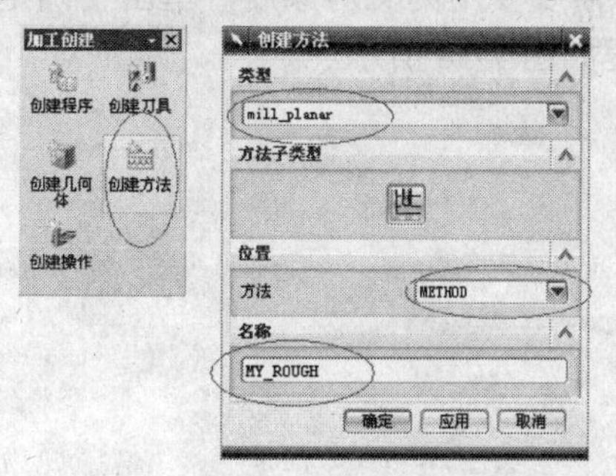


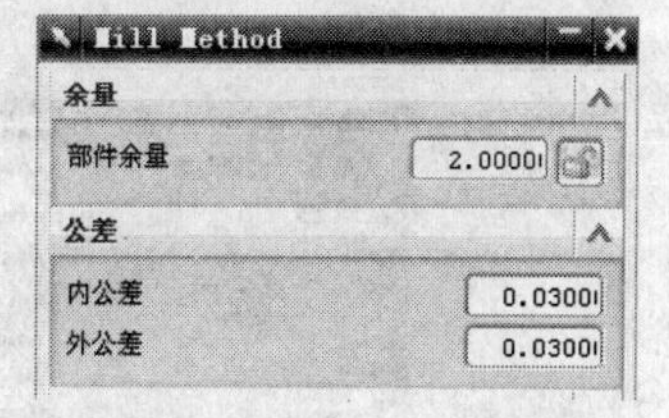


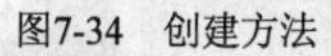
图7-34 创建方法

图7-35 设置余量和公差参数

5. 在【进给】对话框中设定粗加工进给速度参数，如图 7-36 所示。

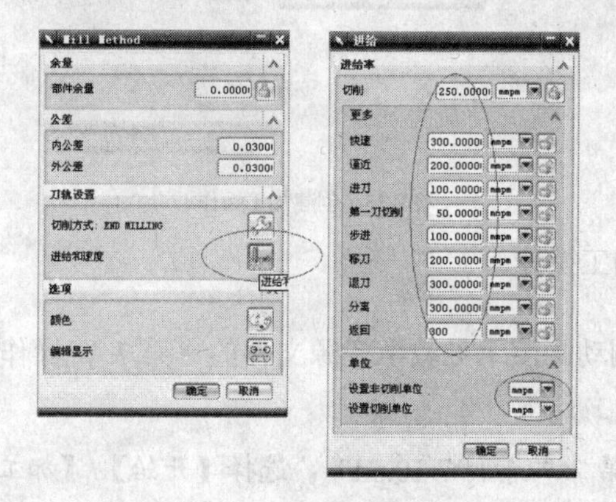


图7-36 设置进给参数

6. 在【在刀轨显示颜色】对话框中设定刀轨显示颜色，并设定刀轨显示选项，如图 7-37 所示。

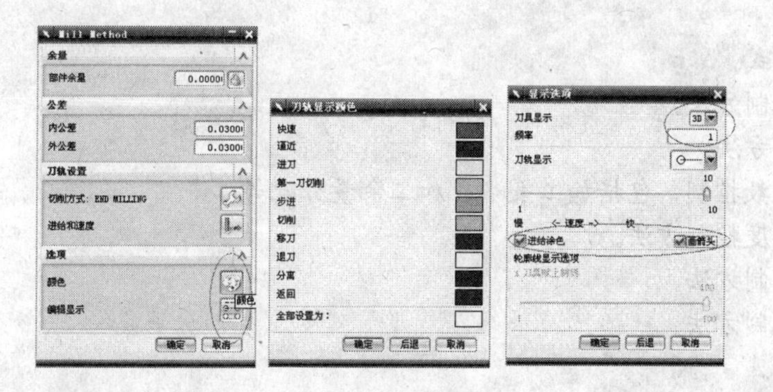


图7-37 设置刀轨显示控制参数

要点提示

加工方法中设定的参数将直接作用于属于该方法的数控加工操作（Operation），在创建具体加工操作之前，创建加工方法，设定好加工参数，后面创建的程序只需继承加工方法中的设定即可。

## 7.2.5 创建加工操作

加工操作是完成创建刀位轨迹的最后环节，在【创建操作】对话框中可以选择操作的类型，操作子类型，从 4 个父对象的下拉菜单中选择需要使用的父对象后，单击【确定】按钮，即可创建相应的加工操作。创建加工操作的过程如图 7-38 所示。

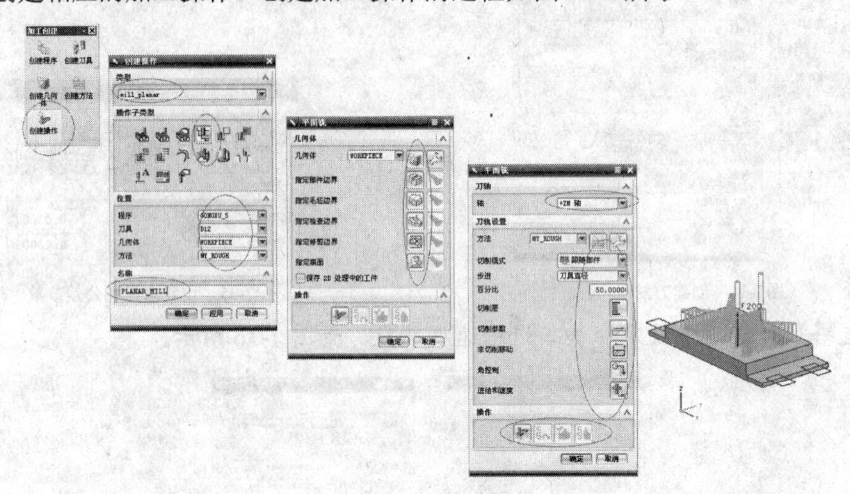

图7-38　创建加工操作

【案例7-10】创建加工操作。

动画参照 —— 本案例动画演示见教学资源文件的“第 7 章\操作视频\7-10.avi”文件。

**【操作步骤】**

1. 打开教学资源文件“第 7 章\素材\7-10.prt”，选择【开始】/【加工】命令，进入加工模块。
2. 创建平面铣加工操作首先要设置 4 个父节点对象，包括程序、几何体、刀具和加工方法，并且需要设定加工操作的名称。
3. 在【平面铣】对话框内设定几何体对象，包括部件、毛坯、检查几何体、加工底面控制等。
4. 设定切削方式。
5. 设定步进控制方法。
6. 设定进退刀方法。
7. 设定切削参数控制，包括加工策略、加工余量分配等。
8. 设定切削深度控制方法。
9. 设定拐角控制方法。
10. 设定避让控制方法。
11. 设定进给率。
12. 设定机床控制参数。
13. 设定刀轨控制方法。
14. 生成加工操作。
15. 对加工轨迹进行仿真。

创建数控铣削加工操作基本遵循上面的步骤，需要仔细设定每组控制参数，根据加工方式的不同设定的方法也需要相应的改变。

# 7.3 加工中的共同项

在 UG NX 5 中提供的各种加工操作中有一些是相同的，本节将详细介绍加工中的共同项，包括切削方式、非切削运动、切削参数控制、角控制、刀位轨迹仿真控制、刀位轨迹确认控制等。

## 7.3.1 切削方式

在 UG NX 5 中提供了多种切削方式，包括往复式走刀、单向式走刀、跟随周边走刀、单向带轮廓铣走刀、轮廓走刀、标准走刀等。下面将基于平面铣加工来介绍各种切削方式。

(1) 往复式走刀。往复式走刀创建一系列往返方向的平行线，如图 7-39 所示。这种加工方法能够有效地减少刀具在横向跨越的空刀距离，提高加工的效率，但往复式走刀方式在加工过程中要交替变换顺铣、逆铣的加工方式，比较适合粗铣表面加工。

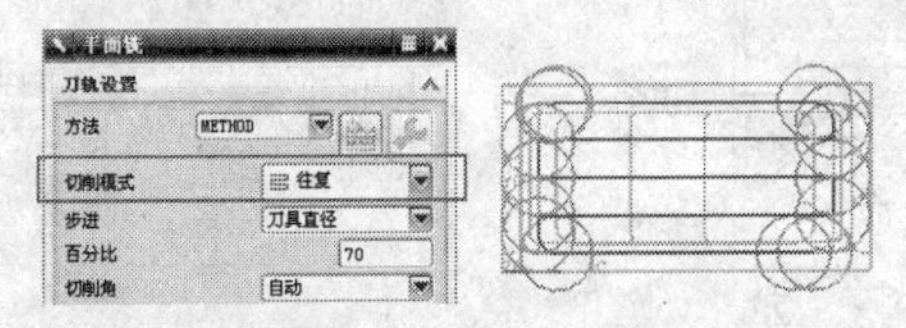


图7-39 往复式走刀

(2) 单向式走刀。单向式走刀的加工方法能够保证在整个加工过程中保持同一种加工方式，顺铣或逆铣，比较适合精铣表面加工，如图 7-40 所示。

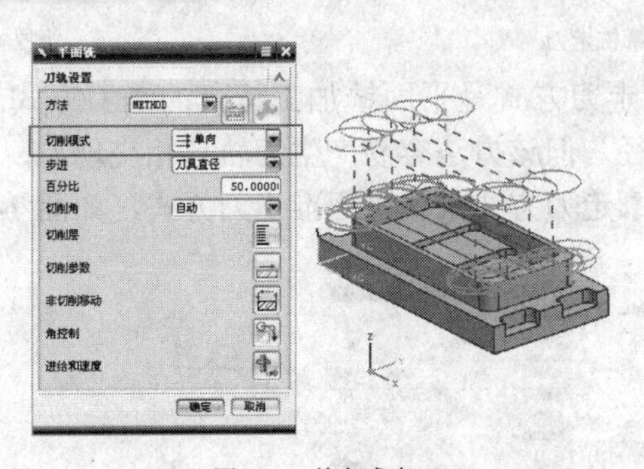


图7-40 单向式走刀

(3) 跟随周边走刀。跟随周边走刀的切削方式是沿切削区域轮廓产生一系列同心线来创建刀具轨迹路径。该方式在横向进刀的过程中一直保持切削状态，如图 7-41 所示。

(4) 跟随部件走刀。跟随部件走刀的切削方式是沿零件几何产生一系列同心线来创建刀具轨迹路径。该方式可以保证刀具沿所有零件几何进行切削，如图 7-42 所示。对于有孤岛的形腔域，建议采用跟随部件走刀的切削方式。

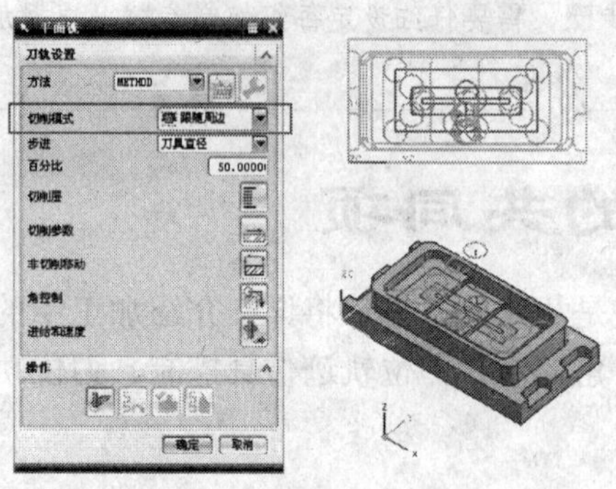
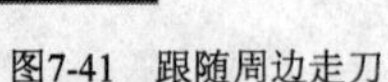

图7-41　跟随周边走刀

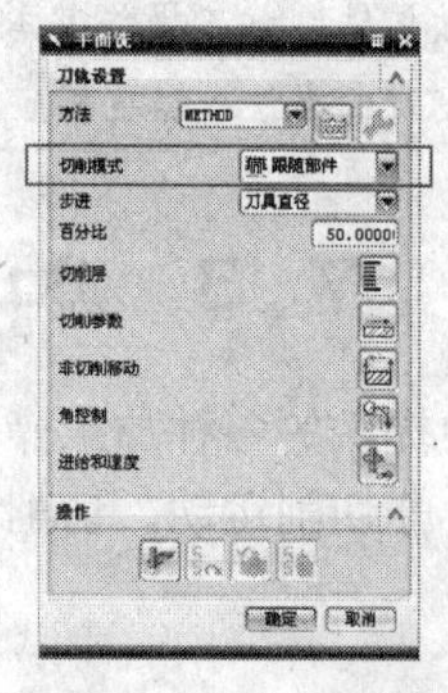
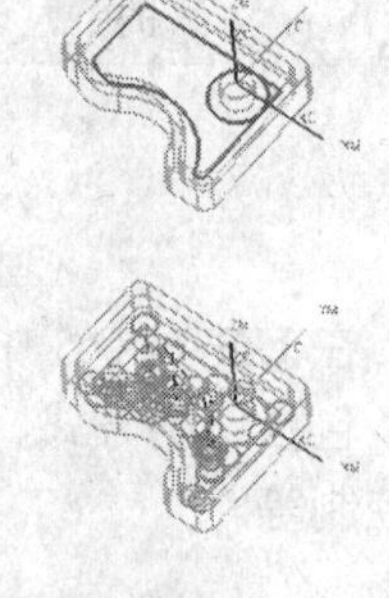

图7-42　跟随部件走刀

(5)　单向带轮廓铣走刀。单向带轮廓铣走刀方式能够沿着部件的轮廓创建单向的走刀方式，能够保证使用顺铣或逆铣加工方式完成整个加工操作，顺铣/逆铣取决于第一条走刀轨迹路径，如图7-43所示。

(6)　轮廓走刀。轮廓走刀方式可以沿切削区域的轮廓创建一条或多条切削轨迹，轮廓走刀的方法可以在狭小的区域内创建不相交的刀位轨迹，能够避免产生过切现象，如图7-44所示。

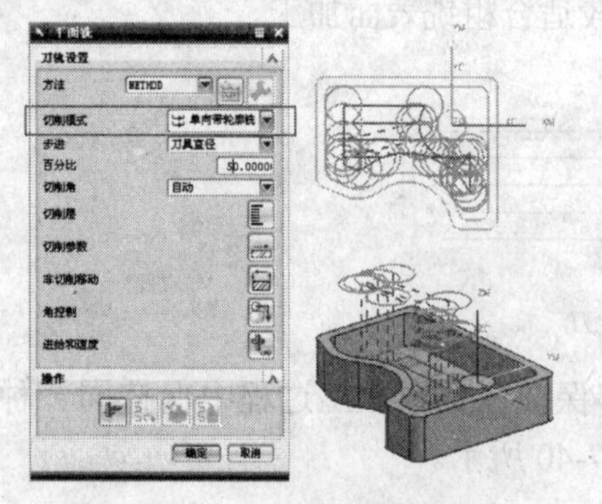

图7-43　单向带轮廓铣走刀

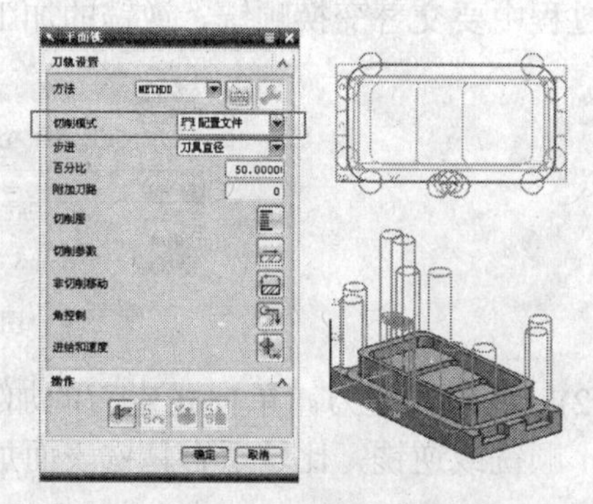

图7-44　轮廓走刀

(7)　标准走刀。标准走刀方式是平面铣加工特有的走刀方式。这种方式能够创建与轮廓走刀相似的刀具轨迹路径，但该方法容易产生刀轨自相交现象，并且容易产生切伤零件现象。一般情况下，使用轮廓走刀方式来代替标准走刀方式，如图7-45所示。

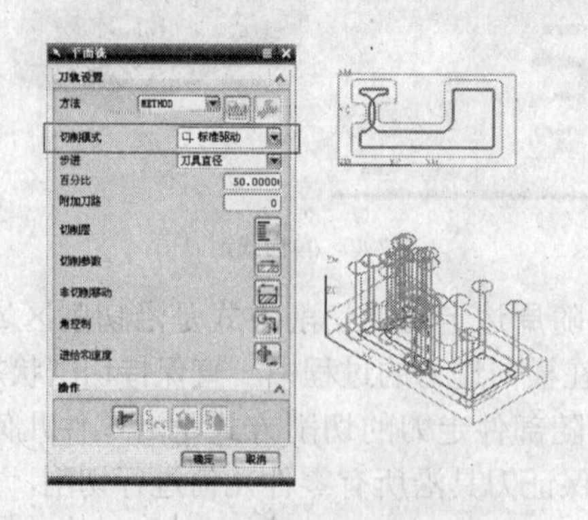

图7-45　标准走刀

## 7.3.2 非切削运动

非切削运动是各种加工操作中非常重要的选项，在同一操作中控制刀具移动，包括进刀运动/退刀运动，刀具接近运动、离开运动、移动等。典型加工操作包含的非切削运动，如图 7-46 所示。

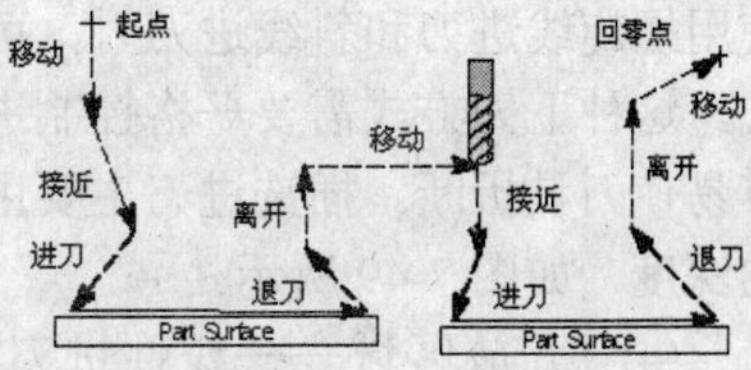

图7-46 非切削运动

### 一、 进刀/退刀

在 UG NX 5 中提供了非常完善的进刀/退刀控制方法。在 3 轴加工中针对封闭的区域提供了螺旋线进刀、沿形状斜进刀和插铣进刀方法，针对开放区域提供了线性、圆弧、点、沿矢量、角度-角度 平面、矢量平面等进刀方法。退刀可以选择与进刀相同的控制方法。下面简单介绍 3 轴加工中各种进刀/退刀方法。

(1) 螺旋线进刀。螺旋下刀方式能够实现在比较狭小的槽腔内进行下刀，下刀占用的空间不大，并且下刀的效果比较好，适合粗加工和精加工过程。螺旋线进刀主要由 5 个参数来控制，包括【直径】、【斜角】、【高度】、【最小安全距离】和【最小倾斜长度】，如图 7-47 所示。

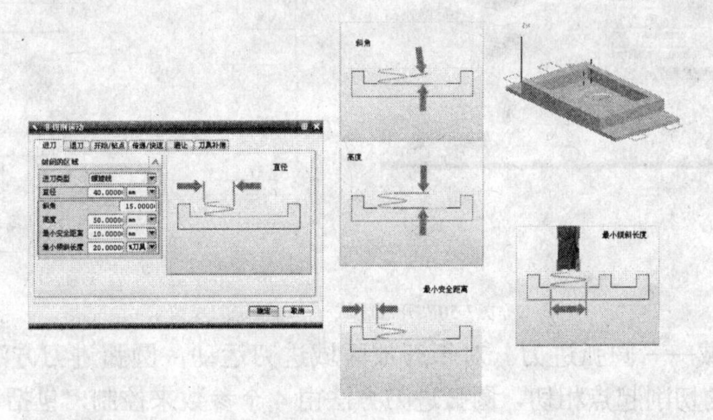


图7-47 螺旋线进刀

(2) 沿形状斜进刀。当零件沿某个切削方向比较长时，可以采用斜线下刀的方式控制进刀，这种下刀方式比较适合粗铣加工。沿形状斜进刀主要由 5 个参数来控制，包括【斜角】、【高度】、【最大宽度】、【最小安全距离】和【最小倾斜长度】，如图 7-48 所示。

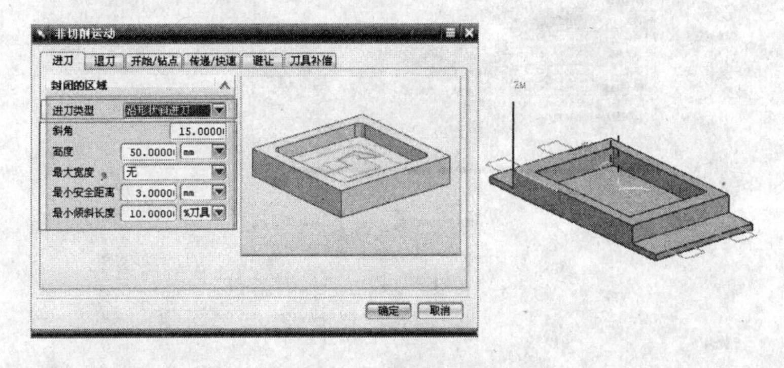


图7-48 沿形状斜进刀

(3) 插铣进刀。当零件封闭区域面积较小，不能使用螺旋线进刀和斜线进刀时，可以采用插铣进刀的方式。这种下刀方式需要严格控制进刀的进给速度，否则容易使刀具折断。插铣进刀主要由高度参数来控制插铣的深度，如图7-49所示。

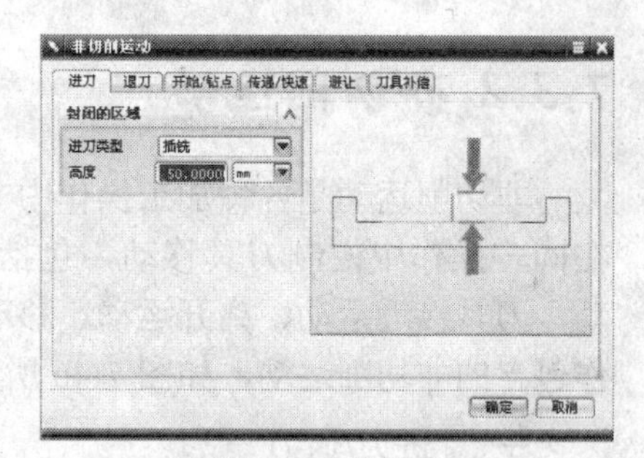


图7-49 插铣进刀

(4) 开放区域——线性进刀。对于开放区域进刀运动，系统提供了多种进刀控制方法，线性进刀方法由5个参数来控制，包括【长度】、【旋转角度】、【斜角】、【高度】和【最小安全距离】，如图7-50所示。

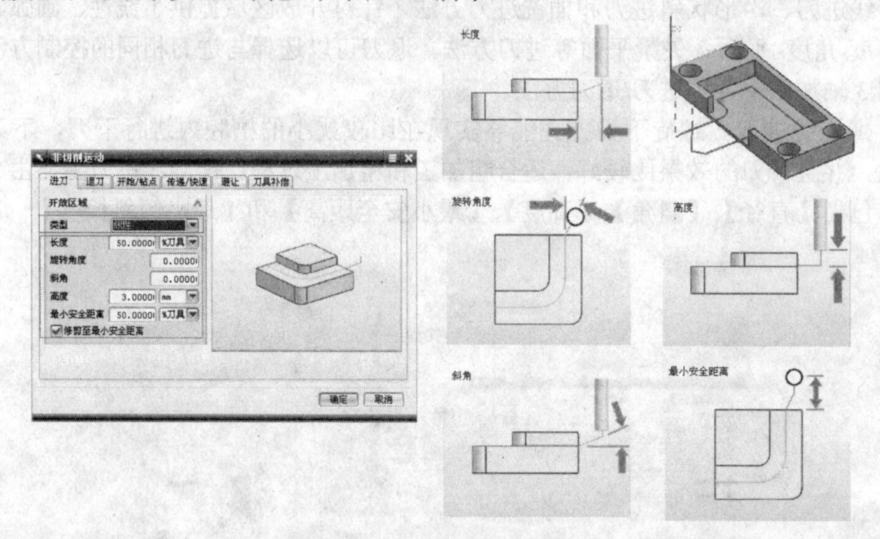


图7-50 开放区域——线性进刀

(5) 开放区域——圆弧进刀。对于开放区域进刀运动，圆弧进刀方法创建一个圆弧的运动与零件加工的切削起点相切，圆弧进刀方法由4个参数来控制，包括【半径】、【圆弧角度】、【高度】和【最小安全距离】，如图7-51所示。

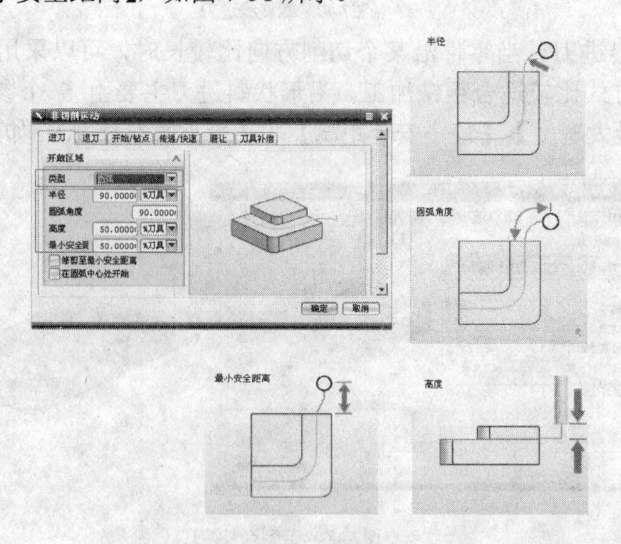


图7-51 开放区域——圆弧进刀

(6) 开放区域——沿矢量进刀、角度_角度 平面、矢量平面。对于开放区域进刀运动，系统提供了 3 种通过矢量和距离控制进刀的方法，包括“沿矢量进刀”、“角度-角度 平面”和“矢量平面”，这 3 种方法都是通过一个矢量和一个距离参数来定位进刀点和进刀方向。

“沿矢量”进刀方法利用矢量构造器定义进刀矢量，利用长度参数来控制进刀距离，如图 7-52 所示。

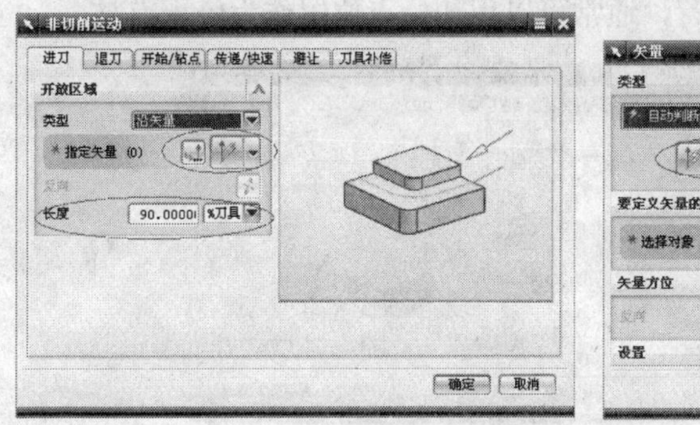


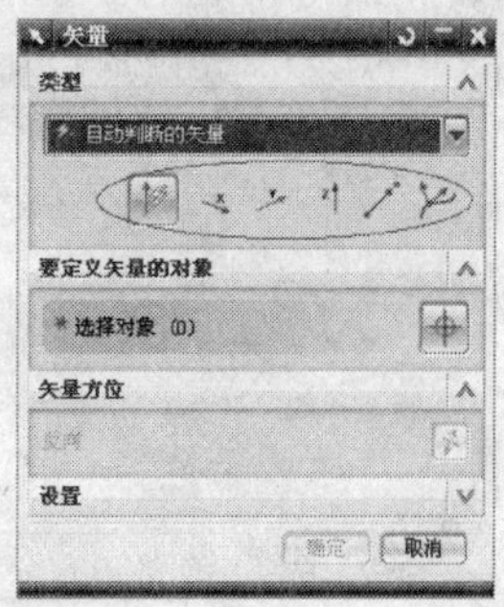


图7-52 “沿矢量”进刀

“角度-角度 平面”进刀方法利用旋转角度和斜角来构造进刀矢量，利用平面参数来控制进刀距离，如图 7-53 所示。

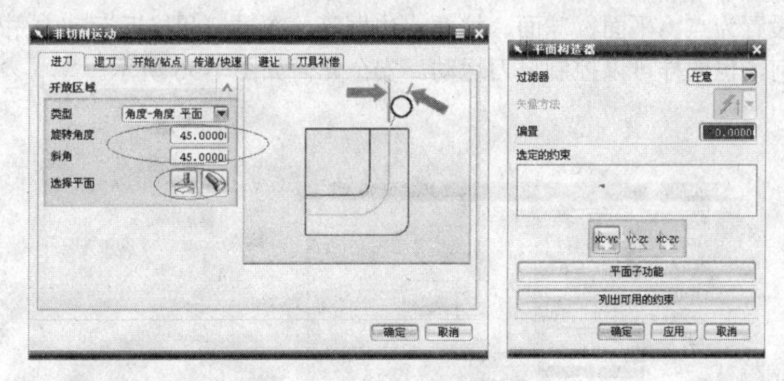


图7-53 “角度-角度 平面”进刀

“矢量平面”进刀方法利用矢量构造器定义进刀矢量，利用平面参数来控制进刀距离，如图 7-54 所示。

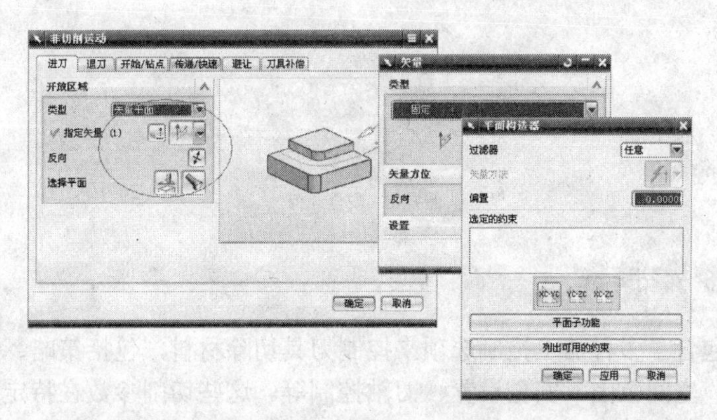


图7-54 “矢量平面”进刀

二、 避让选项

(1) 避让点控制。在【非切削运动】对话框的【避让】选项卡中可以设置 4 个控制点，包括【出发点】、【起点】、【返回点】和【回零点】，如图 7-55 所示。【出发点】是机床运动的起点。【起点】是刀具的起刀点，是刀位轨迹中的第一段，将在刀位文件中产生第一个 GOTO 语句。【返回点】是刀具离开零件时的目标点，通常设置在安全平面之上。【回零点】是刀具最终停止运动的位置，通常可以用初始点位置作为停止点。

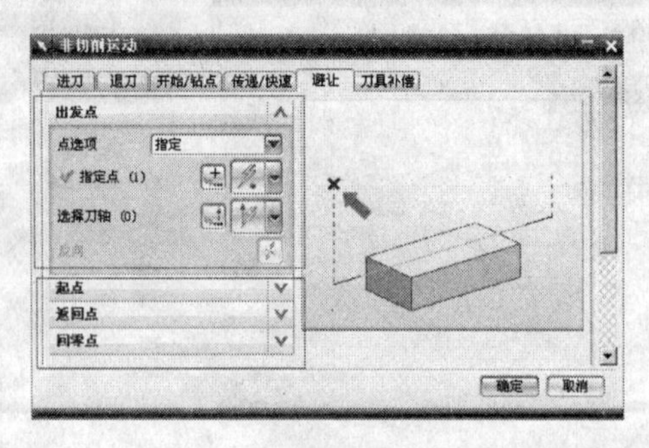


图7-55 避让点控制

(2) 避让几何——安全几何。在【非切削运动】对话框的【传递/快速】选项卡中通常需要设置安全几何。在平面铣加工中通常使用安全平面来定义安全几何，在固定轴铣加工中安全几何可以设置为点、平面、球面、柱面、边框等。在进刀和接近运动中先使刀具从起点移动到安全几何，也同样可以控制退刀运动。安全几何如图 7-56 所示。

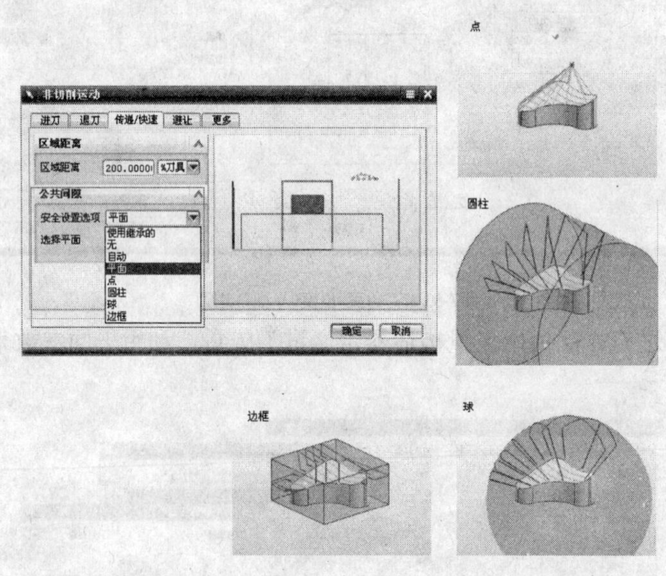


图7-56 安全几何

## 7.3.3 切削参数控制

切削参数中包含了多种加工控制选项来控制刀具切除材料，包括策略、余量、连接、未切削、多条刀路、空间范围、安全设置、刀轴控制等。这些切削参数在特定的加工模板中均有效，它们的含义如下。

- 策略——定义加工模板中常用的参数，是主要控制选项。
- 余量——定义余量，包括部件余量、毛坯余量、检察余量、修剪余量等，还包括公差参数。
- 连接——定义切削运动之间的所有运动，包括切削顺序、优化路径等。
- 未切削——定义未切削区域的控制选项。
- 多条刀路——定义轮廓铣加工中的多条附加刀具路径的控制。
- 空间范围——定义加工空间的限制，用于车削加工模板。
- 安全设置——定义安全几何选项。
- 刀轴控制——定义多轴加工的刀轴控制，用于可变轴轮廓铣加工、顺序铣加工模板中。

## 一、 切削参数—策略—切削顺序

1. 打开教学资源文件“第 7 章\素材\7-11.prt”，选择【开始】/【加工】命令，进入加工模块。
2. 在加工导航器的程序视图中选择“P LANAR_MILL”操作进行编辑。
3. 在【切削参数】/【策略】中设置【切削顺序】为“层优先”，如图 7-57 所示。

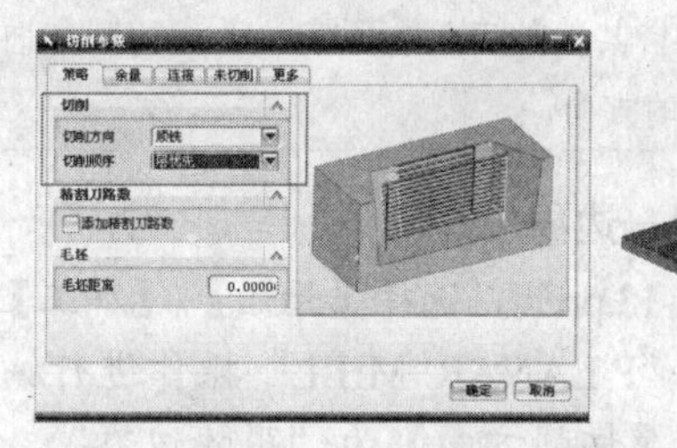


图7-57 策略—切削顺序—层优先

当被加工零件有多个加工区域要进行分层加工时，层优先的加工策略保证加工完每一层的区域后再加工下面的一层。顺铣加工适合精加工操作，可以得到较好的加工表面质量。

4. 在【切削参数】/【策略】中设置【切削顺序】为“深度优先”，如图 7-58 所示。

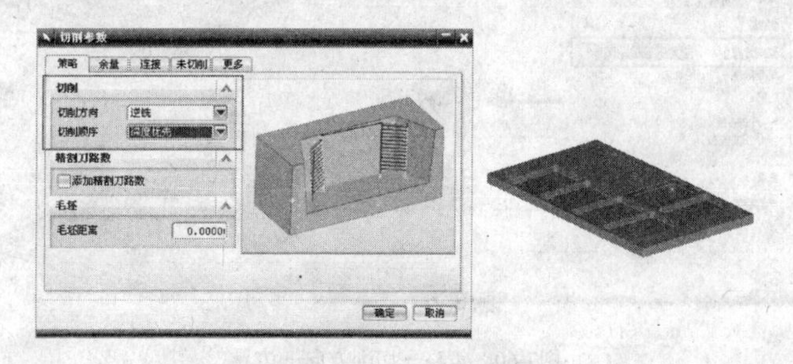


图7-58 策略—切削顺序—深度优先

当被加工零件有多个加工区域要进行分层加工时，深度优先的加工策略保证加工完每一个多层加工后再跳转加工另一个区域。逆铣加工比较适合粗加工和半精加工操作，效率较高但变形较大。

## 二、 切削参数—策略—切削方向—顺铣、逆铣

1. 打开教学资源文件“第 7 章\素材\7-12.prt”，选择【开始】\【加工】命令，进入加工模块。

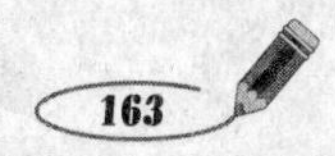

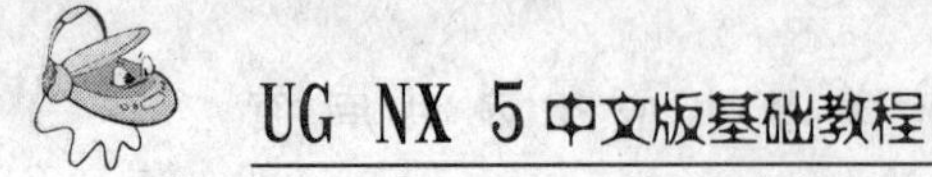


2. 在加工导航器的程序视图中选择“P LANAR_MILL”操作进行编辑。
3. 在【切削参数】/【策略】中设置【切削方向】为“逆铣”，生成加工轨迹。
4. 在【切削参数】/【策略】中设置【切削方向】为“顺铣”，生成加工轨迹，如图 7-59 所示。

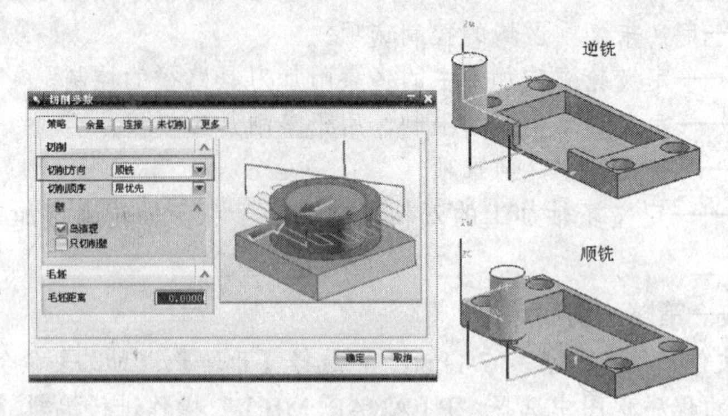


图7-59　策略——切削方向——顺铣、逆铣

当进行开口轮廓加工时，保持其他加工参数不变，改变切削方向——顺铣、逆铣，将改变加工的起刀点位置和加工轨迹的方向。

## 三、 切削参数—策略—切削方向—边界

1. 打开教学资源文件“第 7 章\素材\7-13.prt”，选择【开始】/【加工】命令，进入加工模块。
2. 在加工导航器的程序视图中选择“P LANAR_MILL”操作进行编辑。
3. 在【切削参数】/【策略】中设置【切削方向】为“跟随边界”，生成加工轨迹。
4. 在【切削参数】/【策略】中设置【切削方向】为“边界反向”，生成加工轨迹，如图 7-60 所示。

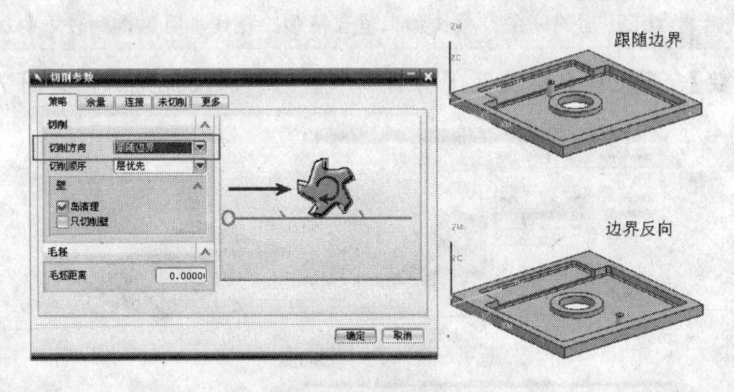


图7-60　策略—切削方向—边界

要点提示

当加工策略中的切削方向设置为跟随边界时为顺铣加工，当加工策略中的切削方向设置为边界反向时为逆铣加工。

## 四、 切削参数—余量—部件余量

1. 打开教学资源文件“第 7 章\素材\7-14.prt”，选择【开始】\【加工】命令，进入加工模块。
2. 在加工导航器的程序视图中选择“P LANAR_MILL”操作进行编辑。

3. 在【切削参数】/【策略】中设置【余量】中的【部件余量】为“30”，生成加工轨迹。
4. 在【切削参数】/【策略】中设置【余量】中的【部件余量】为“0”，生成加工轨迹，如图 7-61 所示。

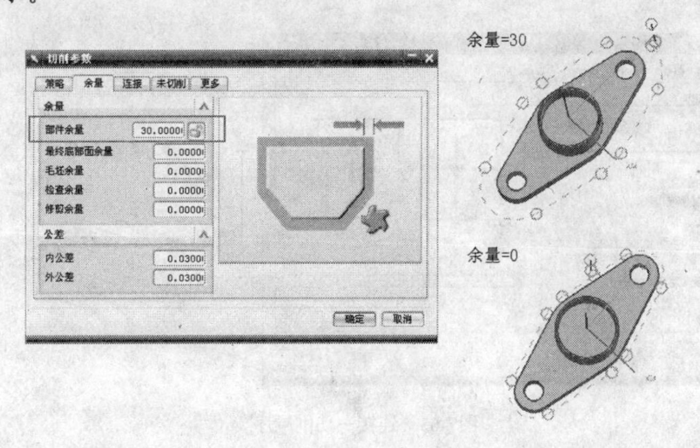


图7-61　余量—部件余量

要点提示　在数控铣削加工中，加工余量是重要的概念，部件余量是相对于加工操作中选择的部件几何体进行余量偏置。

## 五、　切削参数—余量—最终底面余量

1. 打开教学资源文件“第 7 章\素材\7-15.prt”，选择【开始】/【加工】命令，进入加工模块。
2. 在加工导航器的程序视图中选择“P LANAR_MILL”操作进行编辑。
3. 在【切削参数】/【策略】中设置【余量】中的【部件余量】为“30”，生成加工轨迹。
4. 在【切削参数】/【策略】中设置【余量】中的【部件余量】为“0”，生成加工轨迹，如图 7-62 所示。

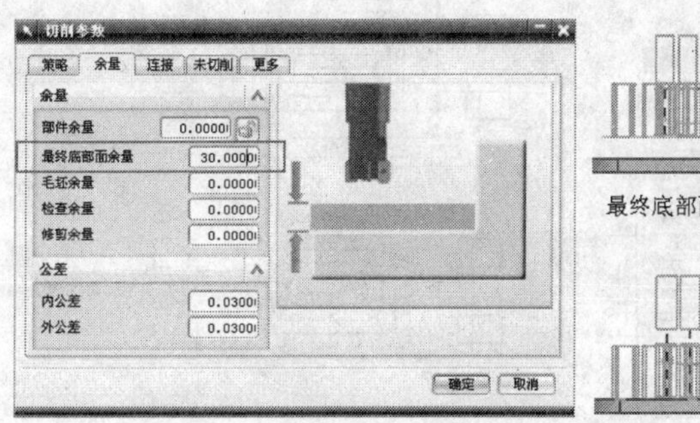


最终底部面余量=30

最终底部面余量=0

图7-62　余量—最终底面余量

要点提示　在数控铣削加工中，最终底面余量是相对于加工操作中选择的底面设置最后一层的余量偏置。

## 六、　切削参数—连接—切削顺序

1. 打开教学资源文件“第 7 章\素材\7-16.prt”，选择【开始】/【加工】命令，进入加工模块。
2. 在加工导航器的程序视图中选择“P LANAR_MILL”操作进行编辑。

3. 在【切削参数】/【连接】中设置【区域排序】为“优化”，生成加工轨迹。
4. 在【切削参数】/【连接】中设置【区域排序】为“标准”，生成加工轨迹，如图 7-63 所示。

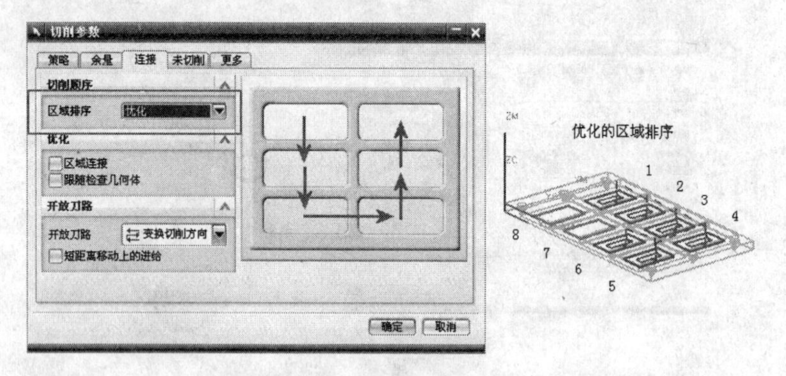


图7-63 连接—切削顺序

通过设置优化区域排序方法可以改变铣削区域的加工顺序，系统计算最短的加工时间确定切削区域的加工顺序。请读者比较区域排序中的 4 种排序方法对加工顺序的影响。

## 7.3.4 角控制

UG NX 5 中提供了对角的控制方法，对于凸角可以添加圆弧、延伸切线，可以在侧壁或全部刀路上添加圆角，并设置圆角处减速控制。当数控加工切削速度和进给速度很高时，如果刀位轨迹在拐角时速度变化很大，容易引起机床系统的振荡，影响加工质量，添加合理的拐角控制可以显著提高加工效率。添加圆角和圆角减速控制的 3 种不同参数对加工轨迹的影响对比，如图 7-64 所示。

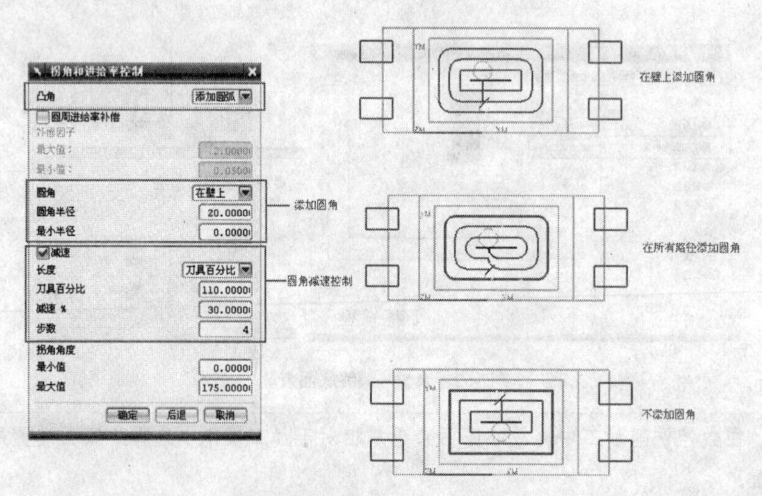


图7-64 圆角和圆角减速控制

当工艺设计中要求在侧壁加工出圆角时，可以通过在刀具轨迹路径的侧壁上添加固定值的圆角来实现圆角的加工，通常情况下选择比圆角半径小的刀具进行加工。

对于部件具有凸角的位置，可以利用凸角控制参数来在凸角处添加圆弧，或延伸切线保证按照部件的几何形状来创建加工轨迹，如图 7-65 所示。

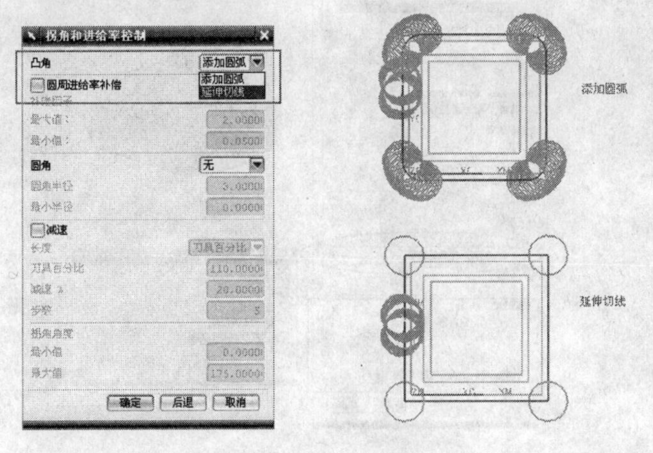


图7-65 凸角处添加圆弧

## 7.3.5 刀位轨迹仿真控制

在选项中的编辑显示选项中可以设置刀位轨迹的显示控制，可以指定刀位轨迹中不同运动的显示颜色，设置过程显示参数等，如图 7-66 所示。

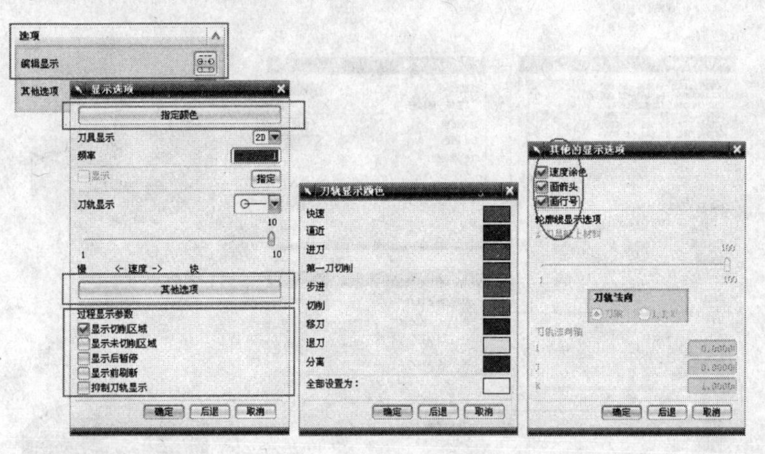


图7-66 刀位轨迹仿真控制

## 7.3.6 刀位轨迹确认控制

生成刀位轨迹后需要对刀位轨迹进行确认，系统提供了 3 种确认的方式，包括刀位轨迹重播、刀位轨迹 3D 动态仿真和刀位轨迹 2D 动态仿真。

### 一、 刀位轨迹重播

1. 打开教学资源文件“第 7 章\素材\7-17.prt”，选择【开始】/【加工】命令，进入加工模块。
2. 在加工导航器的程序视图中选择“P LANAR_MILL”操作进行编辑。

3. 进行刀具轨迹校验（Verify）——重播，并且设置检查选项，如图 7-67 所示。

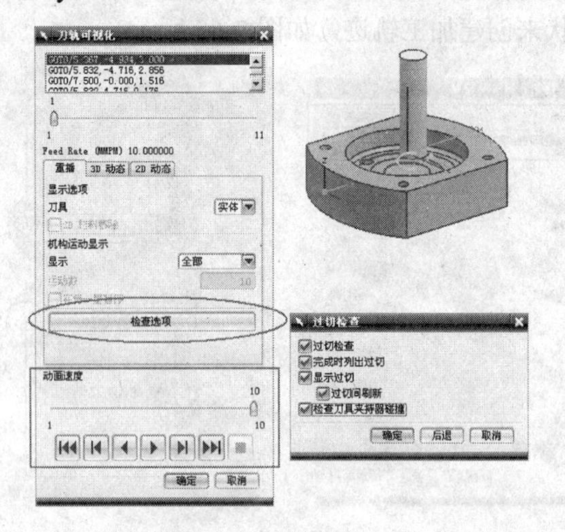

图7-67　刀位轨迹重放

二、 刀位轨迹 3D 动态

1. 打开教学资源文件“第 7 章\素材\7-18.prt”，选择【开始】/【加工】命令，进入加工模块。
2. 在加工导航器的程序视图中选择“P LANAR_MILL1”操作进行编辑。
3. 进行刀具轨迹校验（Verify）——3D 动态检查，并且对仿真结果进行分析，如图 7-68 所示。

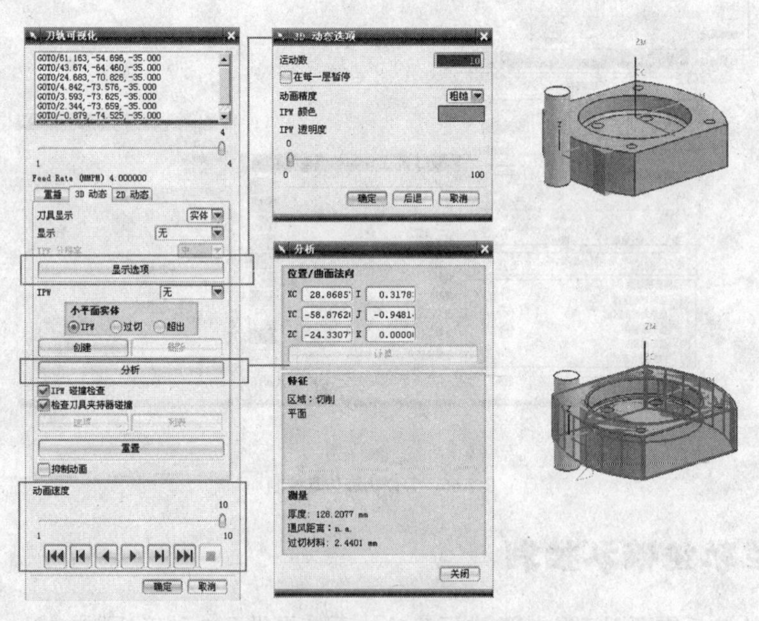

图7-68　刀位轨迹 3D 动态仿真

## 7.4　综合实例——创建型腔铣加工

创建型腔铣加工操作粗加工零件的型腔，如图 7-69 所示。

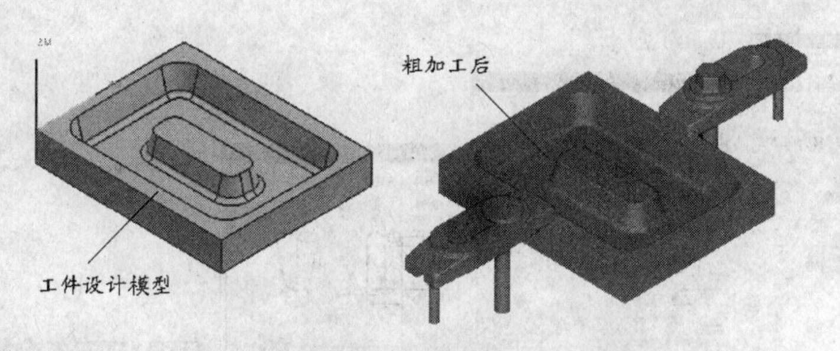


图7-69 创建型腔铣加工操作粗加工零件型腔

动画参照 —— 本案例动画演示见教学资源的"第 7 章\操作视频\7-exec.avi"文件。

【操作步骤】

1. 打开教学资源文件"第 7 章\素材\7-exec.prt"。
2. 创建加工装配模型。利用装配的功能分别将工件模型"7-exec-part.prt"、毛坯几何"7-exec-blank.prt"、检查几何（压板零件）"7-exec-check.prt"装配成加工主模型，如图 7-70 所示。

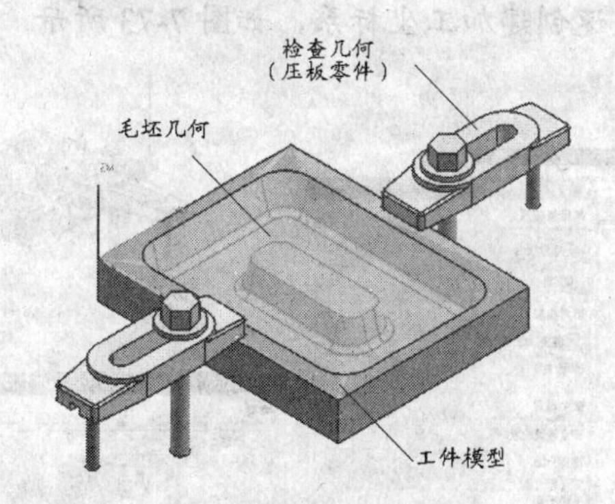


图7-70 创建加工装配猪模型

3. 选择【开始】/【加工】命令，进入加工模块。
4. 创建加工父对象，包括程序组（工序、工步）、刀具、几何体、方法。

(1) 创建程序组——工序 5（GONGXU5），如图 7-71 所示。

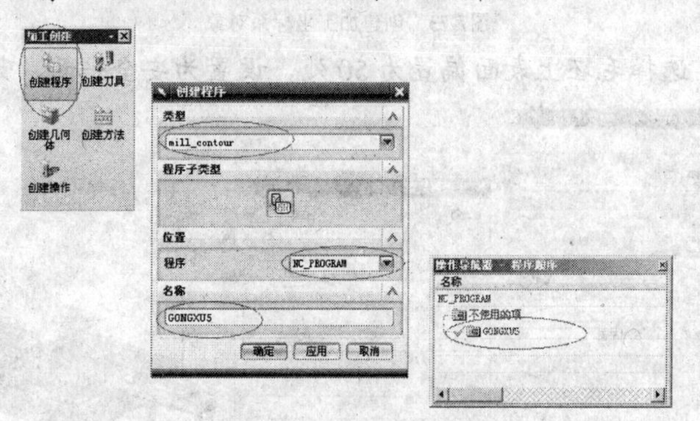


图7-71 创建程序组

(2) 创建刀具对象——直径为 20、底角为 5 的立铣刀，如图 7-72 所示。

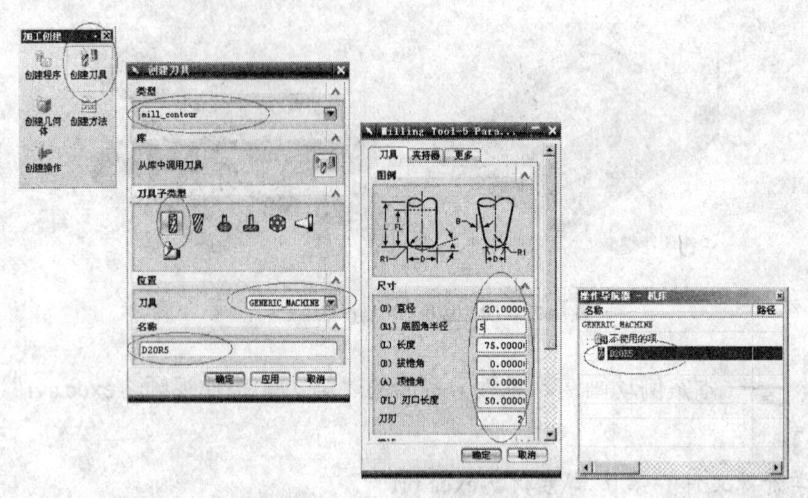

图7-72　创建刀具对象

(3) 创建几何体对象——加工坐标系 MCS_MILL。在进入加工模块时系统已经自动创建了一个坐标系对象 MCS_MILL，双击直接编辑此坐标系对象，在创建加工坐标系时可以利用当前工作坐标系快速创建加工坐标系，如图 7-73 所示。

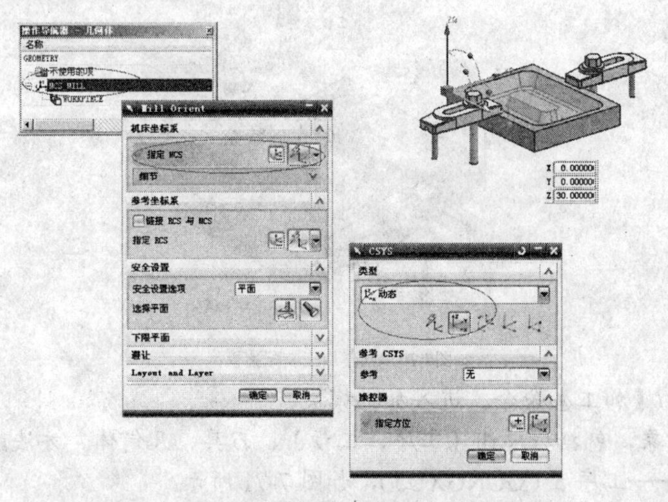

图7-73　创建加工坐标系对象

(4) 设定安全平面。选择毛坯上表面偏置为 50 处，设置为安全平面，如图 7-74 所示。

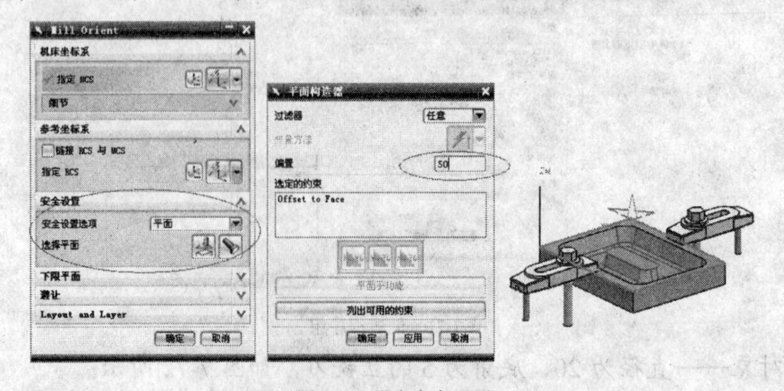

图7-74　设定安全平面

(5) 在进入加工模块时系统已经自动创建了一个几何体对象——WORKPIECE，直接双击编辑 WORKPIECE 对象，在【Mill Geom】对话框中选择部件、毛坯、检查几何，如图 7-75 所示。

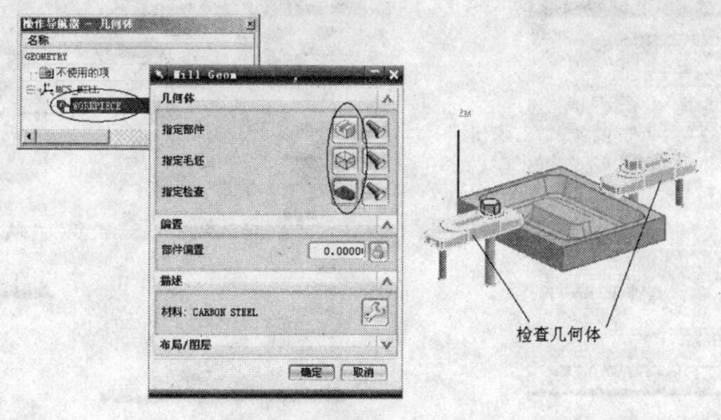


图7-75 选择铣削几何对象

(6) 创建方法——MY_MILL_METHEOD，设定相关参数。在【Mill Method】对话框中设置【余量】、【公差】、【进给和速度】等，如图 7-76 所示。

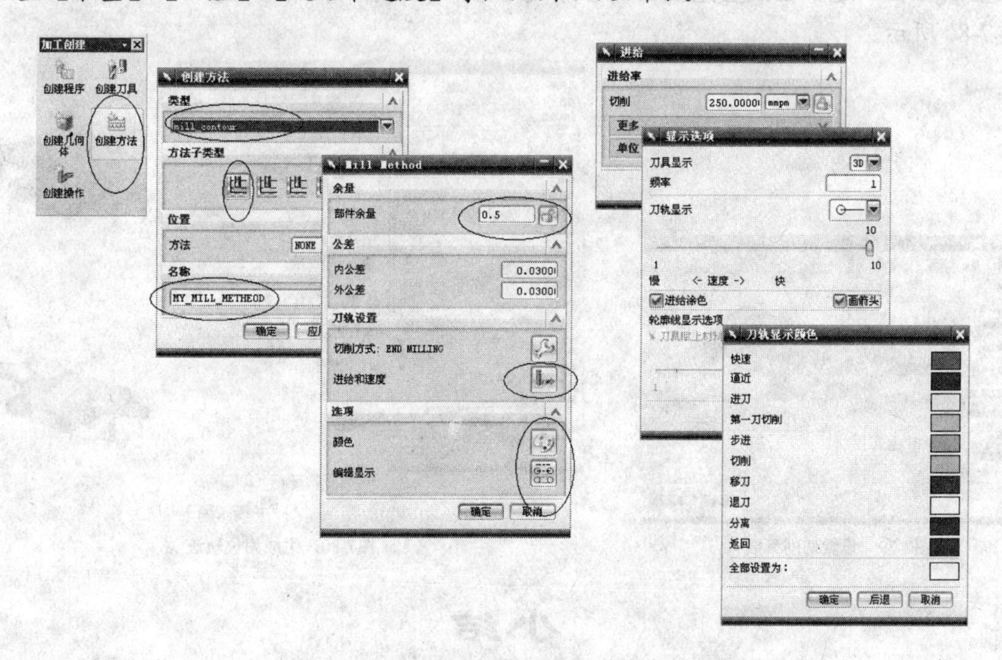


图7-76 创建方法

4. 创建加工操作 CAVITY_MILL。

(1) 创建加工操作。在【加工创建】工具条中单击【创建操作】按钮，在【创建操作】对话框中设置【类型】、【操作子类型】、【位置】和【名称】，如图 7-77 所示。

(2) 编辑型腔铣加工操作。几何体选项自动继承父对象，在【型腔铣】对话框中，设置【切削模式】为“跟随工件”，【步进】方式为刀具直径的 50%，【全局每刀深度】为“2”。在【切削层】对话框中设置切削深度范围从顶面向下 25，如图 7-78 所示。

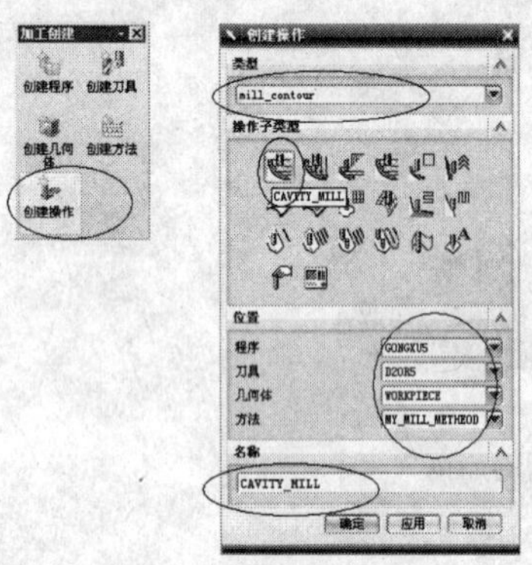
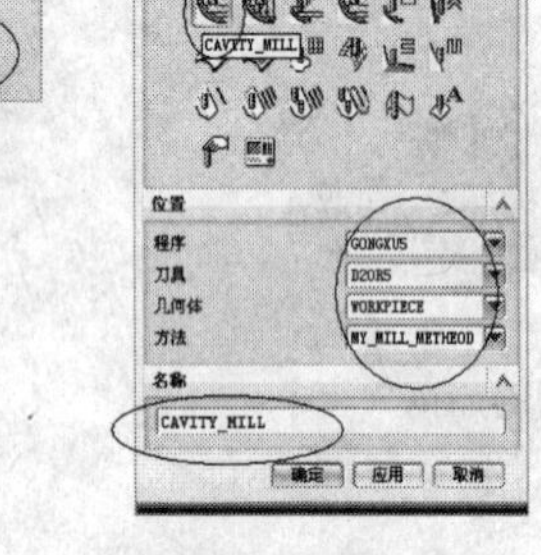

图7-77　创建加工操作

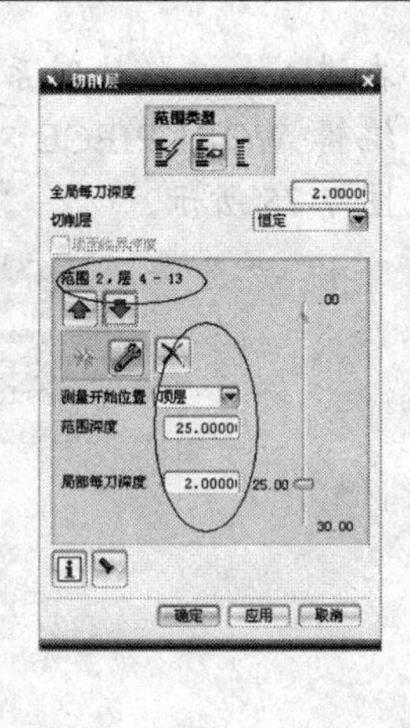

图7-78　设置参数

(3) 设置【切削参数】为“顺铣”和“层优先”，如图 7-79 所示。

(4) 生成刀位轨迹。在设置完上面的各个选项后，可以生成刀位轨迹，并进行确认，如图 7-80 所示。

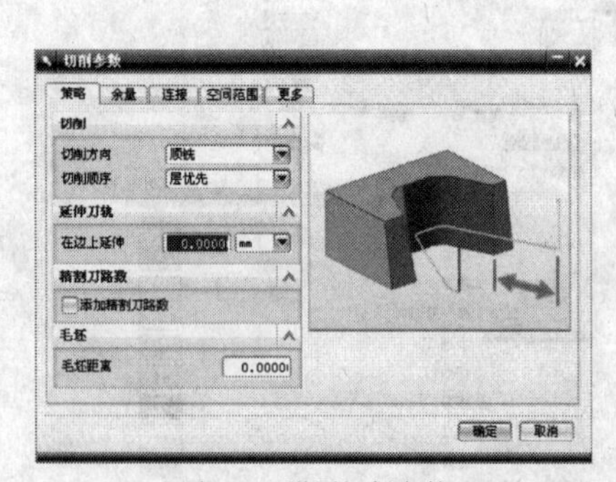

图7-79　设置切削参数

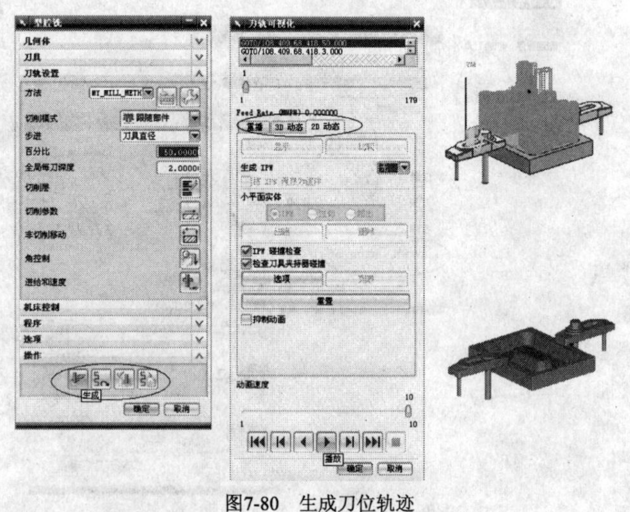

图7-80　生成刀位轨迹

# 小结

本章主要介绍了 UG NX 5 数控加工应用模块的基本环境设置和系统提供的加工模板的基本环境，简单介绍了加工创建的 5 个基本操作的过程和加工应用中一些共同项的操作，并结合典型实例介绍了数控加工的一般过程，请读者认真掌握这些基本知识。

# 思考与练习

1. 打开教学资源文件“第 7 章\素材\7-exam1.prt”，将已经创建完成的加工操作轨迹文件输出，如图 7-81 所示。

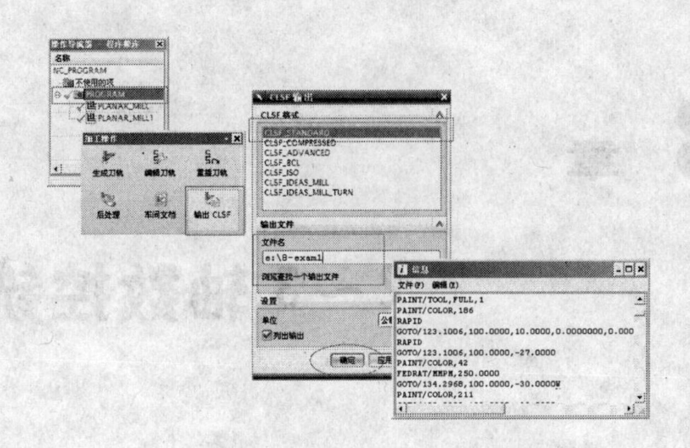

图7-81 输出刀位轨迹文件

2. 打开教学资源文件“第 7 章\素材\7-exam2.prt”，将已经创建完成的加工操作轨迹文件进行后置处理，创建可以用于数控机床加工的 G 指令文件，如图 7-82 所示。

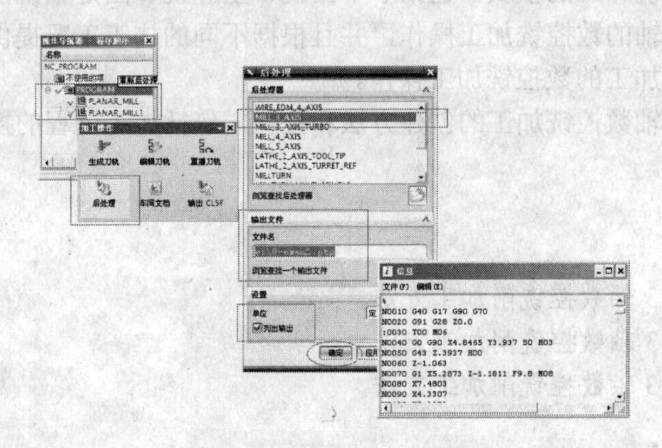

图7-82 后置处理输出 G 指令文件

3. 打开教学资源文件“第 7 章\素材\7-exam3.prt”，使用“车间文档”功能创建加工工艺报告，包括刀具列表、加工顺序、方法等，如图 7-83 所示。

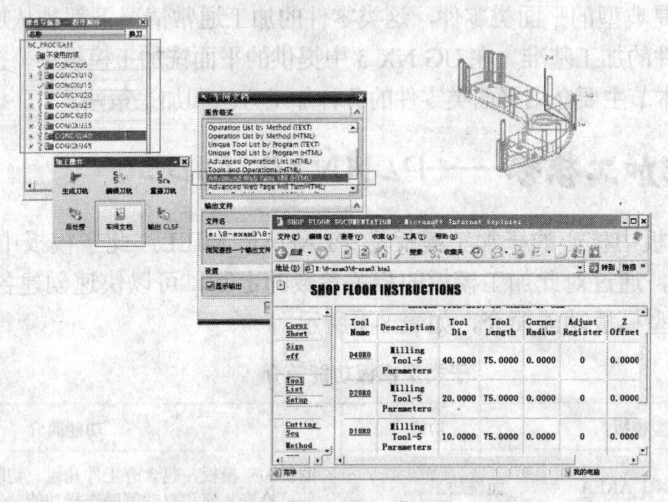

图7-83 创建加工工艺报告

# 第 8 章

# 2～3 轴数控铣削加工

3 轴数控铣削加工通常是使用最多的加工方法，对于平板类零件粗/精加工、槽腔类零件粗/精加工、复杂模具粗加工、曲面精加工等都需要 3 轴铣削加工来完成。UG NX 5 中提供了强大的 3 轴数控铣加工的模块，包括了平面铣、型腔铣和固定轴铣削加工模块，能够创建 2 轴、2.5 轴和 3 轴的数控铣加工操作，并且根据不同的加工工况提供了多种加工模板，能够快速建立 2~3 轴加工的数控铣加工操作。

本章主要介绍 3 轴数控铣加工的创建方法和技巧，包括加工过程的控制方法和各种 3 轴铣削加工模板的使用。

**学习目标**

- 平面类零件 3 轴数控铣削加工方法。
- 型腔类零件 3 轴数控铣削加工方法。
- 曲面类零件 3 轴数控铣削加工方法。

## 8.1 平面类零件数控铣加工

复杂的机械产品通常包含了大量的平面特征，如汽车发动机箱体、变速器箱体、机床产品的床身和底座，都是典型的平面类零件，这类零件的加工通常情况下都是从加工平面开始的，平面通常是此类零件的加工基准。在 UG NX 5 中提供的平面铣加工模板中，提供了各种平面类零件的加工模板。本节主要介绍平面类零件的各种加工方法和加工策略。

### 8.1.1 平面铣加工模板——PLANAR_MILL

平面铣加工模板中核心的子加工模板是 PLANAR_MILL，此子模板中包含了平面铣加工的全部控制选项，通过对此加工模板的相关参数的定制，可以快速创建各种平面类零件的加工操作。各子类型模板功能简介，如表 8-1 所示。

表 8-1　子类型模板功能简介

| 图标 | 子类型模板 | 功能 | 功能简介 |
|---|---|---|---|
|  | FACE_MILLING_AREA | 面铣加工 | 面铣加工模板，包含有工件几何、切削面区域、侧壁几何、检查几何和自动侧壁选择功能 |

续表

| 图标 | 子类型模板 | 功能 | 功能简介 |
| --- | --- | --- | --- |
| | FACE_MILLING | 面铣加工 | 基本的面铣加工模板，能够加工实体上的平面 |
| | FACE_MILLING_MANUAL | 面铣加工 | 能够选择不同的面进行混合加工的模板，能够允许手动精确定位刀具的位置 |
| | PLANAR_MILL | 平面铣加工 | 基本的平面铣加工模板，允许选择二维几何边界和加工底面 |
| | PLANAR_PROFILE | 平面铣加工 | 平面轮廓铣削模板，用于加工工件的平面轮廓 |
| | ROUGH_FOLLOW | 平面铣加工 | 指定切削方法为跟随工件的平面铣加工模板 |
| | ROUGH_ZIGZAG | 平面铣加工 | 指定切削方法为 zig-zag 的平面铣加工模板 |
| | ROUGH_ZIG | 平面铣加工 | 指定切削方法为 zig 的平面铣加工模板 |
| | CLEANUP_CORNERS | 平面铣加工 | 清拐角平面铣加工模板，使用中间过程文件（IPW）的加工操作，用于清理上一加工操作残留的余量 |
| | FINISH_WALLS | 平面铣加工 | 精加工侧壁的平面铣加工模板 |
| | FINISH_FLOOR | 平面铣加工 | 精加工底面的平面铣加工模板 |
| | THREAD_MILLING | 螺纹铣加工 | 螺纹铣加工模板 |
| | PLANAR_TEXT | 非高速平面铣加工 | 平面铣削刻字加工模板 |
| | MILL_CONTROL | 机床控制 | 此模板只能定义机床运动 |
| | MILL_USER | 用户自定义 | 此模板用于调用用户自行开发的 NX Open 程序来创建刀位轨迹 |

### 8.1.2 一般平面铣加工

一般平面铣加工操作可以加工各种平面，加工过程中，使用刀具底面完成平面的铣削加工，使用刀具侧刃可以完成工件槽腔侧壁的加工，刀具轴线必须与被加工表面垂直，但被加工表面可以与坐标轴 Z 轴不垂直。一般平面铣加工操作可以完成零件表面的粗加工和精加工操作。

平面铣具有以下加工特点。

- 平面铣加工既可以实现粗加工操作，又可以实现精加工操作。
- 平面铣加工使用固定的刀轴。
- 平面铣加工可以实现分层加工操作。
- 平面铣使用边界来确定加工区域，可以使用平面、曲线/边、边界和点来确定。

下面将结合一个典型的案例来介绍一般平面铣加工操作的创建过程，包括创建加工主模型、加工父对象、创建平面铣加工操作、设置典型参数等。

**【案例8-1】** 创建一般平面铣加工操作，完成主轴箱体零件表面的加工，如图 8-1 所示。

动画参照——本案例动画演示见教学资源文件的"第8章\操作视频\8-1.avi"文件。

【加工策略】

加工零件的一个表面，在装夹的时候要注意选择装夹方式，避免加工过程中零件产生变形，由于零件的装夹只是使用标准块挤住工件，没有在工件上方压紧，所以加工过程中易采用顺铣的加工方法进行，如图8-2所示。

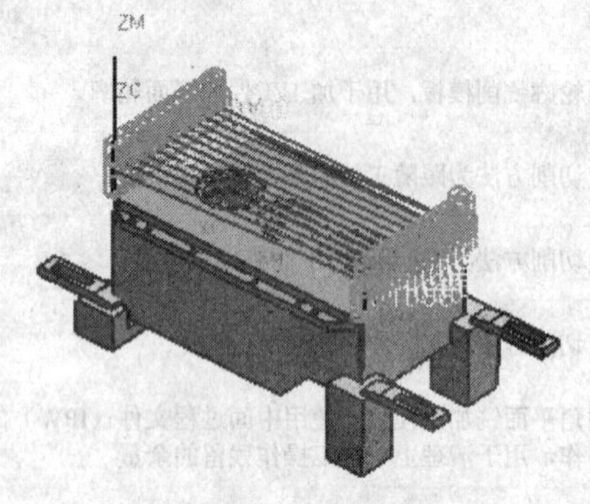

图8-1　加工箱体零件表面

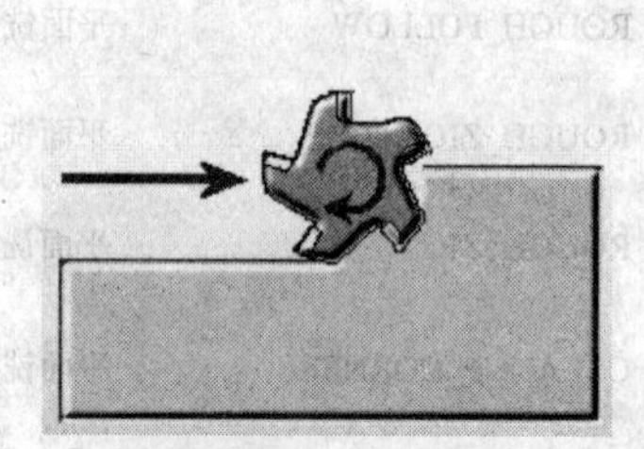

图8-2　顺铣加工方法

【操作步骤】

1. 打开教学资源文件"第8章\素材\8-1.prt"，选择【开始】/【装配】命令，进入装配环境。
2. 创建加工装配模型，如图8-3所示。

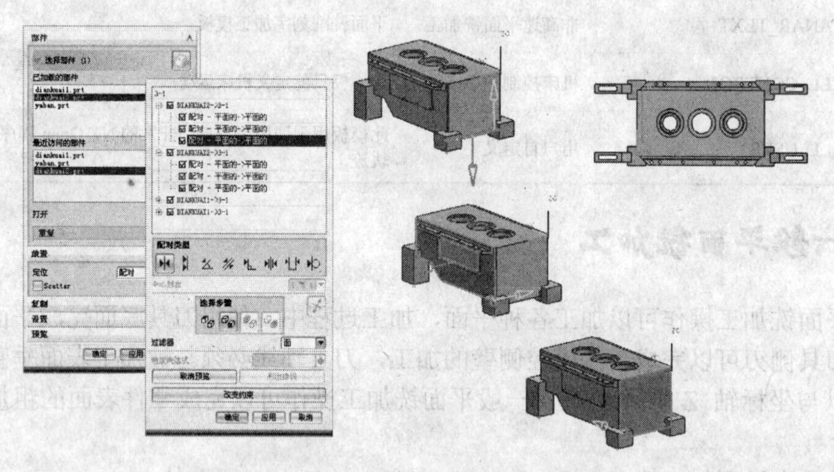

图8-3　创建加工装配模型

要点提示　UG NX 5提供了装配建模的功能，可以创建加工主模型，当设计模型发生变化时，加工模型将相应地发生变化。

3. 选择【开始】/【加工】命令，进入加工模块。
4. 创建加工父对象，包括程序组（工序、工步）、刀具、几何体和方法。

(1) 创建程序组对象——序5（GONGXU_5），如图8-4所示。

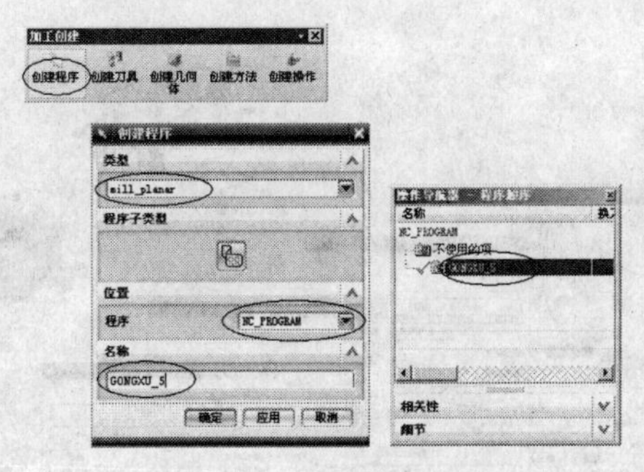

图8-4 创建程序组对象

(2) 创建刀具对象——直径40的立铣刀。默认情况下系统采用7参数铣刀，如图8-5所示。

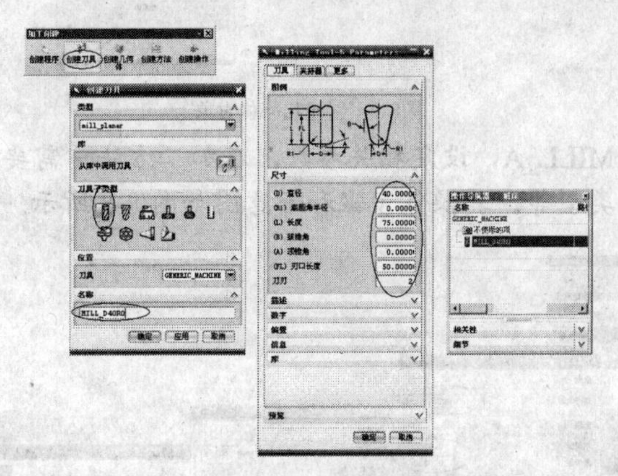

图8-5 创建刀具对象

(3) 创建几何体对象——加工坐标系 MCS_A。可以根据实际需要创建多个加工坐标系对象，利用当前工作坐标系快速创建加工坐标系。其操作步骤和示意图如图8-6所示。

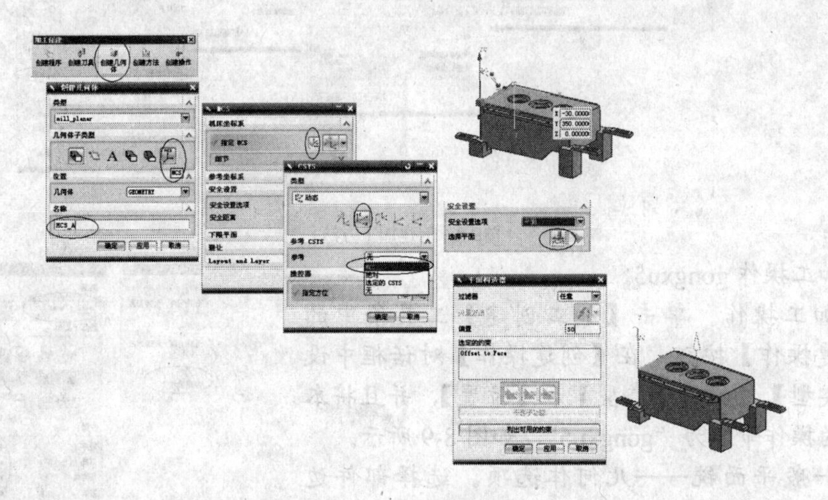

图8-6 创建加工坐标系

(4) 创建几何体对象——WORKPIECE_A。选择部件、毛坯、检查几何，其操作步骤和示意图如图8-7所示。

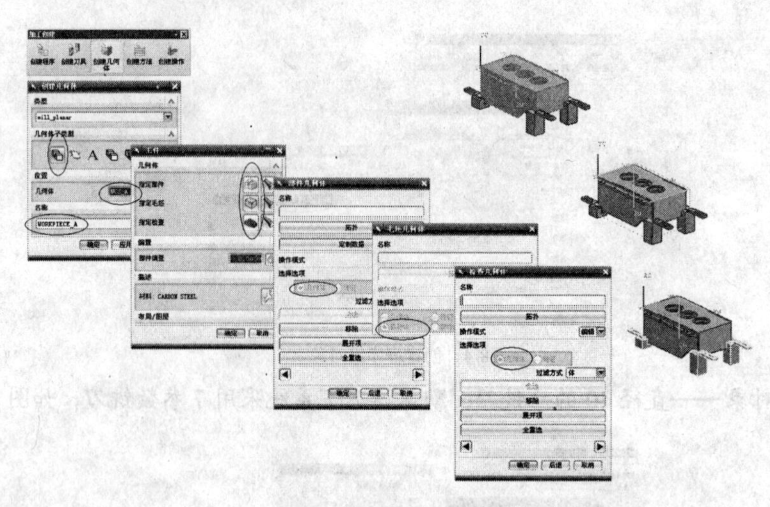

图8-7　创建几何体对象

(5) 创建加工方法——MILL_A，设定相关参数。在加工方法中需要确定进给参数、刀位轨迹颜色、刀具仿真类型等。其操作步骤和示意图如图 8-8 所示。

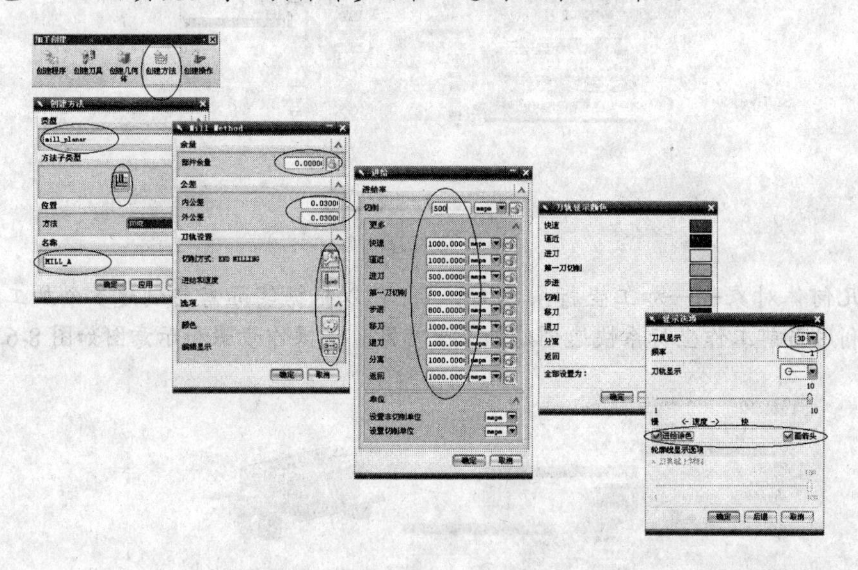

图8-8　创建加工方法

5. 创建加工操作 gongxu5。

(1) 创建加工操作。单击【加工创建】工具条中的【创建操作】按钮，在【创建操作】对话框中设置【类型】、【操作子类型】和【位置】，并且将本工序的操作命名为“gongxu5”，如图 8-9 所示。

(2) 编辑一般平面铣——几何体选项。选择部件边界，并且编辑所选边界，将边界的【余量】设置为“-20”，这是为了在加工过程中保证直径 40 的立铣刀能够加工完整个表面，并且需要选择被加工底面。其操作步骤和示意图如图 8-10 所示。

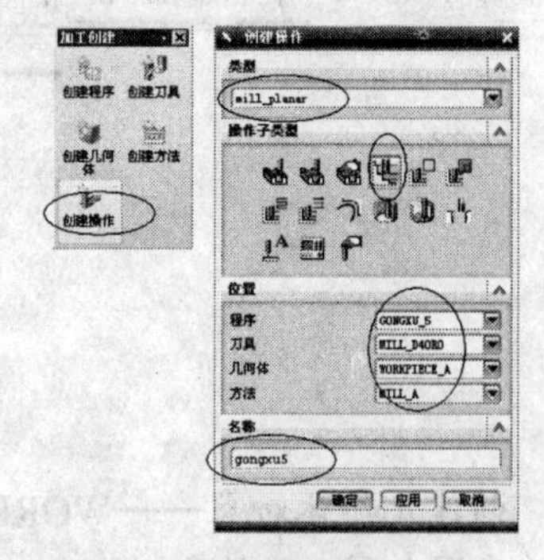

图8-9　创建加工操作

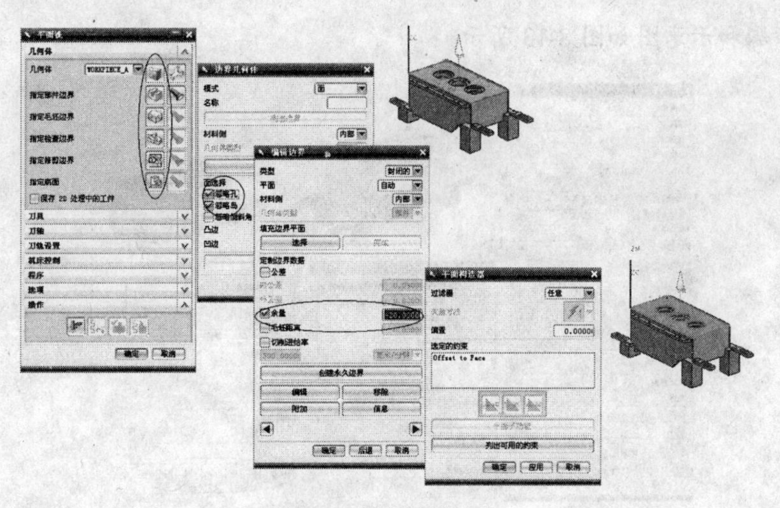

图8-10 设置几何体选项

(3) 设置【刀轴】为“+ZM 轴”，如图 8-11 所示。

**要点提示** 在一般平面铣加工方法中提供了多种定义刀轴的方法，一般平面加工操作中需要保证刀具是垂直于被加工表面的，刀轴可以与机床的+Z 轴方向不同。

(4) 设置【刀轨控制】参数。设置【切削模式】为“单向”，这样可以保证在切削过车程中保持同一种切削状态（顺铣或逆铣），得到比较好的表面质量，但同时也会比往复式切削方式增加一些空走刀的时间。设置【步进】参数为“刀具直径”，设置【百分比】参数为“70”，还要设置【切削层】、【切削参数】、【非切削移动】、【角控制】和【进给控制】等参数。其操作步骤和示意图如图 8-12 所示。

图8-11 设置【刀轴】

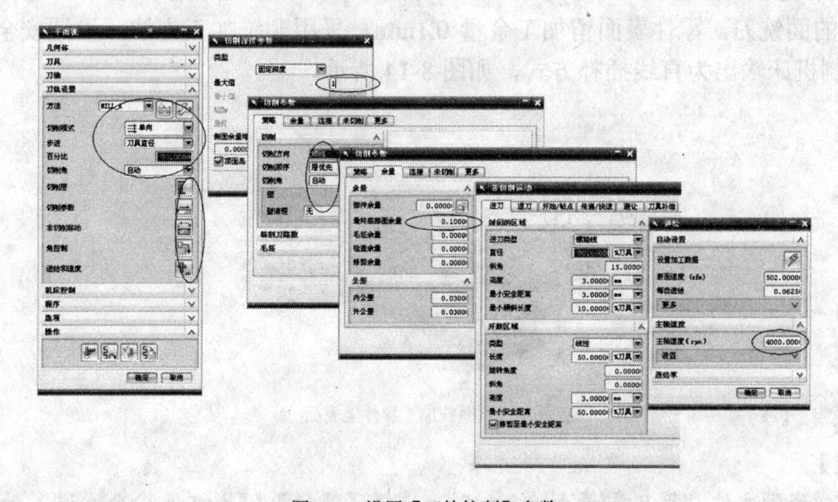

图8-12 设置【刀轨控制】参数

(5) 生成刀位轨迹。在设置完上面的各个选项后，生成刀位轨迹，并进行刀位轨迹确认。

其操作步骤和示意图如图8-13所示。

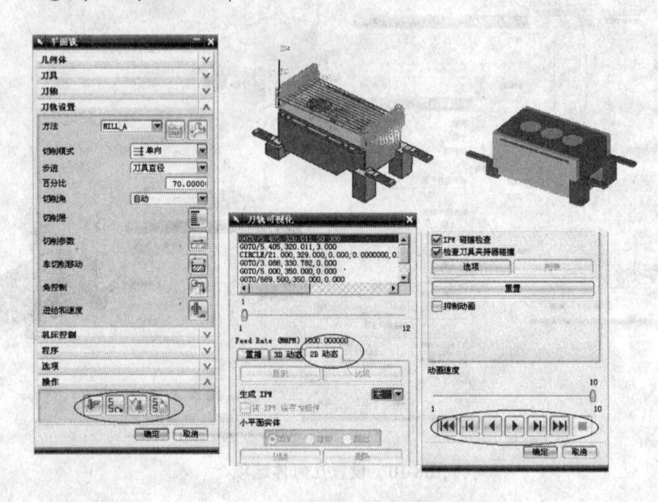

图8-13 生成刀位轨迹

## 8.1.3 面铣加工

UG NX 5定制了3种面铣加工的模板，包括FACE_MILLING、FACE_MILLING_AREA和FACE_MILLING_MANUAL，是专门用于加工表面几何的模板。可以直接选择表面来指定加工区域，也可以通过选择边界几何来指定，大大提高了创建3轴铣加工操作的效率。下面将结合一个典型案例来介绍面铣加工操作的创建过程。

【案例8-2】 创建面铣加工操作完成主轴箱体零件表面的加工。

动画参照 —— 本案例动画演示见教学资源文件的“第8章\操作视频\8-2.avi”文件。

【加工策略】

创建表面铣加工操作“FACE_MILLING_AREA”，粗加工零件上表面，选择刀具为直径100mm的面铣刀，零件表面留加工余量0.1mm，采用顺铣加工方法，设置安全面高度为80mm，控制机床输出为直线插补方式，如图8-14所示。

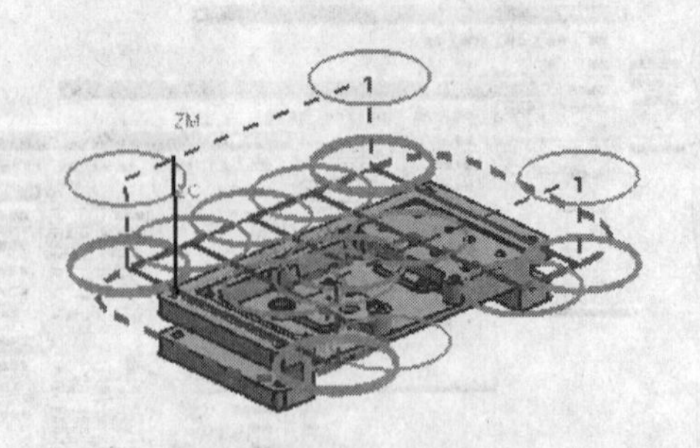

图8-14 面铣加工零件上表面

【操作步骤】

1. 打开教学资源文件“第8章\素材\8-2.prt”，选择【开始】/【加工】命令，进入加工模块。
2. 创建直径为100mm的面铣刀，其操作步骤和示意图如图8-15所示。

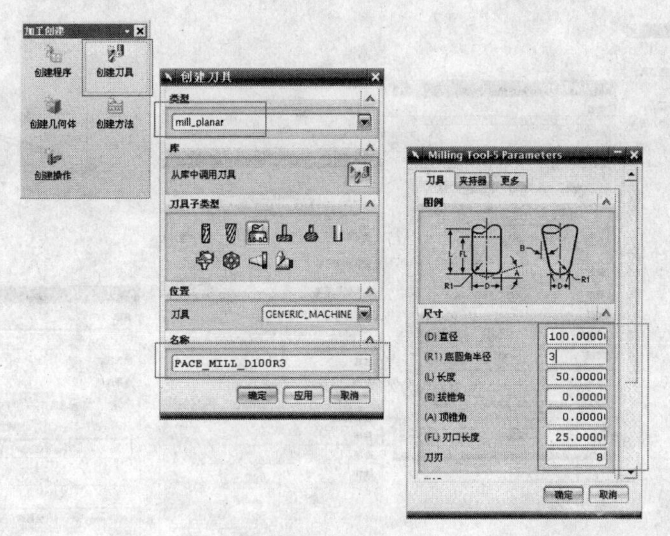

图8-15 创建面铣刀

3. 创建工件几何体。选择零件模型作为部件几何，使用部件偏置的方式创建毛坯几何，设定毛坯几何的余量。其操作步骤和示意图如图 8-16 所示。

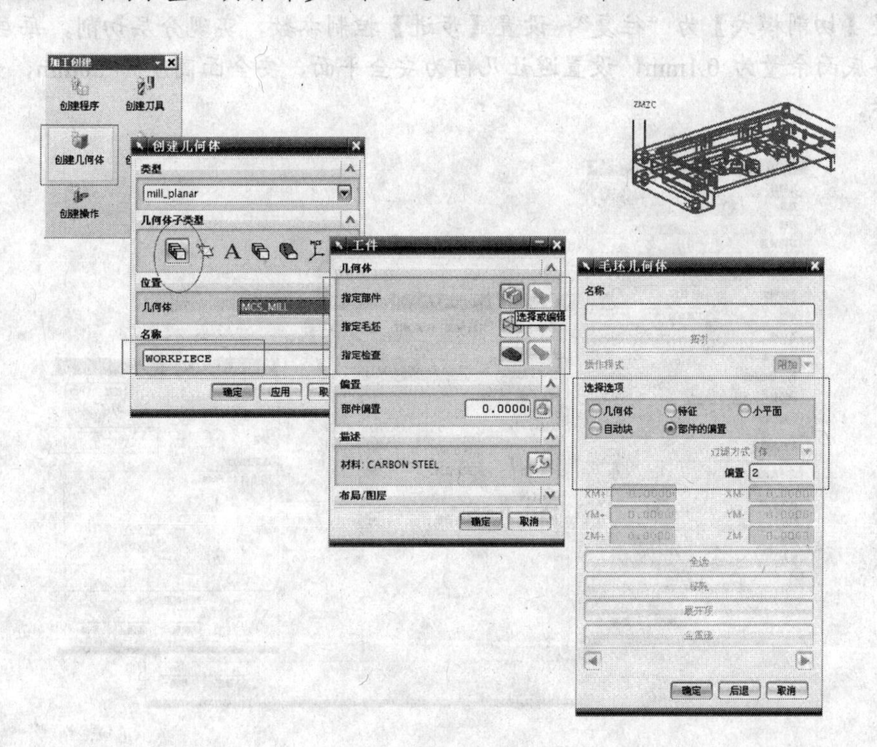

图8-16 创建加工几何

4. 创建“FACE_MILLING_AREA”表面铣加工操作，选择切削区域为零件上表面。其操作步骤和示意图如图 8-17 所示。

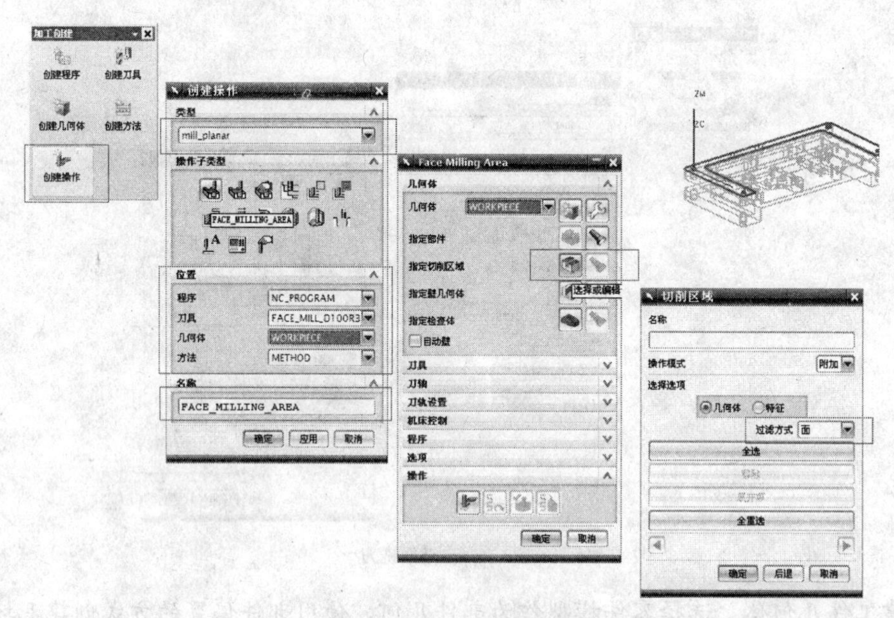

图8-17　创建面铣加工操作

5. 设置【切削模式】为“往复”，设置【步进】控制参数，实现分层切削，每层 1mm，最终底面余量为 0.1mm，设置避让几何为安全平面，安全面高度为 80mm，如图 8-18 所示。

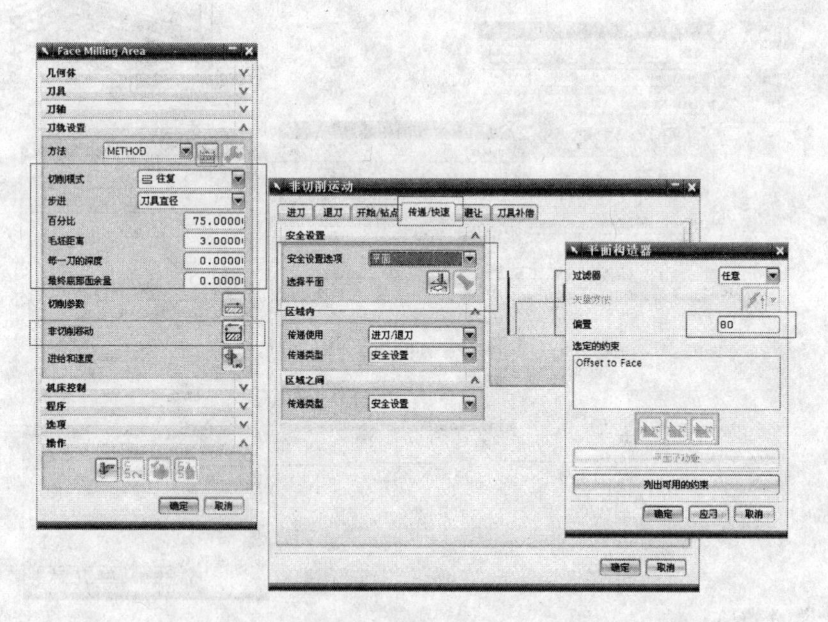

图8-18　设置【切削方式】及安全平面

6. 在【切削参数】/【策略】中设置【切削方向】为“顺铣”，【切削角】设置为“90”，设置【毛坯距离】参数为“3”，【毛坯延展】参数为“100”，如图 8-19 所示。
7. 设置【刀轴】为“+ZM 轴”，设置【进给】参数，如图 8-20 所示。

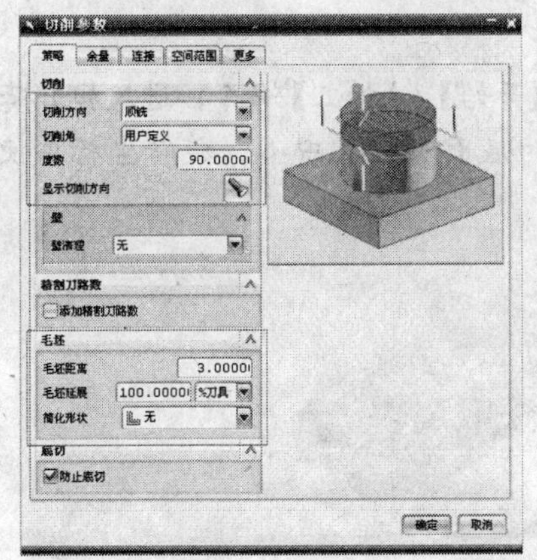


图8-19 设置加工策略

图8-20 设置刀轴和进给参数

8. 生成刀为轨迹文件，并且进行切削仿真，检查运动轨迹，如图 8-21 所示。

图8-21 生成刀轨并进行运动仿真

## 8.1.4 粗加工平面铣加工

粗加工平面铣加工包括 3 种加工模板，有 ROUGH_FOLLOW、ROUGH_ZIGZAG 和 ROUGH_ZIG。可以直接选择表面来指定加工区域，也可以通过选择面、边界、曲线、点来指定边界几何体。切削方式定制为 FOLLOW PART、ZIGZAG 和 ZIG 等方式。下面将结合一个典型案例来介绍面铣加工操作的创建过程。

**【案例8-3】** 创建粗加工平面铣加工操作完成零件底面下陷区域表面的加工。

动画参照 —— 本案例动画演示见教学资源文件的“第 8 章\操作视频\8-3.avi”文件。

**【加工策略】**

使用直径为 40mm、底角半径为 3mm 的立铣刀进行加工，切削方式为跟随工件，加工余量为 0.1mm，用顺铣加工方法，设置安全面高度为 80mm，如图 8-22 所示。

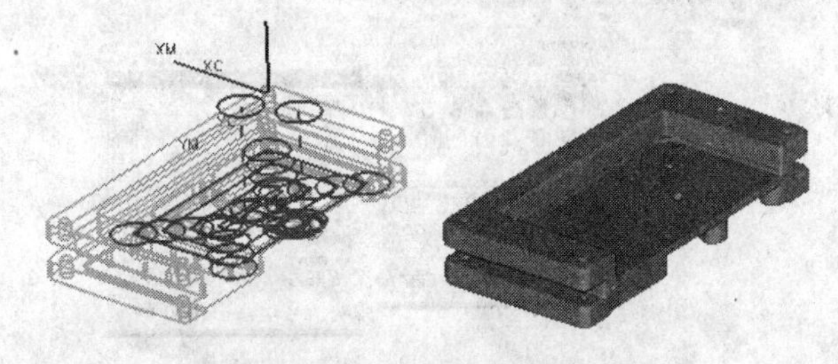

图8-22 粗加工平面铣加工下陷区域

【操作步骤】

1. 打开教学资源文件“第 8 章\素材\8-3.prt”，选择【开始】/【加工】命令，进入加工模块。
2. 创建【几何体】的坐标系对象。改变加工原点为底面对应孔中心，旋转坐标系使得 Z 向为零件下表面，如图 8-23 所示。

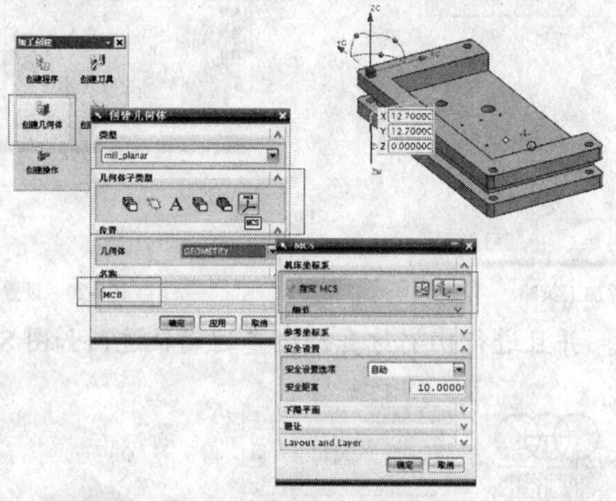

图8-23 创建反面加工坐标系

3. 创建几何体对象——WORKPIECE。选择【部件偏置】3mm 创建毛坯对象，如图 8-24 所示。

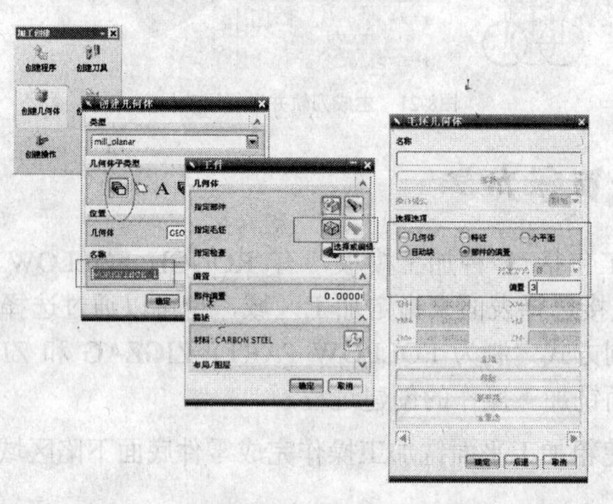

图8-24 创建几何体对象

4. 创建刀具。创建直径为 40mm，底角半径为 3mm 的立铣刀，如图 8-25 所示。

图8-25 创建刀具对象

5. 创建粗加工平面铣加工操作。选择部件边界和加工底面，其操作步骤和示意图如图 8-26 所示。

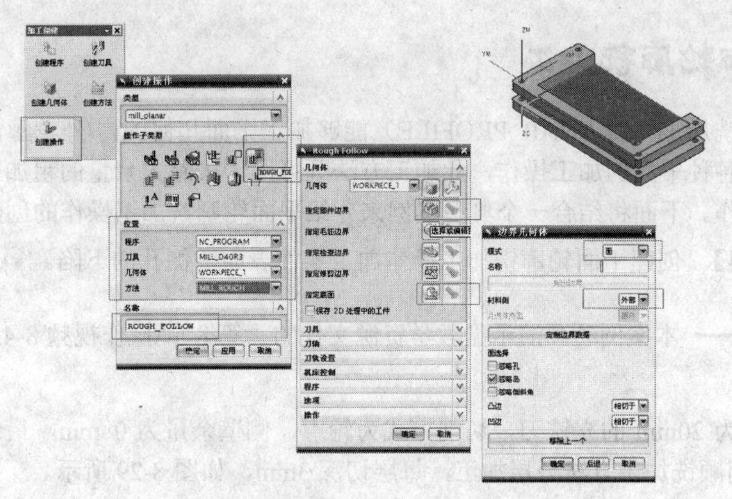

图8-26 创建粗加工平面铣加工操作

6. 编辑零件几何。设置最外侧长边界的毛坯余量为“-25”，保证刀具切出零件的外侧轮廓，如图 8-27 所示。

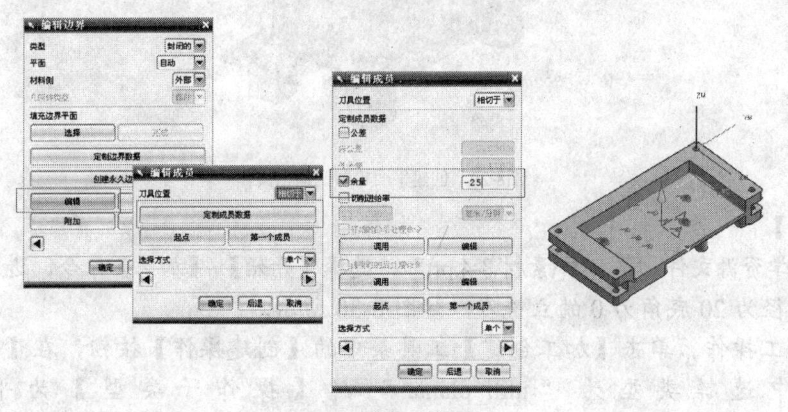

图8-27 编辑零件几何

7. 设置零件余量和切削深度控制。设置【最终底面余量】参数为“0.1”，切削深度控制为直接到达底面，如图 8-28 所示。

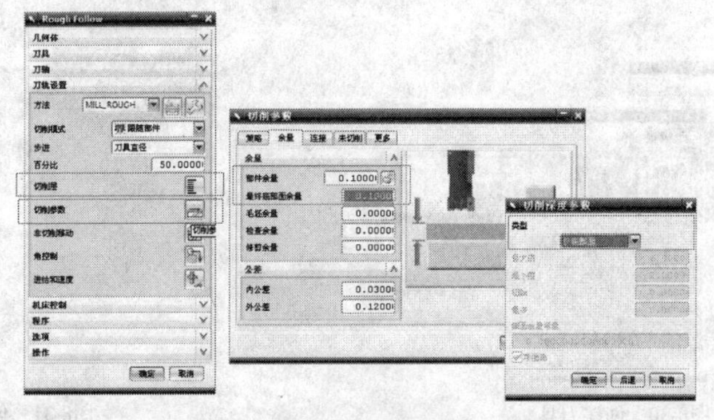

图8-28 设置零件余量和切削深度参数

8. 设置避让几何，设置安全平面为 80mm。
9. 生成刀位轨迹，并进行轨迹确认。

### 8.1.5 平面轮廓铣加工

平面轮廓铣加工（PLANAR_PROFILE）能够加工平面几何的内/外轮廓，包括封闭区域和开放区域的各种平面的加工操作，此加工方法既可用于去除大余量的粗加工操作，也可以创建精加工操作。下面将结合一个典型案例来介绍平面轮廓铣加工操作的创建过程。

【案例8-4】 创建平面轮廓铣加工操作加工零件表面两侧孔的下陷。

动画参照 —— 本案例动画演示见教学资源文件的“第 8 章\操作视频\8-4.avi”文件。

【加工策略】

选择直径为 20mm 的立铣刀，切削方式为轮廓，侧壁余量为 0 mm，最终底面加工余量为 0.01mm，用顺铣加工方法分层加工，每层切深 3mm，如图 8-29 所示。

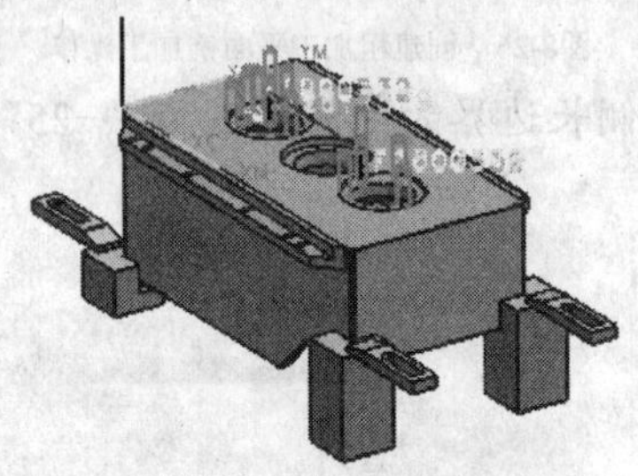

图8-29 创建平面轮廓铣加工操作

【操作步骤】

1. 打开教学资源文件“第 8 章\素材\8-4.prt”，选择【开始】/【加工】命令，进入加工模块。
2. 创建直径为 20 底角为 0 的立铣刀，如图 8-30 所示。
3. 创建加工操作。单击【加工创建】工具条中的【创建操作】按钮，在【创建操作】对话框中选择类型为“mill_planar”，【操作子类型】为平面轮廓铣（PLANAR_PROFILE），在位置选项中选择 4 个父对象——程序“GONGXU10-1”，刀具“MILL_D20R0”，几何体“WORKPIECE_A”，方法“MILL_A”。将本工序的操作命名为“gongxu10-1”，如图 8-31 所示。

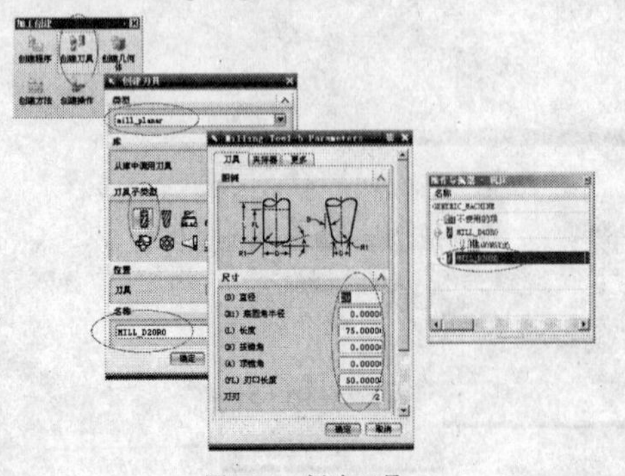

图8-30 创建刀具

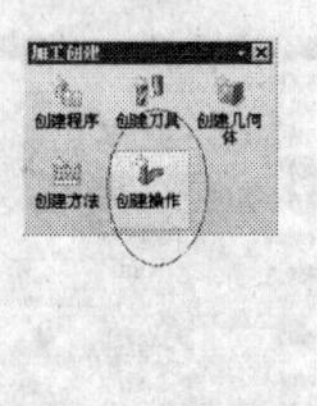

图8-31 创建加工操作

4. 编辑平面轮廓铣——几何体选项。设置【指定部件边界】，【类型】设置为“封闭的”，【材料侧】设置为“外部”，【刀具位置】设置为“相切于”。【指定底面】为两侧下陷的底面。选择边界，如图 8-32 所示。

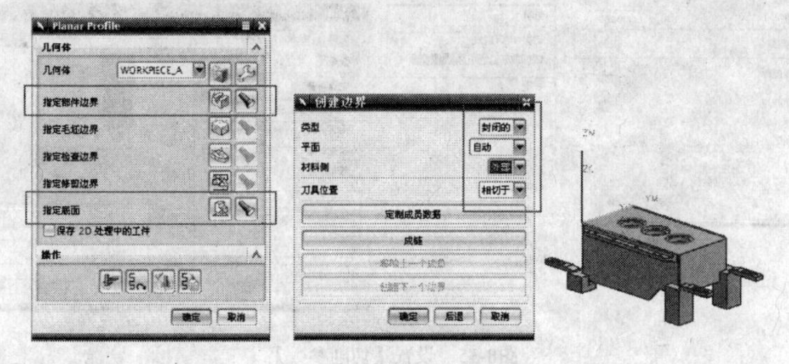

图8-32　指定边界和底面

5. 设置刀轴控制方法——+Z 轴。在平面轮廓铣加工方法中提供了 3 种定义刀轴的方法，一般情况下 3 轴加工中选择+Z 轴，对于使用多坐标机床进行平面铣加工可以通过指定矢量的方法定义刀轴，但必须保证刀具是垂直于被加工表面的，如图 8-33 所示。
6. 设置【刀轨设置】。设置【方法】为“MILL_A”，设置【部件余量】为“0”，设置【切削进给】为“100”，设置【切削深度】方式为“固定深度”，每层最大值为 3mm，如图 8-34 所示。

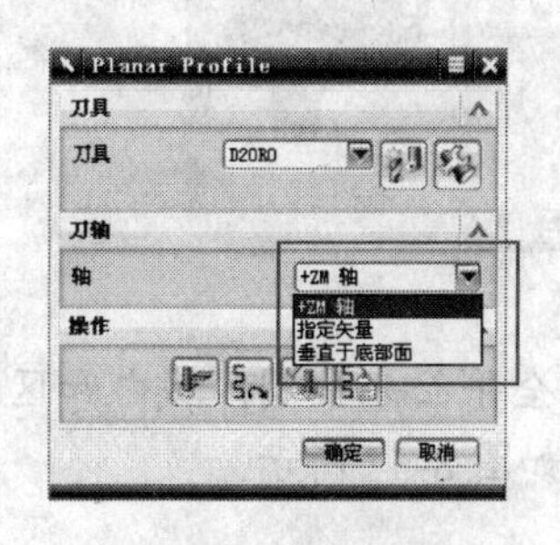

图8-33　设置刀轴控制

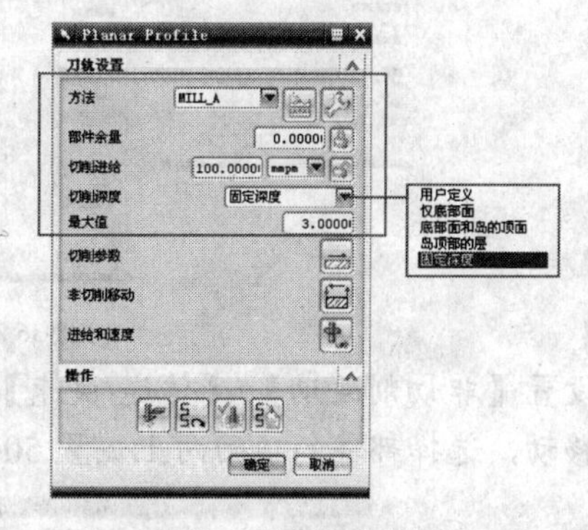

图8-34　设置【刀轨设置】

平面铣加工模板中提供了 5 种切削深度控制的方法，包括用户定义、仅底面、底部面和岛的顶面、岛顶部的层及固定深度。

7. 设置【切削参数】。设置【策略】/【切削方向】为“顺铣”，【切削顺序】为“深度优先”。顺铣能够获得比较好的表面加工质量，深度优先方式控制加工过程中先加工完一个下陷到要求的尺寸后，再跳转加工第二个下陷。设置【余量】选项，【最终底面余量】为“0.01”、【内公差】和【外公差】均为“0.001”。由于是一次加工到零件的底面，考虑到加工中刀具的误差和振颤，所以在最终底部面余量处设置一个安全的余量值，由内公差和外公差控制加工的尺寸精度。各项设置如图 8-35 所示。

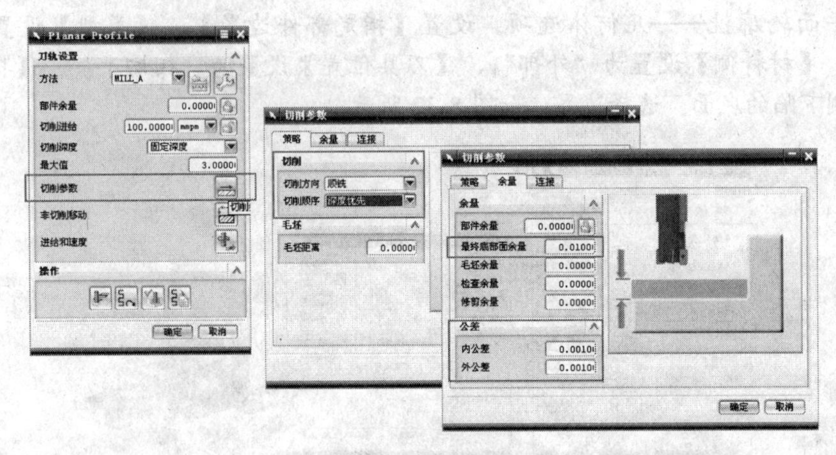


图8-35　设置【切削参数】

8. 设置【非切削运动】/【进刀】。本例中由于上表面的 3 个中心孔已经加工完毕，所以可以使用点的方式来进行进刀，选择下陷的孔心作为进刀点。设置其他参数，如图 8-36 所示。设置【退刀】选项与【进刀】相同。

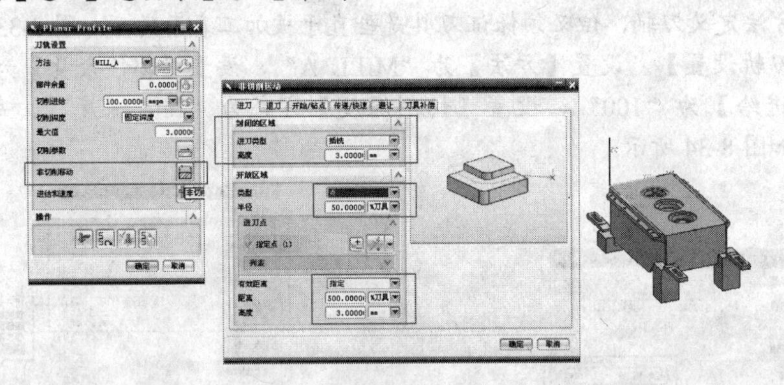


图8-36　设置【进刀】/【退刀】

9. 设置【非切削运动】/【传递/快速】。本例中使用安全平面来控制区域内和区域之间的移动，选择部件的顶面向上偏置 50 定义安全平面，如图 8-37 所示。

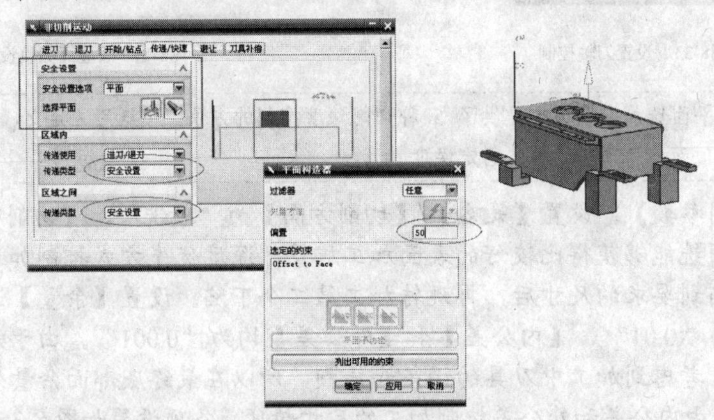


图8-37　设置【传递/快速】

10. 设置【进给】。在【进给】对话框中设置【表面速度】、【每齿进给】参数，设置【进给率】中各项进给参数，如图 8-38 所示。表面速度、每齿进给、主轴转速和切削

进给参数，以及刀具齿数参数之间存在换算关系，已知其中的几个参数后，系统根据各参数之间的关系自动计算其他参数值。

图8-38 设置【进给】

进给=主轴转速×刀具齿数×每齿进给量。

11. 设置【选项】。设置【刀具显示】为“3D”，如图 8-39 所示。

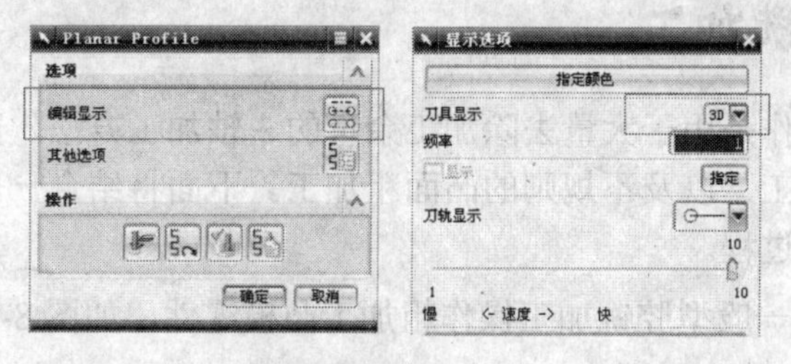

图8-39 设置显示

12. 生成刀位轨迹。在设置完上面的各选项后，单击生成按钮创建刀位轨迹，并进行仿真确认，如图 8-40 所示。

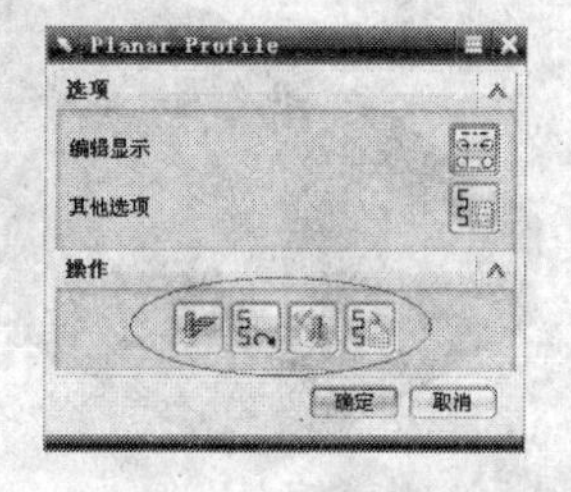

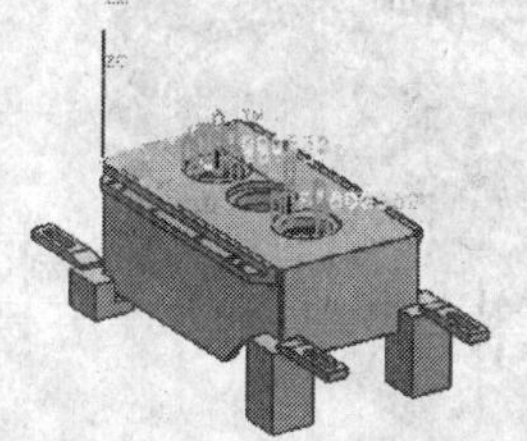

图8-40 生成刀位轨迹

对开放轮廓进行加工时，使用平面轮廓铣加工操作如何改变刀具的切削方向？

## 8.2 型腔类零件数控铣加工

型腔铣加工操作能够以固定刀轴快速建立 3 轴粗加工刀位轨迹，以分层切削的方式加工出零件的大概形状，在每个切削层上都沿着零件的轮廓建立切削轨迹。型腔铣加工操作主

要建立的是粗加工操作，此方法非常适合建立模具的凸模和凹模粗加工刀位轨迹。各子类型模板功能简介如表 8-2 所示。

表 8-2　　子类型模板功能简介

| 图标 | 子类型模板 | 功能 | 功能简介 |
|---|---|---|---|
| | CAVITY_MILL | 型腔铣 | 基本型腔铣加工模板，用于去除大余量的粗加工操作 |
| | PLUNGE_MILLING | 型腔铣 | 插铣加工模板，用于难加工材料的粗加工操作 |
| | CORNER_ROUGH | 型腔铣 | 粗加工拐角的加工模板，用于去除上个工序在拐角处的残留余量 |
| | ZLEVEL_PROFILE | Zlevel 铣 | 基本 zlevel 铣加工模板，用于沿着零件轮廓加工工件的操作 |
| | ZLEVEL_CORNER | Zlevel 铣 | 精加工拐角区域的模板，用于去除上个工序在拐角处的残留余量 |

型腔铣加工模板中核心的子加工模板是 CAVITY_MILL，其他子加工模板均是此加工模板的定制化。

## 8.2.1 一般型腔铣加工

一般型腔铣加工操作是用于大量去除加工余量的 3 轴加工方法，尤其适合加工零件侧壁与底面不垂直的槽腔加工，以及不规则的凸面粗加工。下面将结合一个典型案例来介绍一般型腔铣加工操作的创建过程。

【案例8-5】 创建一般型腔铣加工操作粗加工凸模零件，如图 8-41 所示。

—— 本案例动画演示见教学资源文件的“第 8 章\操作视频\8-5.avi”文件。

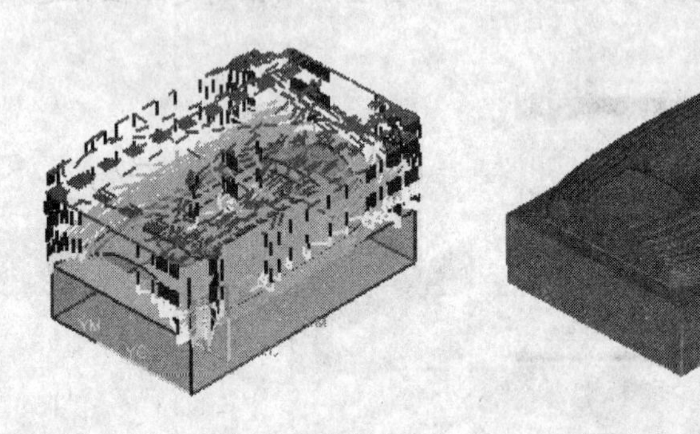

图8-41　创建一般型腔铣加工操作

【操作步骤】

1. 打开教学资源文件“第 8 章\素材\8-5.prt”，选择【开始】/【加工】命令，进入加工模块。
2. 创建加工父对象，包括程序组（工序 5）、几何体、刀具（直径 10 底角 0）等。

(1) 创建程序组——GONGXU-5。

(2) 创建几何体对象——加工坐标系 MCS。设置加工坐标系与工作坐标系相同来定义加工坐标系，加工坐标系在零件的底部角点处，如图 8-42 所示。

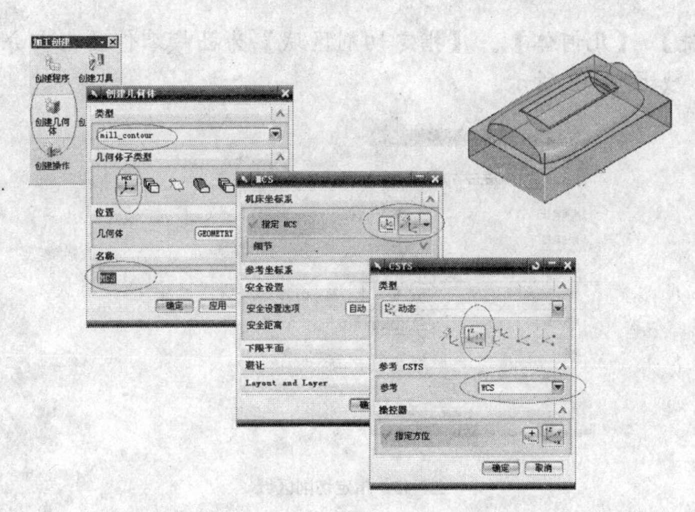


图8-42　创建加工坐标系

(3)　创建几何体对象——WORKPIECE。选择部件、毛坯几何体，如图 8-43 所示。

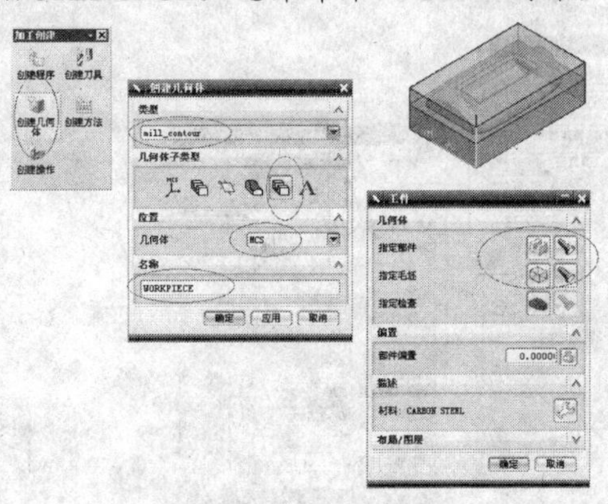


图8-43　创建 WORKPIECE 对象

(4)　创建刀具对象——直径为 10 底角为 0 的立铣刀 MILL-D10-R0。

3.　创建型腔铣加工操作。设置【类型】为“mill_contour”，选择【操作子类型】为“型腔铣”，设置【位置】如图 8-44 所示。

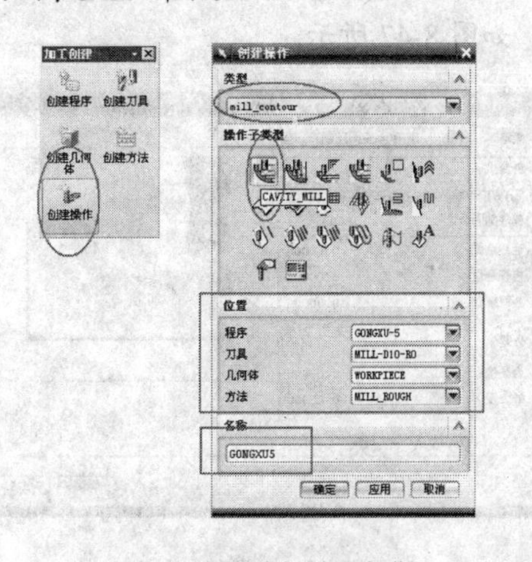


图8-44　创建型腔铣加工操作

4. 设置【型腔铣】/【几何体】。【指定切削区域】为凸模零件凸出部分曲面，包括外轮廓面和下陷，如图 8-45 所示。

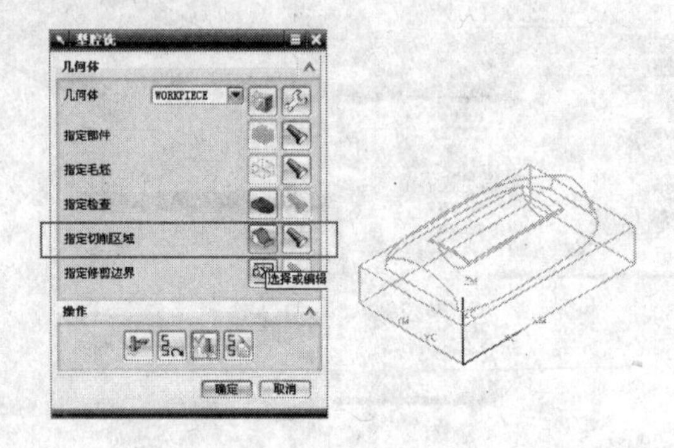


图8-45　指定切削区域

5. 设置【型腔铣】/【刀轨设置】。指定【方法】为“MILL_ROUGH”，【切削模式】为“跟随部件”，【全局每刀深度】为“1”，并设置【切削层】选项，如图 8-46 所示。

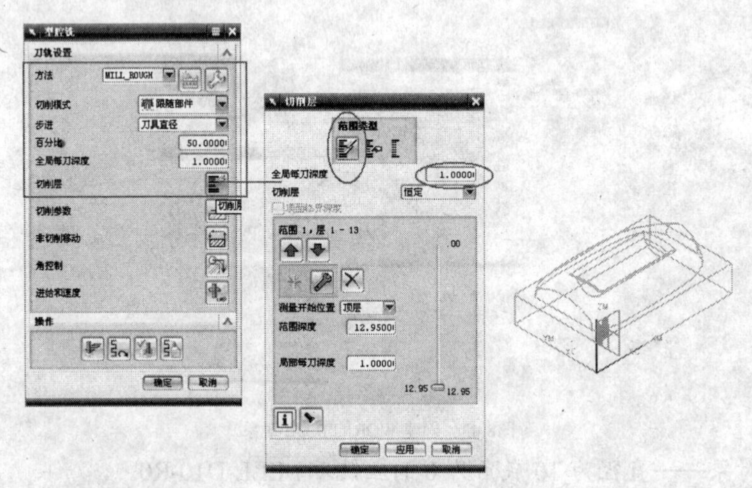


图8-46　刀轨设置

6. 设置【型腔铣】/【刀轨设置】/【切削参数】/【余量】。设定底部面和侧壁余量一致，部件侧面余量为 1mm，如图 8-47 所示。

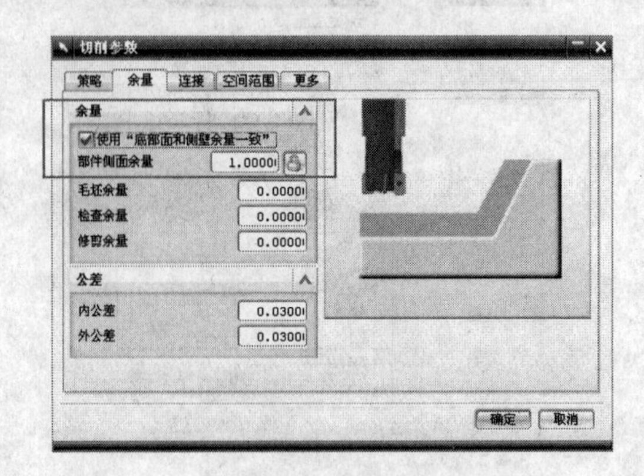


图8-47　设置余量

7. 设置【型腔铣】/【刀轨设置】/【非切削运动】/【传递/快速】。设置安全平面为部件上平面向上偏置 30，如图 8-48 所示。

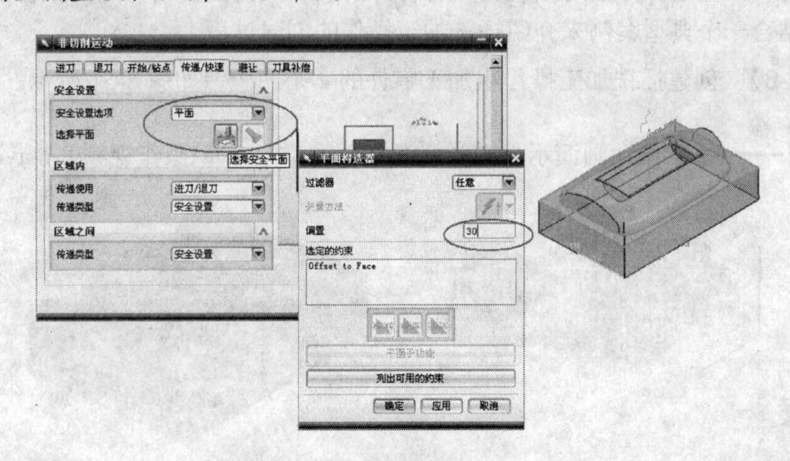

图8-48 设置安全平面

8. 生成刀位轨迹，如图 8-49 所示。

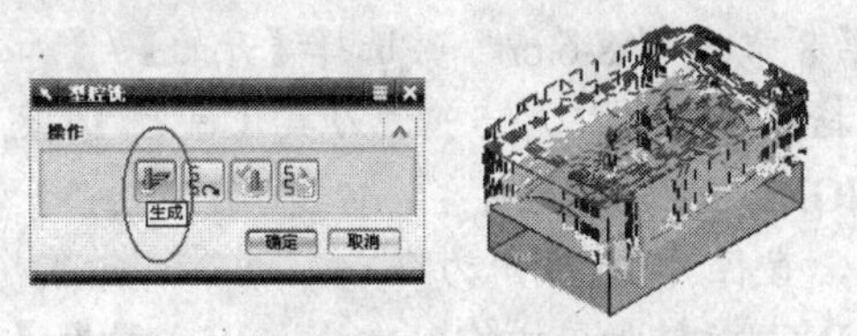

图8-49 生成刀位轨迹

9. 进行刀位轨迹确认，如图 8-50 所示。

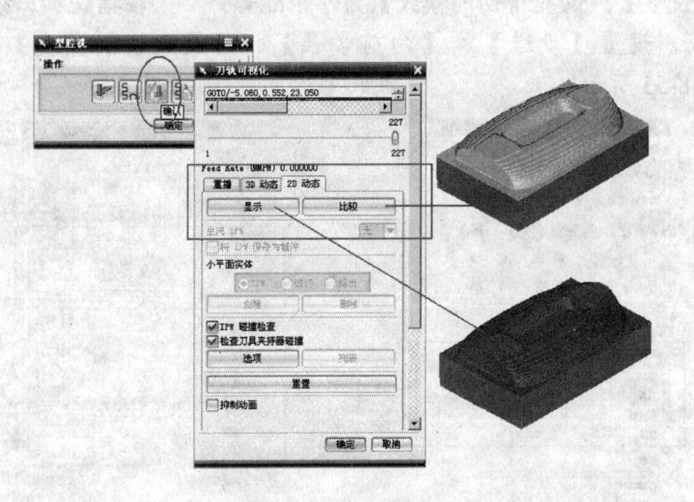

图8-50 刀位轨迹确认

### 8.2.2 PLUNGE_MILLING 插铣加工

插铣是一种特殊的铣削加工方法，特别适合需要使用加长刀具进行加工的深腔类零件。这种加工方法控制刀具连续向下的插铣运动，能够保证刀具主要承受轴向力，减少了刀具承

受的径向力，增加了刀具的刚性，能够高效率地去除较大的加工余量。这种方法尤其适合加工难加工的材料，但这种方法对插铣刀具有特殊的要求，需要使用专用的插铣加工刀具。

下面将结合一个典型案例来介绍插铣加工操作的创建过程。

**【案例8-6】** 创建插铣加工操作粗加工零件的4个凹腔，如图8-51所示。

—— 本案例动画演示见教学资源文件的“第8章\操作视频\8-6.avi”文件。

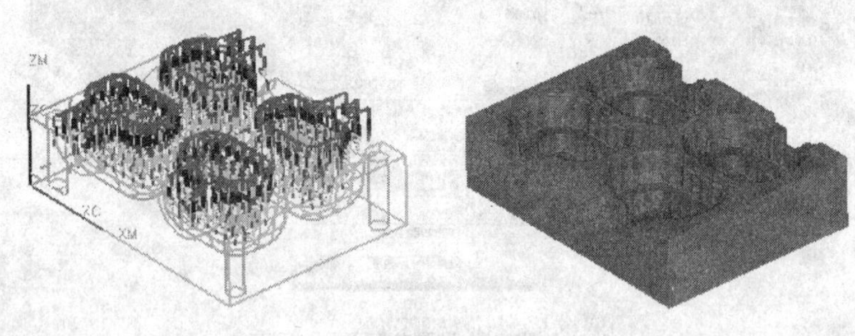


图8-51 创建插铣加工操作

**【操作步骤】**

1. 打开教学资源文件“第8章\素材\8-6.prt”，选择【开始】/【加工】命令，进入加工模块。
2. 创建加工父对象，包括程序组（工序5）、刀具（直径16底角2）等。

(1) 创建程序组——GONGXU-5。

(2) 创建刀具——立铣刀，直径为16底角为2。

3. 创建PLUNGE_MILLING插铣加工操作——gongxu5。设置【类型】为“mill_contour”，设置【操作子类型】为PLUNGE_MILLING插铣加工，设置【位置】如图8-52所示。
4. 设置【刀轨设置】。设置【切削模式】为“跟随部件”，在插铣加工模板中可以选择6种切削模式，设置【步进】、【向前步长】、【最大切削宽度】均为刀具直径的50%，如图8-53所示。

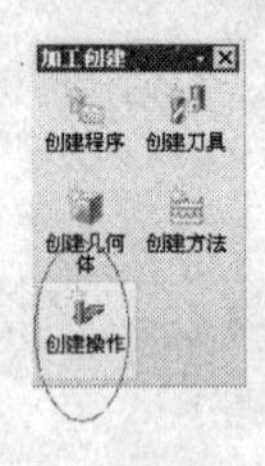


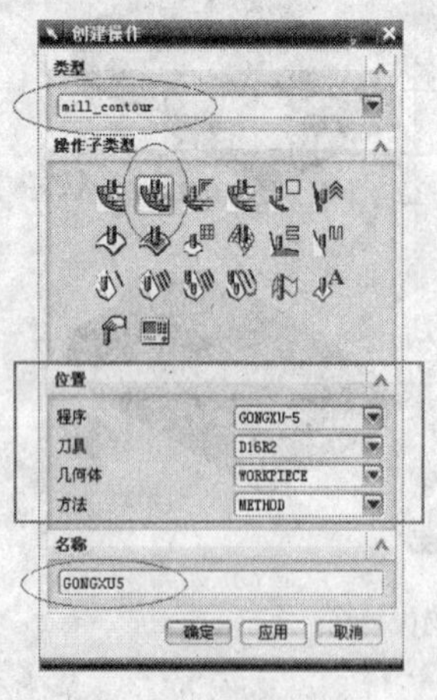


图8-52 创建插铣加工操作

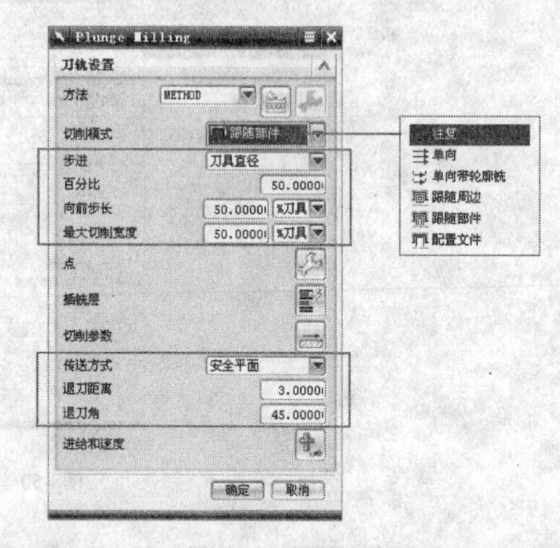


图8-53 刀位轨迹设置

如果插铣刀底刃过中心，可将最大切削宽度设置为50%；如果插铣刀底刃不过中心，则将最大切削宽度设置为刀具给定的参考值，确保非对中切削刀具的最大切削宽度值小于50%。

5. 设置传送方式为安全平面，退刀距离为 3，退刀角为 45°。
6. 设置【切削参数】/【余量】。设置底面和侧壁余量均为 0.5，如图 8-54 所示。
7. 生成刀位轨迹，如图 8-55 所示。

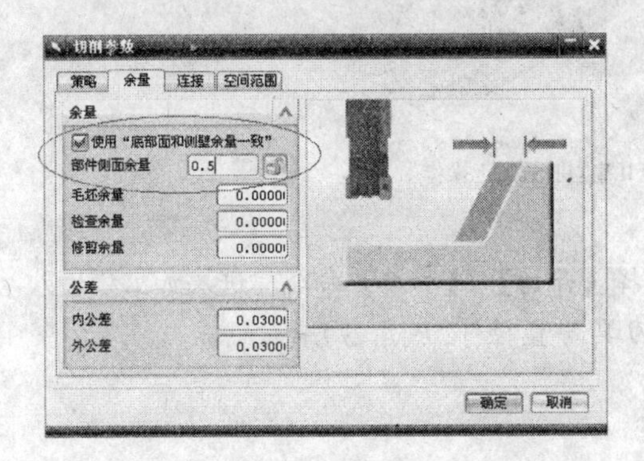


图8-54 设置余量

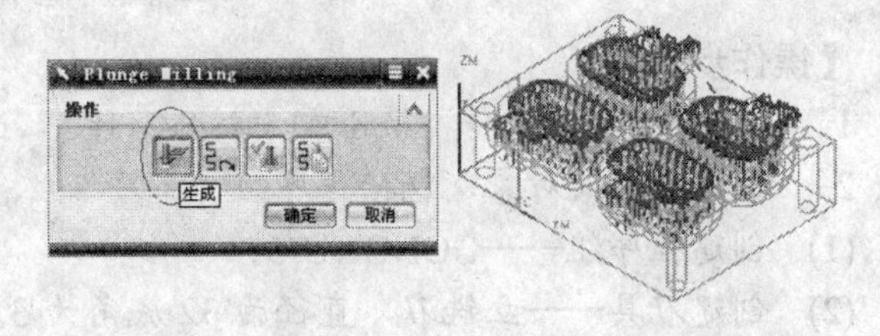


图8-55 生成刀位轨迹

8. 进行刀位轨迹检查，确认刀位轨迹，如图 8-56 所示。

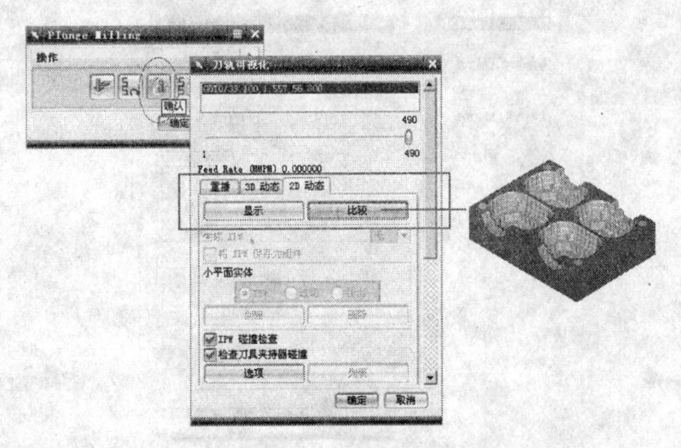


图8-56 刀位轨迹确认

## 8.2.3 ZLEVEL_PROFILE 型腔铣加工

ZLEVEL_PROFILE 等高轮廓铣加工是一种固定刀轴的加工模板，通过切削多个等高度的轮廓层来加工零件的实体轮廓和表面轮廓。在等高轮廓铣加工模板中，除了可以指定零件几何体还可以指定切削表面作为零件几何体。如果没有定义切削表面，则系统将整个部件几何体定义为切削区域。在生成刀位轨迹的过程中，系统将跟踪几何体，检测陡峭区域，生成加工轨迹。在等高轮廓铣模板中可以指定陡峭角度来定义是否加工非陡峭区域，若打开陡峭选项则系统只加工陡峭区域，若关闭此选项则加工整个部件几何体。

下面将结合一个典型案例来介绍型腔铣加工操作的创建过程。

【案例8-7】 创建 ZLEVEL_PROFILE 型腔铣加工操作粗加工零件的槽腔，如图 8-57 所示。

动画参照 —— 本案例动画演示见教学资源文件的“第 8 章\操作视频\8-7.avi”文件。

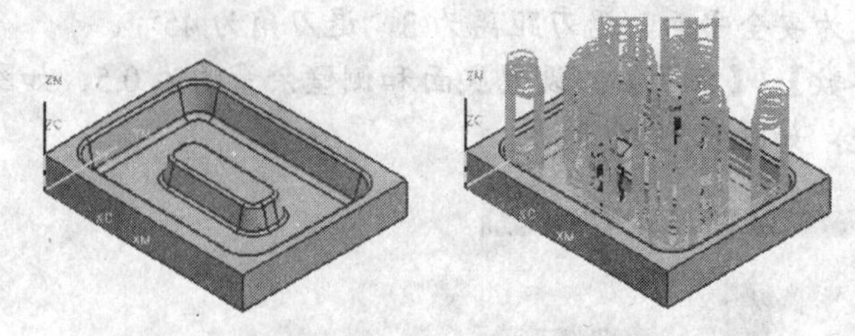
图8-57　创建 ZLEVEL_PROFILE 型腔铣加工操作

【操作步骤】

1. 打开教学资源文件“第 8 章\素材\8-7.prt”，选择【开始】/【加工】命令，进入加工模块。
2. 创建加工父对象，包括程序组（工序 5）、刀具（直径 32 底角 3）等。
(1) 创建程序组——GONGXU-5。
(2) 创建刀具——立铣刀，直径为 32 底角为 3。
3. 创建 ZLEVEL_PROFILE 等高轮廓铣加工操作——gongxu5。设置【类型】为“mill_contour”，【操作子类型】为 ZLEVEL_PROFILE，设置【位置】如图 8-58 所示。

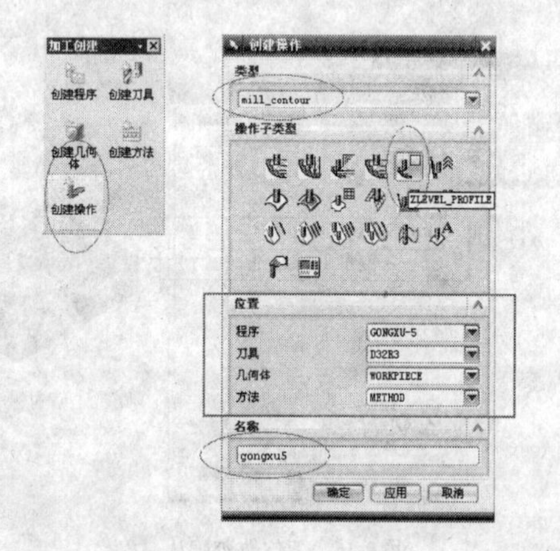

图8-58　创建 ZLEVEL_PROFILE 等高轮廓铣加工操作

4. 设置【几何体】。设置【指定切削区域】为工件上表面，如图 8-59 所示。

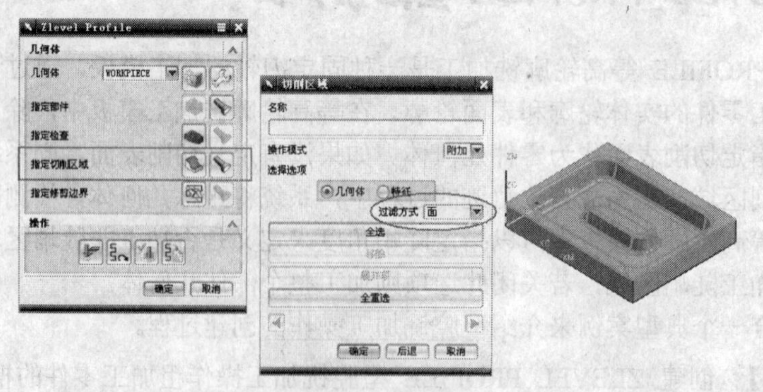

图8-59　设定几何体

若不指定切削区域，系统将把设定的整个部件作为切削区域。

5. 进行【刀轨设置】。设置【陡峭空间范围】为“仅陡峭的”，角度为 65°，设置【最小切削深度】为“1”，【全局每刀深度】为“3”，如图 8-60 所示。

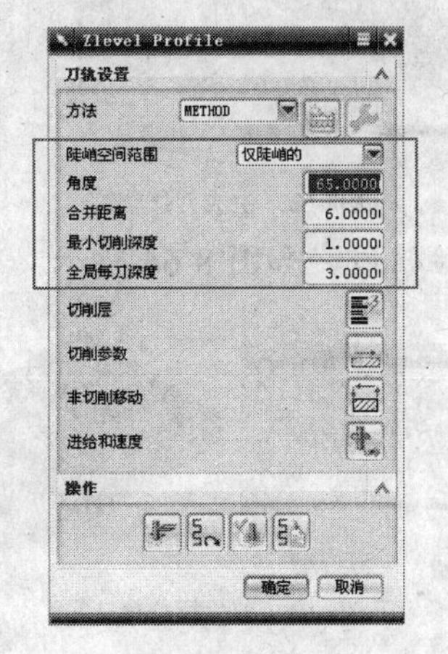


图8-60 刀位轨迹设置

6. 设置【切削参数】/【策略】。设置【切削方向】为“顺铣”、【切削顺序】为“深度优先”。设置【余量】为底面和侧壁余量均为“0.5”，设置【连接】，设置【层到层】为“沿部件斜进刀”，如图 8-61 所示。

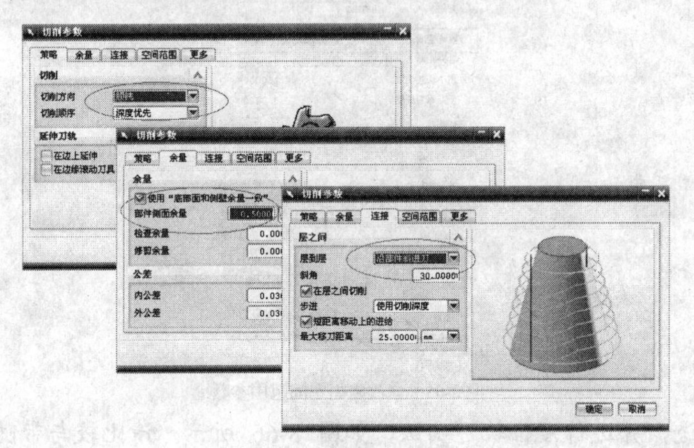


图8-61 设置切削参数

7. 设置【非切削运动】/【传递/快速】。选择距部件上表面偏置 50 为安全平面，如图 8-62 所示。

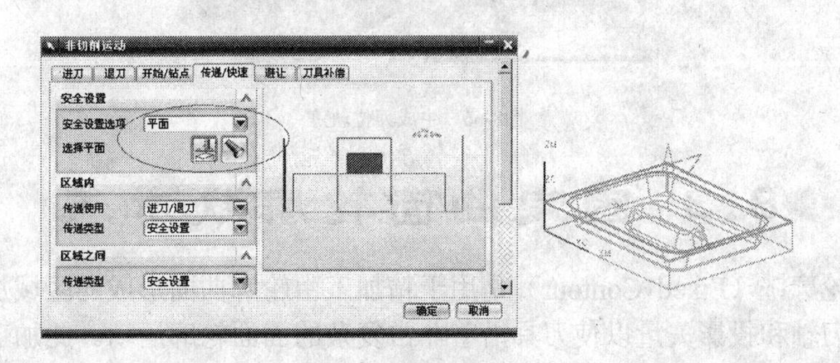


图8-62 设置安全平面

8. 生成刀位轨迹，如图 8-63 所示。

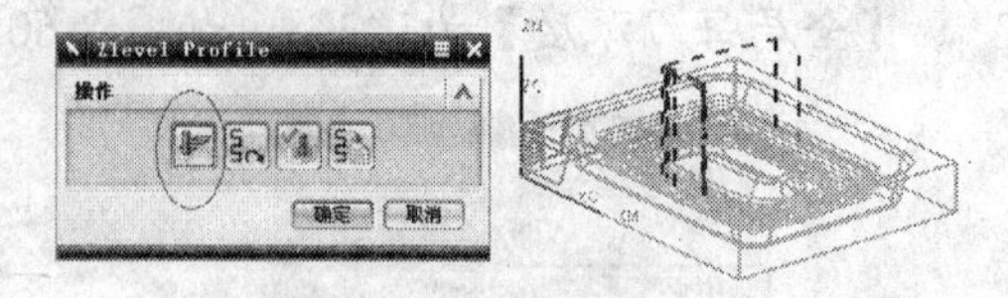


图8-63 生成刀位轨迹

9. 进行刀位轨迹检查，确认刀位轨迹，如图 8-64 所示。

图8-64 刀位轨迹确认

10. 修改【刀轨设置】选项。设置【陡峭空间范围】为“无”，保持其他参数不变，如图 8-65 所示。

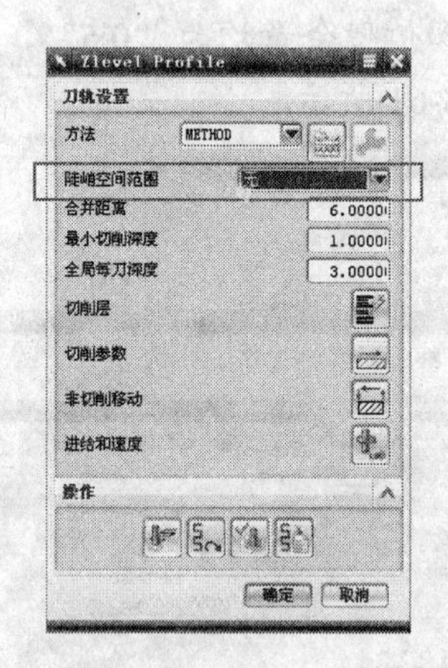


图8-65 修改陡峭空间范围参数

11. 生成刀位轨迹，并进行刀位轨迹确认，如图 8-66 所示。请比较与带陡峭空间范围参数的区别。

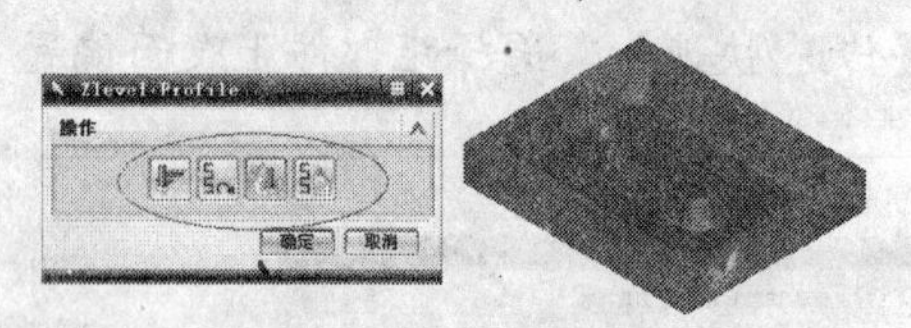


图8-66 生成刀位轨迹

## 8.3 固定曲面轮廓铣加工

固定曲面轮廓铣（Fixed Contour）是用于精加工由轮廓曲面形成的区域加工方式，允许通过精确控制刀轴和投影矢量以使刀具沿着非常复杂的曲面轮廓运动。此加工方法主要通过将驱动点投影到工件几何体上来创建刀轨。各子类型模板功能简介，如表 8-3 所示。

表 8-3　　各子类型模板功能简介

| 图标 | 子类型模板 | 功能 | 功能简介 |
|---|---|---|---|
| | FIXED_CONTOUR | 曲面轮廓铣 | 基本固定轴曲面轮廓铣加工模板，提供了各种加工曲面驱动的方法 |
| | CONTOUR_AREA | 曲面轮廓铣 | 曲面驱动的定轴轮廓铣，用曲面来驱动，主要用于半精加工或精加工 |
| | CONTOUR_AREA_NON_STEEP | 曲面轮廓铣 | 只加工非陡峭区域的曲面驱动的定轴轮廓铣 |
| | CONTOUR_AREA_DIR_STEEP | 曲面轮廓铣 | 只加工陡峭区域的曲面驱动的定轴轮廓铣 |
| | CONTOUR_SURFACE_AREA | 曲面轮廓铣 | 曲面驱动，沿曲面的 U-V 方向或曲面的网格方向进行曲面加工 |
| | FLOWCUT_SINGLE | 曲面轮廓铣 | 清根加工模板，单一清根加工路径，用于精加工操作 |
| | FLOWCUT_MULTIPLE | 曲面轮廓铣 | 清根加工模板，多条清根加工路径，用于精加工操作 |
| | FLOWCUT_REF_TOOL | 曲面轮廓铣 | 清根加工模板，多条清根加工路径，基于上一加工路径的刀具直径来确定加工余量的加工方法 |
| | FLOWCUT_SMOOTH | 曲面轮廓铣 | 与 FLOWCUT_REF_TOOL 相似，但刀位轨迹更加圆滑，主要用于高速铣削加工操作 |
| | PROFILE_3D | Planar milling | 三维轮廓铣削加工模板，切削深度取决于工件的边界曲线 |
| | CONTOUR_TEXT | 曲面轮廓铣 | 用于在曲面上刻字加工 |
| | MILL_USER | 用户自定义 | 此模板用于调用用户自行开发的 NX Open 程序来创建刀位轨迹 |
| | MILL_CONTROL | 机床控制 | 此模板只能定义机床运动 |

固定曲面轮廓铣加工模板中核心的子加工模板是 FIXED_CONTOUR，其他子加工模板均是此加工模板的定制化。

下面将结合一个典型案例来介绍 FIXED_CONTOUR 加工操作的创建过程。

【案例8-8】 创建固定曲面轮廓铣加工操作精加工凸模零件，如图 8-67 所示。

动画参照 —— 本案例动画演示见教学资源文件的“第 8 章\操作视频\8-8.avi”文件。

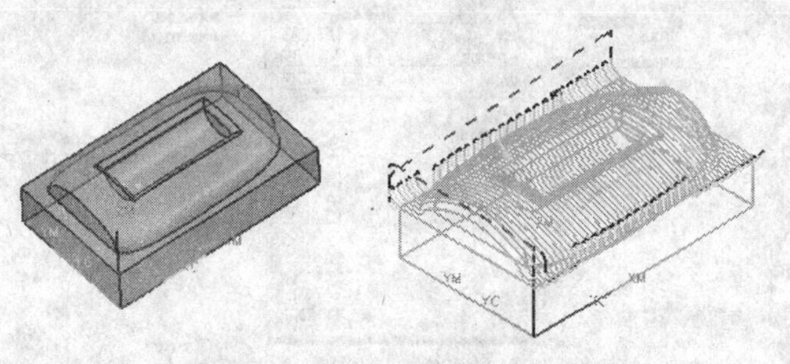

图8-67　创建固定曲面轮廓铣加工操作

【操作步骤】

1. 打开教学资源文件“第 8 章\素材\8-8.prt”，选择【开始】/【加工】命令，进入加工模块。

2. 创建加工父对象，包括程序组（工序 10）、刀具（球刀 直径10底角5）等。

(1) 创建程序组——GONGXU-10。

(2) 创建刀具——球刀，直径为10底角为5。

3. 创建 FIXED_CONTOUR 固定轴轮廓铣加工操作——gongxu10。设置【类型】为“mill_contour”，【操作子类型】为 FIXED_CONTOUR，设置【位置】，如图8-68所示。

4. 设置【几何体】选项。【指定切削区域】为部件的上表面，如图8-69所示。

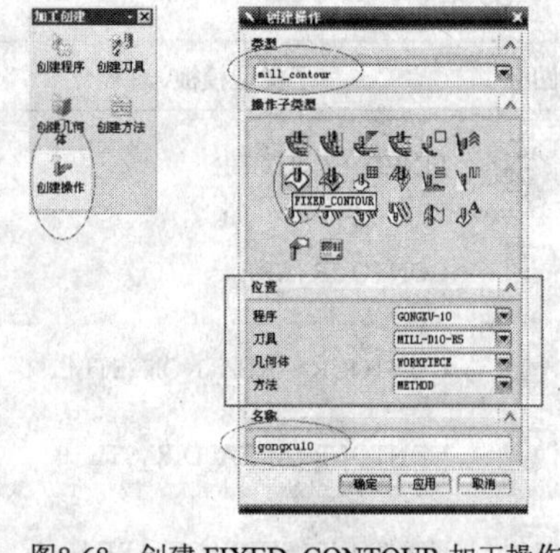

图8-68 创建 FIXED_CONTOUR 加工操作

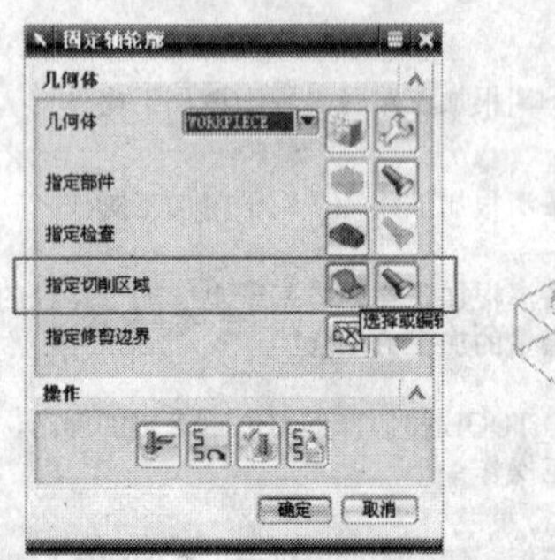

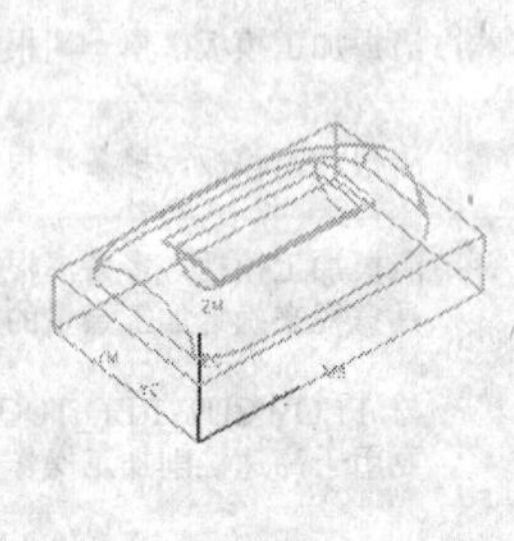

图8-69 设置切削区域

5. 设置【驱动方式】为“区域铣削”。在【区域铣削驱动方式】对话框中设置【陡峭空间范围】为“无”，加工全部曲面，设置【图样】为“平行线”，设置【切削类型】为“往复上升”，设置【切削方向】为“顺铣”，设置【步进】方式为“残余高度”，设置【高度】为“0.1”，此参数控制加工后工件表面波峰的高度，设置【切削角】为“最长的线”，如图8-70所示。

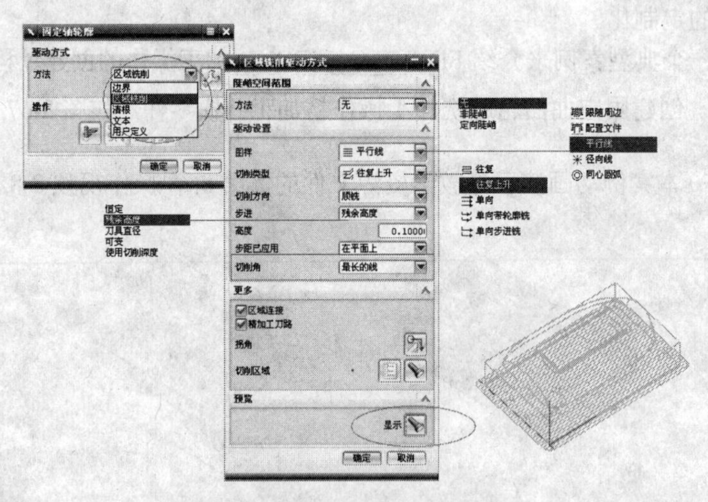

图8-70 设置驱动方式

6. 设定【投影矢量】为“刀轴”，设定【刀轴】为“+ZM 轴”，如图8-71所示。

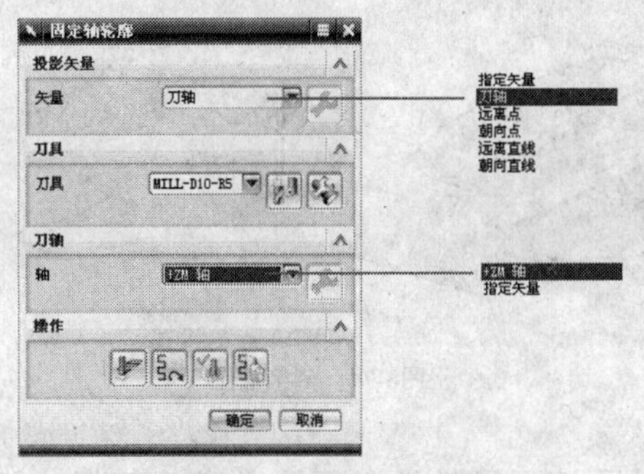


图8-71　设置投影矢量

7. 设置【切削参数】/【策略】/【切削方向】为“顺铣”，【切削角】为“最长的线”。设置【多条刀路】控制，使用增量控制的方法，【增量】为“0.05”，控制分两层行切加工零件表面，如图 8-72 所示。

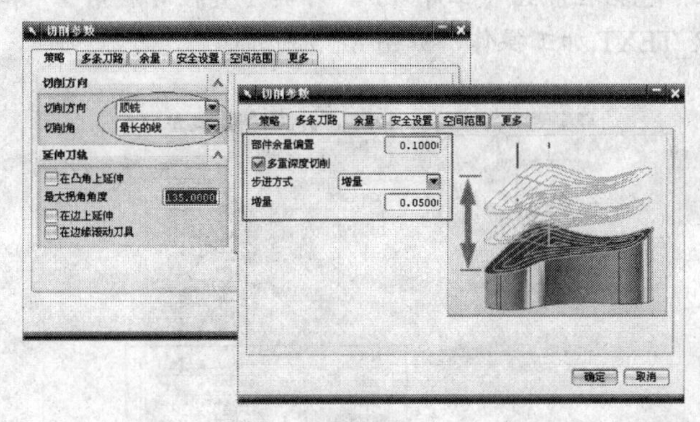


图8-72　设置切削参数

8. 设置【非切削运动】/【传递/快速】，使用自动方式控制安全间隙。
9. 生成刀位轨迹，并进行刀位轨迹确认，如图 8-73 所示。

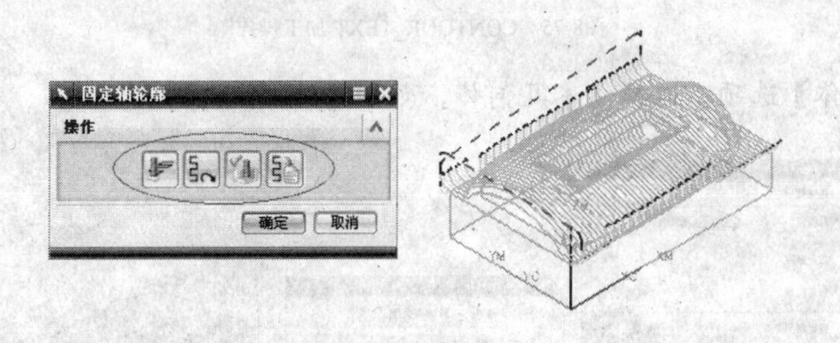


图8-73　生成刀位轨迹

## 8.4 综合实例——刻字加工

创建数控铣雕刻加工 CONTOUR_TEXT 定轴铣加工操作在零件表面进行刻字加工，如图 8-74 所示。

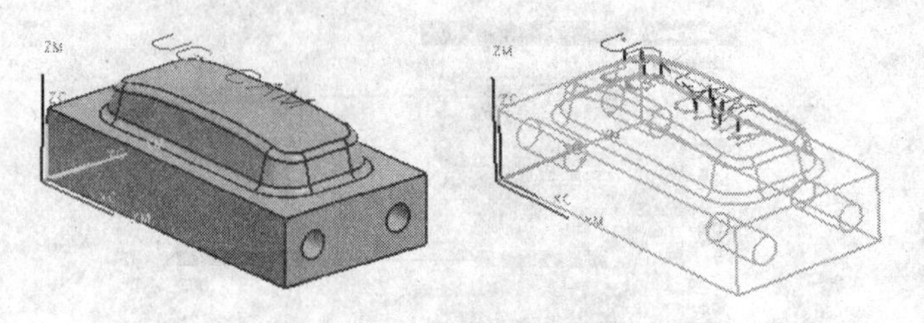

图8-74 刻字加工

动画参照 —— 本实例动画演示见教学资源的“第 8 章\操作视频\8-exec.avi”文件。

【操作步骤】

1. 打开教学资源文件“第 8 章\素材\8-exec.prt”，选择【开始】/【加工】命令，进入加工模块。
2. 创建加工父对象，包括程序组（工序 5）、刀具（直径 4 底角 2）和几何体。
3. 创建 CONTOUR_TEXT 加工操作，如图 8-75 所示。

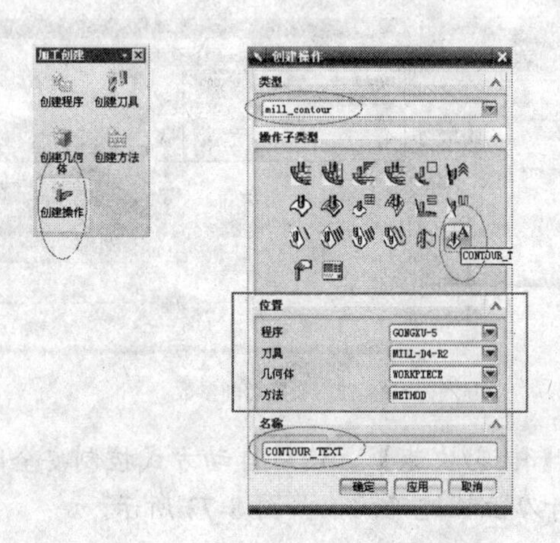


图8-75 CONTOUR_TEXT 加工操作

4. 设置【几何体】选项，选择文本几何体，如图 8-76 所示。

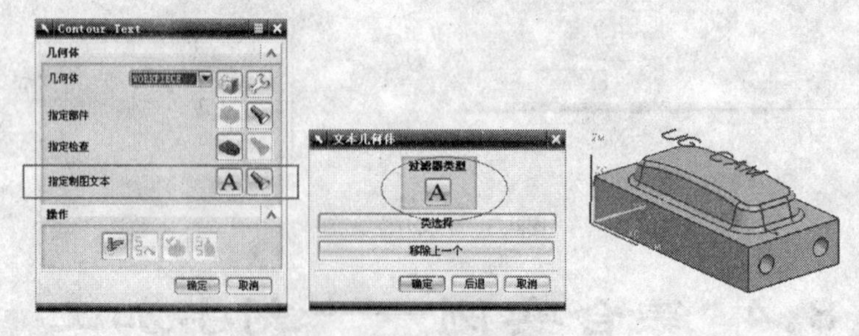


图8-76 设置几何体

5. 设置【投影矢量】、【刀具】和【刀轴】选项，如图 8-77 所示。

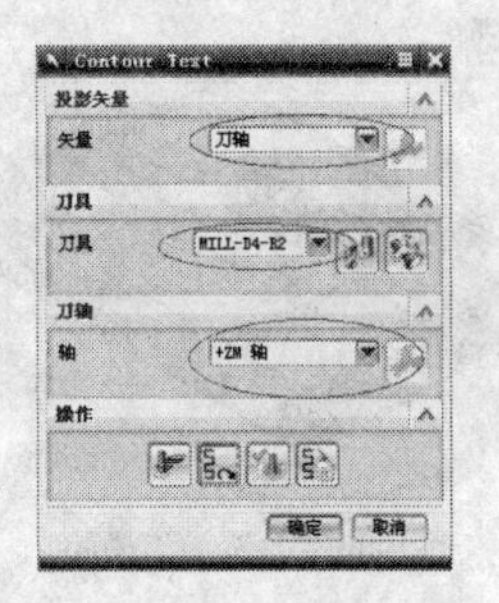


图8-77 设置刀轴

6. 设置【非切削运动】选项，如图 8-78 所示。

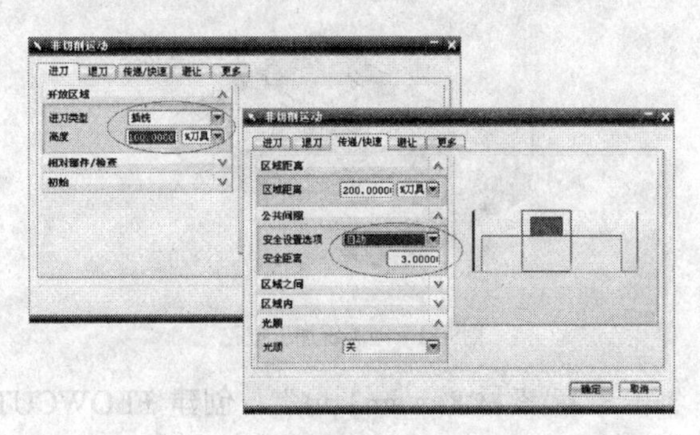


图8-78 设置非切削运动

7. 生成刀位轨迹并进行刀位轨迹确认，如图 8-79 所示。

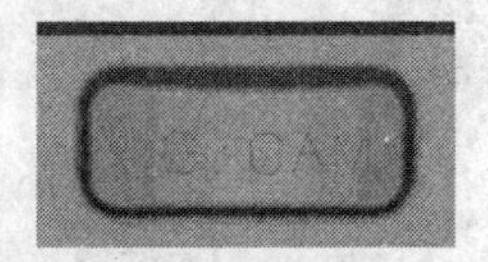

图8-79 生成刀位轨迹

## 小结

本章主要介绍 3 轴数控铣加工的创建方法和技巧，结合典型零件的加工过程，针对平面类、槽腔类、型腔类及曲面精加工等进行了详细的介绍，主要介绍了平面铣、型腔铣、固定轴轮廓铣等加工操作的几种加工模板的使用方法。通过对本章的学习，请读者结合实际工作中具体零件的工艺要求合理选用 3 轴数控加工的各种模板，熟练掌握各种模板的使用方法。

## 思考与练习

1. 打开教学资源文件“第 8 章\素材\8-exam1.prt”，使用面铣加工方法进行此零件的粗加工，底面留余量 0.5，如图 8-80 所示。

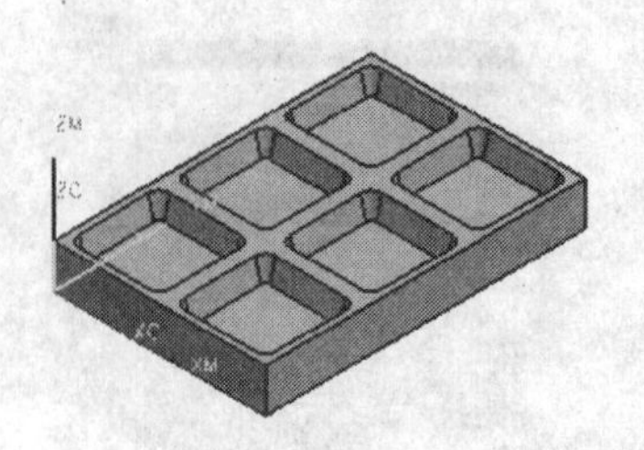

图8-80 面铣加工槽腔

2. 打开教学资源文件“第 8 章\素材\8-exam2.prt”，使用型腔铣加工方法进行此零件的粗加工，底面留余量 0.5，如图 8-81 所示。请读者比较练习 1 和练习 2 加工结果的区别。

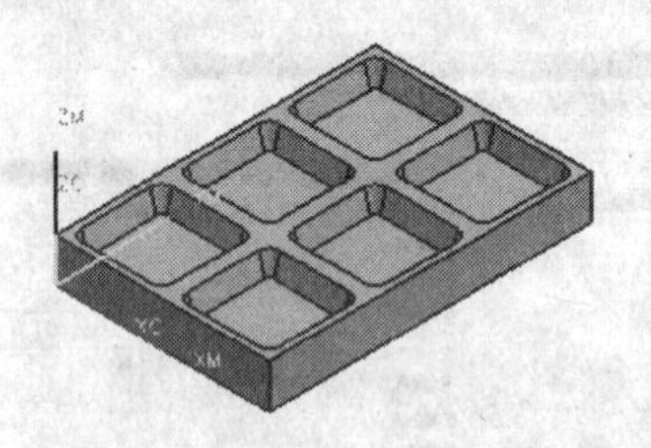

图8-81 型腔铣加工槽腔

3. 打开教学资源文件“第 8 章\素材\8-exam3.prt”，创建 FLOWCUT_SINGLE 固定轴铣削加工，进行清根加工，使用刀具直径为 10mm 的球头铣刀，操作步骤和示意图如图 8-82 所示。

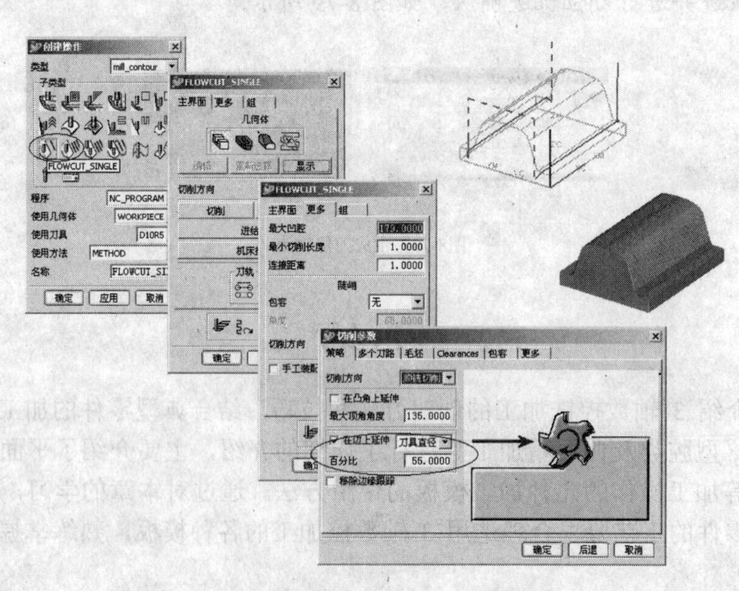


图8-82 FLOWCUT_SINGLE 铣加工